Réd :

21

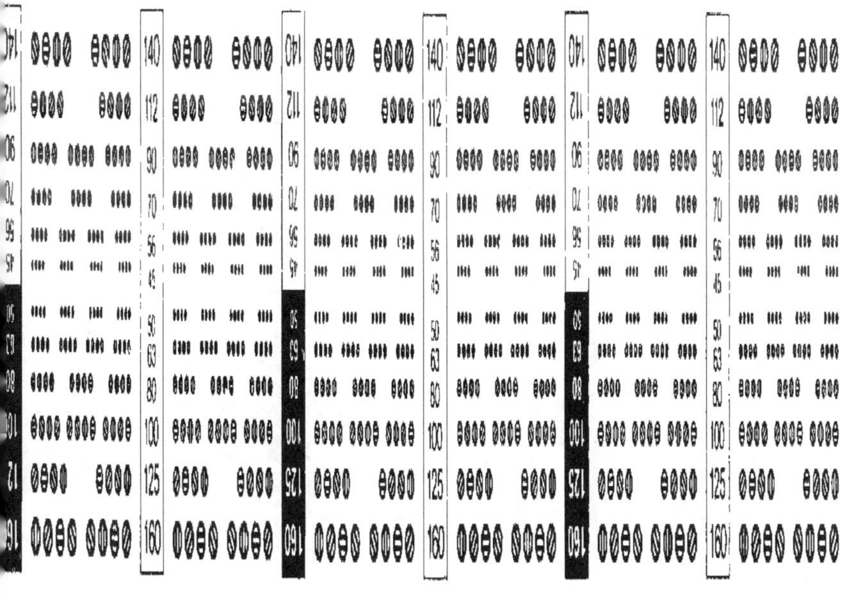

MIRE ISO N° 1
NF Z 43-007
AFNOR
7 - 92080 PARIS-LA-DÉFENSE

# ESSAI

## SUR

# L'HISTOIRE NATURELLE

# DES VERTÉBRÉS

## DE LA PROVENCE

### ET DES DÉPARTEMENTS CIRCONVOISINS

PAR

J.-M.-F. RÉGUIS

## VERTÉBRÉS ANALLÂNTOIDIENS.

### (POISSONS ET BATRACIENS)

*Dicere etiam solebat Plinius major,
nullum esse librum tam malum, ut non
aliqua parte posset prodesse.*

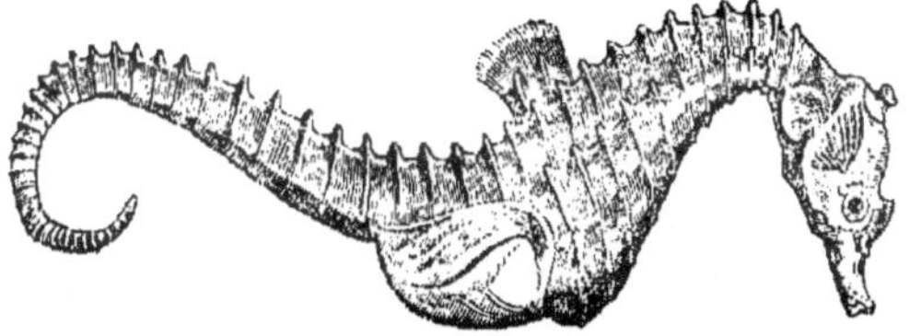

MARSEILLE,

MARIUS LEBON, LIBRAIRE,

RUE PARADIS 43.

1882.

# ESSAI

SUR

# L'HISTOIRE NATURELLE

DES

# VERTÉBRÉS

DE LA PROVENCE

ET DES DÉPARTEMENTS CIRCONVOISINS.

# ESSAI

SUR

## L'HISTOIRE NATURELLE

# DES VERTÉBRÉS

### DE LA PROVENCE

ET DES DÉPARTEMENTS CIRCONVOISINS

PAR

**J.-M.-F. RÉGUIS.**

VERTÉBRÉS ANALLANTOIDIENS.

(POISSONS ET BATRACIENS)

*Dicere etiam solebat Plinius major
nullum esse librum tam malum, ut non
aliqua parte posset prodesse.*

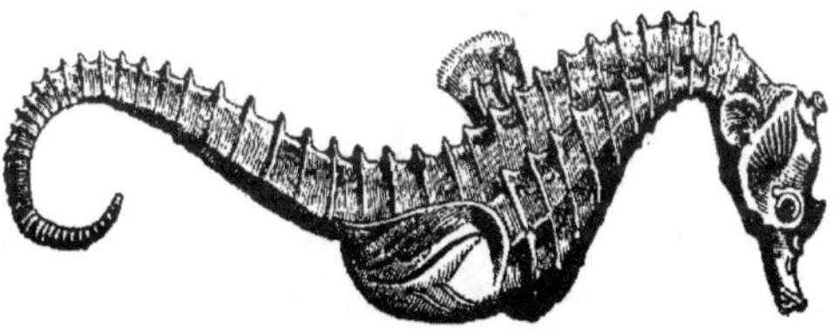

MARSEILLE,

MARIUS LEBON, LIBRAIRE,

RUE PARADIS 43.

1882.

# CONSEIL GÉNÉRAL DES BOUCHES-DU-RHONE.

*Deuxième session ordinaire d'août 1881.*

### SÉANCE DU 12 SEPTEMBRE.

M. le docteur Fauré présente le rapport suivant sur l'acquisition d'un certain nombre d'exemplaires de l'ouvrage : *Essai sur l'Histoire naturelle de la Provence.*

« M. Réguis nous demande notre appui financier et moral pour son œuvre : *Essai sur l'Histoire naturelle de la Provence*

« M. Réguis est un chercheur et surtout un vulgarisateur ; il a déjà fait plusieurs ouvrages sur l'histoire naturelle de la Provence ; les plantes, les mammifères, les poissons ont déjà été l'objet de son attention et divers ouvrages en ont été le résultat. Aujourd'hui il complète son œuvre en s'occupant des vertébrés. Il y a un intérêt en jeu pour le département à ne pas négliger ces travaux utiles autant à l'instruction de tous qu'au bénéfice qu'en peut retirer l'agriculture.

« L'auteur est digne de tout votre intérêt ; fils de ses œuvres, sorti du peuple, il a été boursier de l'Etat auprès de la Faculté des Sciences de Marseille, et c'est à ce secours qu'il doit sa situation scientifique dont il veut faire bénéficier ses compatriotes.

« Votre Commission des finances, voulant encourager ces œuvres utiles et locales, vous propose de voter une subvention de F. 150, à la condition pour M. Réguis de faire don au département d'un exemplaire de son ouvrage. En votant cette somme, quelque faible qu'elle soit, vous aurez encouragé l'œuvre et manifesté à l'auteur la sympathie que notre assemblée départementale a pour tous ces efforts de décentralisation scientifique ».

Ces conclusions sont adoptées.

A Monsieur A.-F. MARION,

*Professeur de Zoologie à la Faculté des Sciences, Directeur du Muséum, Chevalier de la Légion d'honneur, Chevalier de la Couronne d'Italie, Chevalier de l'Ordre du Christ, Officier d'Académie.*

> *Discipulos id unum moneo, ut præceptores suos non minus, quam ipsa studia, ament.*
>
> (QUINTILIEN 2, 9, 1.)

J'ai recueilli à vos savantes conférences les matériaux nécessaires à l'édification de ce travail. Il est donc juste que je vous offre la dédicace de cette étude : quelque imparfaite qu'elle soit, acceptez-la, car elle ne saurait trouver un parrain plus autorisé.

Veuillez agréer, avec ce faible témoignage de reconnaissance, l'expression des sentiments bien affectueux de votre Élève.

RÉGUIS MARIUS.

Allauch-Marseille le 10 octobre 1880.

# AVANT-PROPOS.

Tout le monde a compris que, pour bien connaitre les productions de chaque contrée, il faut les étudier sur les lieux et qu'on n'en saurait faire l'histoire naturelle et rester vrai dans les détails d'une tâche aussi minutieuse, sans avoir habité de longues années le pays dont on entreprend la description zoologique.

CRESPON. — *Faune méridionale.*

Depuis une quinzaine d'années, je travaille à réunir les matériaux nécessaires à un Essai sur l'histoire naturelle de la Provence et des départements circonvoisins. Il m'a été même permis de coordonner une partie de ces notes, de leur donner un corps et c'est ainsi que le premier fascicule des Poissons a pu paraitre; les autres fascicules suivront celui-là le plus rapidement possible, mais il est incontestable qu'un certain temps sera nécessaire pour mener à bonne fin un pareil travail.

Aussi plusieurs personnes adonnées à l'étude des sciences naturelles, m'ont engagé à livrer au public un abrégé de mon ESSAI, au moins pour la partie zoologique et, dans cette partie, pour les animaux les plus supérieurs : j'ai nommé les Vertébrés.

J'ai cru devoir satisfaire à cette demande toute bienveillante, d'autant plus volontiers que rien de semblable n'a encore été publié pour la région. On trouve bien quelques traités s'occupant de l'histoire naturelle de la Provence; malheureusement ces ouvrages *édités depuis nombre d'années, ne sont plus au courant de la science, et, du reste, le tirage en ayant été fait à un petit nombre d'exemplaires, ce n'est qu'exceptionnellement qu'on les trouve en librairie et alors à un prix très-élevé. Les œuvres de Risso, Crespon, Roux, Jaubert et Barthélemy Lapommeraye, etc., sont dans ce cas.*

*La* Statistique des Bouches-du-Rhône *contient, il est vrai, un catalogue des animaux du département; mais dans l'état actuel de la science on ne saurait se contenter d'une énumération aussi incomplète et quelque peu inexacte. Six chauves-souris seulement sont indiquées comme se trouvant dans notre pays, alors que, facilement, tout en laissant de côté certains types spécifiques créés par Crespon sur des caractères insuffisants, on peut porter ce nombre à dix-neuf.*

*Bien qu'assez commun, le* Hérisson *ne se trouve pas mentionné; il en est ainsi des* Crossopus ciliatus, Sorex araneus, Sorex leucodon, Mus minutus, Arvicola Musignani, Arvicola glareolus, *etc., etc. Par contre, les* Arvicola amphibius *et* arvalis *sont cités comme étant du département; or, le premier paraît être remplacé en Provence par l'A. Musignani; quant au second qui est une espèce du nord, on n'a jamais fourni la preuve de son existence dans notre région. De même il serait possible de prouver que la liste des Oiseaux, Reptiles, Batraciens et Poissons est à refaire.*

*J'ai donc lieu d'espérer qu'une étude sur les Vertébrés de la Provence et des départements circonvoisins, comblera une lacune et sera d'une certaine utilité pour notre région; car, depuis les œuvres de Risso et de Crespon, aucun travail d'ensemble n'a été* publié dans le Midi sur cette partie de l'histoire naturelle. Or , grâce à de nombreuses recherches, plusieurs espèces nouvelles pour la Provence, et même pour la France, ont été signalées ; de même, une étude plus attentive a permis de reconnaître que certains types que l'on croyait spécifiquement distincts sont tout au plus des races locales.

Devais-je pourtant me borner à écrire une simple liste des Vertébrés qui vivent dans notre pays, soit à l'état de nature, soit réduits en domesticité ? Je ne l'ai pas cru. Une pareille nomenclature ne saurait être d'une grande utilité à l'homme du monde, chasseur, pêcheur ou simple curieux. Il fallait, je crois, avec quelques notions sur les classes, les ordres, etc., donner une courte diagnose permettant d'arriver avec promptitude et sûreté à la détermination des genres et des espèces.

De même, il me paraissait indispensable d'ajouter, outre les noms vulgaires, quelques détails sur l'habitat, la fréquence ou la rareté des types signalés, ainsi qu'une note faisant connaître les services rendus ou les déprédations causées par tels ou tels animaux, afin qu'on pût protéger les uns et détruire les autres.

Deux écueils étaient également à craindre : donner trop ou trop peu ; il serait téméraire de prétendre les avoir évités, il n'est que juste de déclarer avoir tout fait pour cela. Tel qu'il est, ce travail pourra peut-être rendre quelques services et contribuer, dans une certaine mesure, à faire mieux connaître les animaux vertébrés que la Provence renferme et venir en aide au naturaliste qui débute, soit en lui fournissant une liste aussi exacte que possible des types dont l'existence est bien constatée pour la région, soit en rapportant ce qui a été dit ou écrit sur les espèces douteuses.

Je n'ai point la prétention de présenter une œuvre entièrement originale — dont seul je serai l'auteur — car, le premier, je m'empresse d'avouer et de reconnaître que ce qu'il y a de vraiment scientifique dans cette étude ne m'appartient pas et ne saurait, à bon droit, m'être attribué. Les inexactitudes et les erreurs seules me sont imputables et proviennent de ce que je n'aurai pas toujours compris l'idée qu'on me développait, ou que, la concevant, je n'ai point trouvé de termes convenables pour la rendre; car, ainsi que l'a dit quelque part un auteur, il se peut faire qu'on ait de bonnes idées et qu'on ne soit pas en état de les exprimer. Ainsi, à défaut d'autre mérite, j'aurai celui de la franchise puisque, on le voit, je ne fais aucune difficulté de rendre à César ce qui est à César. Loin de là, je me plais à répéter bien haut ces paroles de Montaigne : « Ce livre est maçonné des dépouilles des autres. »

En dernière analyse, dira-t-on, quel est le véritable auteur de ce travail ? L'auteur, mais c'est M. Lespès, prématurément enlevé à la science, m'initiant le premier aux jouissances procurées par l'étude de l'histoire naturelle; l'auteur, mais c'est M. le professeur Marion qui, dans ses savantes conférences, a étendu les horizons indiqués par M. Lespès; l'auteur, mais c'est M. Z. Gerbe, du Collège de France, redressant maintes fois mes déterminations boiteuses; l'auteur, mais c'est M. le marquis de Saporta, ce savant qu'on n'interroge jamais infructueusement sur nos richesses naturelles.

Il n'est pas jusqu'à mes gracieux correspondants qui n'aient le droit de revendiquer au moins un passage de cette étude. Ne pouvant les citer tous, qu'il me soit pourtant permis de signaler ceux *qui m'ont fait des envois fréquents ou fourni des notes intéressantes. Les noms de MM. Aymes (Salon), Laugier (Vauvenargues), Flandrin (Tour-Saint-Louis), Sénès (Solliès-Pont), Camille Cornille (Fontvieille), l'abbé Caire (aux Sanières), J.-B. Barla (Nice), Mireur (Draguignan), A. Autheman (Martigues), Sautel Richard (Maussane), Loubet (Allauch), H. Vial (Meyrargues), docteur Siere et le pharmacien Durbec (Saint-Marcel), docteur Joly, médecin-major (Marseille), capitaine Pathier (Roquevaire), docteur Trouessart (Villevêque, Maine-et-Loire), Guillaume (Allauch), Siepi (Marseille), Plauchud (Forcalquier), Arnaud (au Vernet), Viguier (Montpellier), Honorat (Digne), Gauthier (Saint-Remy), Gierra (Marseille), E. Fassin (Arles), se placent naturellement sous ma plume.*

*Enfin, n'aurait-on pas tous les droits de me trouver fort ingrat, si j'oubliais d'exprimer ici le témoignage de reconnaissance que je dois à la Société d'Études scientifiques et archéologiques de Draguignan, pour la bienveillante hospitalité qu'elle veut bien accorder dans ses Mémoires à ce modeste travail, qui n'aurait probablement pas paru si ce généreux concours lui eût manqué ?*

# ESSAI

SUR

## L'HISTOIRE NATURELLE

DES

# VERTÉBRES DE LA PROVENCE.

GÉNÉRALITÉS.

*Fieri potest, ut recte quis sentiat, et id
quod sentit, polite eloqui non possit.*

CICÉRON. *(Tusc. I. 3.)*

On donne le nom d'animal à un organisme qui se nourrit, se développe, se reproduit et qui en même temps est sensible et contractile.

Pour distinguer les uns des autres, malgré leur nombre considérable, les animaux qui nous entourent, il a fallu les observer et les classer. Une classification est un arrangement particulier indiquant les ressemblances et les différences qui existent entre les êtres.

La conception de toute classification en histoire naturelle suppose au moins la notion de certains mots : *individu, espèce, variété, race, hybride, genre, famille, ordre, classe, embranchement, règne.*

L'*Individu*, comme l'indique l'étymologie de ce mot, est ce qui ne peut être séparé sans cesser d'exister. Ainsi dans un champ d'avoine, dans un troupeau de moutons ou une réunion d'hommes, chaque pied d'avoine, chaque mouton, chaque homme est un individu de l'espèce avoine, mouton ou homme.

L'*Espèce*, pour Lamarck, est la collection des individus semblables que la génération perpétue dans le même état, aussi longtemps que les circonstances extérieures ne changent pas assez pour varier leurs habitudes et leurs caractères.

Par *Variété* on entend un individu, un groupe d'individus qui se distinguent au sein de l'espèce par quelques caractères secondaires. La façon dont ces caractères ont pris naissance est indifférente, que ce soit spontanément, par l'action des milieux, par suite des maladies, par croisements.

On nomme *Race* une variété qui, sous l'influence de circonstances particulières, se perpétue par génération mais sans constituer pourtant un type d'organisation, une espèce.

L'*Hybride* résulte de l'accouplement de deux espèces voisines: cheval et ânesse; âne et jument; chien et louve, etc. Les hybrides sont ordinairement stériles, ou n'ont qu'une fécondation bornée ne se propageant pas d'une manière continue par voie de génération.

Le *Genre*, pour tout le monde, est une collection d'espèces qui offrent entre elles un certain nombre de ressemblances organiques. Chaque genre est désigné par un nom particulier qui reste le même pour toutes les espèces qu'il réunit. Seulement chaque espèce d'un genre se distingue par un second nom ajouté au nom du genre : ainsi, par exemple, dans le genre *Vespertilio*, nous trouvons les espèces *Vespertilio murinus*, *Vespertilio Nattereri*,

*Vespertilio emarginatus*, *Vespertilio mystacinus*, *Vespertilio Daubentonii*, *Vespertilio Capaccinii*, etc...

La réunion des genres qui ont entre eux le plus de ressemblances se nomme *Famille*. Chaque famille est désignée par un nom propre à la distinguer. Ce nom est ordinairement celui de l'un de ses genres principaux dont on a modifié la désinence et que l'on considère comme étant le type de la famille : ainsi le genre *Vespertilio* donne son nom à la famille des Vespertilionidés, le genre *Mus* à celle des Muridés, etc...

A leur tour, les familles qui présentent des caractères analogues et importants sont réunies sous la dénomination *d'Ordre*. Les familles des Pteropodidés, Rhinolophidés, Nyctéridés, Vespertilionidés, Emballonuridés, Phyllostomidés qui présentent, outre d'autres caractéres importants, celui d'avoir les membres antérieurs transformés en organes de vol, par suite du développement d'une membrane entre les doigts, constituent l'ordre des Chiroptères.

De même, la réunion d'ordres voisins forme la *Classe*. Si l'on joint aux Crocodiliens, les Sauriens, les Chéloniens et les Ophidiens, on obtient la classe des Reptiles.

*L'Embranchement* est une collection de plusieurs classes ayant une structure générale commune. C'est ainsi que les classes des Mammifères, des Oiseaux, des Reptiles, des Batraciens et des Poissons forment par leur réunion l'embranchement des Vertébrés.

La réunion de plusieurs embranchements constitue un *Règne*. Ajoutez à l'embranchement des Vertébrés celui des Invertébrés et vous obtiendrez le règne animal.

Appuyons tout cela par un exemple. Voici un chien, il appartient au règne animal, ce qui le distingue des végétaux et des minéraux. Or, parmi les animaux, il fait partie des Vertébrés ; voilà qui suffit pour le différencier des Vers, des Mollusques, des Insectes, etc., en un mot, des Invertébrés. Il a des mamelles, donc il doit prendre place dans la classe des Mammifères. Toutefois il y a nombre d'êtres pourvus de glandes lactées ! Oui, mais son système dentaire nous indique que la chair est, à l'état sauvage, sa seule nourriture ; nous devons donc le ranger dans l'ordre des Carnivores. On pourrait encore, à la rigueur, le confondre avec un chat ou tout autre Carnivore, mais il a 42 dents et le chat n'en possède que 30 ; de plus, le chien présente trois fausses molaires en haut, quatre en bas et deux tuberculeuses aplaties derrière la carnassière. Ces particularités, jointes à d'autres caractères, nous conduisent à la famille des *Canidés* et au genre *Canis*.

Mais le genre *Canis* comprend des êtres qui, bien qu'ayant un facies commun, se distinguent par des différences assez visibles : tels sont le renard (*Canis vulpes*), le loup (*Canis lupus*), le chien (*Canis familiaris*), le chacal (*Canis aureus*). Nous dirons donc que Chien, Renard, Chacal et Loup constituent chacun une espèce distincte. Allons plus loin : dans les Chiens, il y a des variétés nombreuses (Levrier, Barbet, Épagneul, Dogue, Chien de berger, Basset, Terrier, etc..) ; ces variétés se reproduisant entre elles nous conduisent à la race. Il y a plus : supposez qu'un Chien s'unisse avec une Louve, il pourrait résulter de cet amour morganatique une portée de petits êtres intermédiaires entre l'espèce Chien et l'espèce Loup ; ce seraient des hybrides.

Toute classification prend essentiellement son origine dans

l'examen attentif des êtres que l'on considère. Or, l'étude du règne animal ne tarde pas à nous apprendre que, parmi ses représentants, il en est qui possèdent un système nerveux central entièrement placé au-dessus du tube digestif et séparé de lui par un axe osseux ou simplement cartilagineux. De plus, quand il existe des membres articulés, le squelette occupe l'axe du membre, tandis que les muscles se disposent autour de lui. Enfin le nombre de ces membres n'est jamais supérieur à deux paires. On appelle ces êtres des *Vertébrés* (Ex. : homme, lion, pigeon, lézard, grenouille, carpe, etc.)

Il existe d'autres animaux qui ne présentent plus cette particularité d'avoir le système nerveux central supérieur et parallèle au tube digestif : ces êtres peuvent également posséder des membres articulés, mais ici les muscles sont intérieurs, tandis que le squelette est externe. Ces animaux sont connus sous le nom d'*Invertébrés* ; tels sont : la langouste, la sauterelle, le papillon, la mouche, l'huitre, l'escargot, le poulpe, l'oursin, le polype, etc.

On arrive ainsi à établir deux embranchements :

1° Celui des *Vertébrés*, ou animaux à squelette interne ;

2° Celui des *Invertébrés* dont les représentants peuvent ou manquer de squelette proprement dit, ou avoir un squelette externe.

Nous n'avons à nous occuper ici que du premier de ces embranchements, des *Vertébrés*. Les Vertébrés sont des animaux à symétrie bilatérale, à squelette interne composé d'un axe central et au plus de deux paires de parties appendiculaires, à tube digestif parallèle et intérieur à cet axe central, à viscères renfermés dans une cavité formée par des pièces dépendant du squelette axial.

L'axe central squelettique peut se réduire essentiellement à un cordon gélatineux non segmenté, s'étendant sur toute la longueur du corps *(notocorde)* ; cela s'observe chez quelques vertébrés inférieurs et chez les embryons de ceux plus élevés en organisation. A mesure que l'on s'élève dans la série, la notocorde s'ossifie, se divise et chacune des pièces ainsi constituées a la forme d'un disque muni de chaque côté de prolongements nommés arcs. Deux de ces arcs sont supérieurs et enveloppent la moelle épinière (neurapophyses), deux sont inférieurs et entourent les troncs vasculaires (hæmapophyses) ; viennent ensuite deux autres paires d'arcs, les apophyses épineuses et les pleurapophyses que l'on peut considérer comme étant des appendices des premiers.

En avant, l'axe s'élargit et forme une vaste boite ou crâne dans laquelle est renfermé l'encéphale ; en arrière, l'axe se continue en forme de queue ou s'atrophie. Le crâne parait être formé par la réunion de quatre vertèbres, de beaucoup plus d'après Gegenbaur.

Les membres sont au nombre de deux paires et sont morphologiquement identiques ; les antérieurs comprennent une ceinture scapulaire formée de trois os : un axial (omoplate) et deux ventraux (procoracoïde et coracoïde) auxquels s'ajoute la clavicule ; puis viennent l'humérus, ensuite le radius et le cubitus ; enfin le carpe, le métacarpe et les doigts. Les postérieurs sont formés par une ceinture pelvienne composée de trois os : un axial (ilion) et deux ventraux (pubis et ischion) ; à cette ceinture sont rattachés le fémur qui correspond à l'humérus, le tibia et le péroné, chacun respectivement homologues au radius et au cubitus, puis le métatarse et les doigts.

Les côtes des Poissons dépendent des hœmapophyses, celles des Vertébrés supérieurs des neurapophyses ; chez ces derniers elles circonscrivent une cavité, la cavité thoracique, renfermant les principaux viscères de la respiration et de la circulation, puis se soudent en avant à une pièce médiane, le sternum.

Au crâne sont ajoutées diverses pièces osseuses formant deux appareils, l'un antérieur (maxillo-palatin) et l'autre postérieur (squelette viscéral). En arrière viennent plusieurs arcs analogues aux côtes, circonscrivant le pharynx ; chez les Vertébrés aquatiques, ces arcs supportent des séries de pièces nommées arcs branchiaux, tandis qu'ils s'atrophient chez les Vertébrés terrestres et ne paraissent plus que durant la période embryonnaire, et dans l'âge adulte forment les cornes de l'os hyoïde.

On observe que le système nerveux, réduit pour l'Amphioxus à un cordon renfermé dans la notocorde, présente chez les autres Vertébrés des modifications importantes. Il se renfle en avant dans l'intérieur de la boîte crânienne pour constituer l'encéphale ; la moelle épinière se développe aussi, mais relativement beaucoup moins. L'encéphale est divisible en trois parties : le prosencéphale, le métencéphale et le postencéphale ; chez les Vertébrés inférieurs, ces deux dernières parties sont développées aux dépens de la première, c'est le contraire chez les Vertébrés supérieurs. Entre chaque disque vertébral, la moelle épinière envoie une paire de nerfs spinaux à racines antérieures motrices et à racines postérieures sensitives. L'encéphale donne toujours naissance à douze nerfs ; seulement, chez quelques poissons, plusieurs d'entre eux se réunissent et se soudent.

Le tube digestif présente constamment deux orifices, un antérieur d'entrée et un postérieur de sortie : l'ouverture antérieure est munie d'appendices ossifiés ou dents servant à saisir ou à broyer les aliments ; ces appendices manquent chez les Tortues et les Oiseaux où ils sont remplacés par un bec corné ; enfin chez l'Amphioxus des cils vibratiles en tiennent lieu. Le tube digestif se divise en trois parties : l'œsophage, l'estomac, et l'intestin grêle avec le gros intestin. A l'intestin grêle sont annexées diverses glandes dont les produits ont une utilité considérable pour les actes chimiques de la digestion : le foie et le pancréas. La partie antérieure de l'œsophage ou bouche, présente dans les Vertébrés terrestres, des glandes salivaires, et l'estomac est toujours muni de glandes à suc gastrique.

Quant à la respiration, elle se fait suivant deux modes : par branchies ou par poumons ; elle peut aussi s'exercer en partie par la peau, comme chez les grenouilles. Les branchies, composées de lamelles vasculaires superposées, sont installées sur les arcs branchiaux et sont protégées extérieurement soit par la peau percée de fentes (Plagiostomes et quelques Amphibiens), soit par un opercule ; l'eau entre par la bouche et sort par ces ouvertures. Les poumons préexistent chez tous les Vertébrés ; les Poissons ont un organe morphologiquement identique, la vessie natatoire, et les Amphibiens respirent dans l'âge adulte par de véritables poumons. Chez ces derniers, les deux respirations peuvent exister concurremment, car les branchies de quelques-uns d'entre eux ne s'atrophient jamais.

La circulation du sang est toujours produite par l'action d'un cœur, l'Amphioxus excepté ; chez cet animal les contractions rhythmiques des principaux vaisseaux suppléent à la poussée cardiaque. Les artères partent d'un tronc antérieur qui, chez les Vertébrés à branchies, se ramifie dans ces derniers organes et, chez les autres, porte le sang dans toutes les parties du corps. De la périphérie le sang veineux revient au cœur par un ou deux troncs centraux (veines caves) et se rend aux poumons par une artère, l'artère pulmonaire. Sauf l'Amphioxus, tous les Vertébrés ont un système lymphatique.

Les reins au nombre de deux, ne manquent jamais; ils peuvent être plus ou moins divisés (Pinnipèdes). Leurs vaisseaux excréteurs se réunissent en un tube unique, urèthre, qui débouche dans un cloaque, ou bien s'unit à la portion terminale des conduits sexuels pour former un tube uro-génital.

On observe que les sexes sont toujours séparés, à part les Serrans et quelques Sparidés qui sont hermaphrodites ; cependant les Crapauds mâles ont des vestiges d'ovaires. Chez les Poissons, les produits sexuels s'écoulent au dehors par une ouverture ou pore génital. Les Vertébrés supérieurs ont seuls un véritable accouplement. La généralité des Poissons, les Amphibiens, la plupart des Reptiles sont ovipares, les autres Vertébrés sont vivipares.

Dans le développement de l'embryon, le système nerveux apparait le premier sous la forme d'un sillon médian qui se renfle à ses deux extrémités, sauf chez l'Amphioxus et le Petromyzon où le tube digestif se montre avant le système nerveux. Après la naissance il n'y a pas de métamorphoses, sauf chez l'Amphioxus et quelques rares Poissons.

Maintenant si, pour arriver à classer les Vertébrés, on essaie d'établir leur filiation, on trouve que l'Amphioxus, ce prototype des Vertébrés, a de nombreuses analogies avec les Vers Oligo-chœtes, le Balanaglossus et les Ascidies. Cela ne doit pas nous étonner, car dans l'état actuel de la science, on ne saurait conce-voir l'existence d'un être complètement isolé dans la série, sur-tout depuis que l'embryogénie nous a appris que tous les êtres vivants quels qu'ils soient, depuis le protococcus jusqu'à l'espèce humaine, commencent par n'être qu'une simple cellule et que ce n'est qu'en suivant toutes les transformations qui séparent ces deux termes extrêmes de la série — la simple cellule et l'homme— qu'on arrive à comprendre comment l'un a pu dériver de l'autre.

De telle sorte, qu'aux divers développements d'une cellule primordiale répondent un certain nombre de types d'autant plus différenciés et plus élevés dans la série, que les modifications ont été plus profondes et plus nombreuses. C'est ainsi qu'au stade purement cellulaire ou ovulaire correspondent les êtres inférieurs : Infusoires, Protozoaires, Sarcodaires, etc. Puis vient le stade morulaire qui n'est en quelque sorte qu'une transition, un passage commun à la fois aux Protozoaires et aux Métazoaires ; le vrai stade morulaire s'observe pourtant chez les Infusoires — êtres uni-cellulaires — qui s'enkystent pour former une multitude de balles de segmentation.

A ce stade morulaire succède le stade gastrulaire qui repré-sente un véritable individu zoologique pourvu d'une cavité gas-trique et muni d'un ectoderme et d'un endoderme ; ce stade est représenté par les Métazoaires. Quelques-uns s'arrêtent là : ce sont les Cœlentérés (Hydre, Polype, Corail, Anémones, Penna-tules, etc.) et les Spongiaires (Eponges), types dégénérés des Cœlentérés. On peut donc considérer les Cœlentérés comme des gastrula persistantes.

D'autres êtres arrivent à un stade plus complet, ce sont les Métazoaires cœlomates. Ici on voit les deux feuillets primitifs se segmenter, l'ectoderme donne le *mésoderme ectodermique* et l'endoderme produit le *mésoderme endodermique*. Ces deux couches mésodermiques se séparent et dans leur intervalle prend naissance le système circulatoire ; des cellules qui tombent dans cette cavité constituent les premiers globules du sang. Il y a donc chez les Métazoaires cœlomates, une bouche, un anus et une cavité digestive séparée de la cavité générale du corps.

Ce n'est pas tout. Le travail de différenciation continuant, on voit :

1° L'ectoderme donner le revêtement épithélial cutané, les glandes sudoripares, le tissu squelettaire — qu'il soit interne ou externe — et le tissu nerveux (sauf chez les Mollusques où les centres nerveux sont de provenance mésodermique et se forment isolément, ce qui a autorisé le professeur Bobresky de Kiev, à déclarer que ces animaux s'étaient séparés de la souche zoologique à une époque où le système nerveux n'était pas encore bien différencié). Les glandes sudoripares et les reins sont produits par des petits refoulements de l'ectoderme de l'extérieur à l'intérieur, avec cette différence que pour les reins le canal excréteur s'est oblitéré et ces organes se sont trouvés emprisonnés dans l'intérieur du corps.

2° Le Mésoderme ectodermique forme les muscles striés, tandis que le mésoderme de provenance endodermique va constituer les muscles lisses qui entourent l'intestin.

3° Enfin l'endoderme produit le revêtement épithélial de l'intestin et les glandes internes (foie, glandes salivaires, glandes de l'intestin, etc.) ; ces glandes se forment par refoulement et le point de ce refoulement est celui où aboutira le canal excréteur.

Ce processus embryogénique, cette division du travail est susceptible, même dans les Vertébrés, d'une démonstration frappante. Ainsi en admettant, comme nous l'avons fait, que la caractéristique de cet embranchement consiste surtout dans la position du système nerveux au-dessus du système squelettaire axial, on voit en parcourant la série, cet axe nerveux, qui au commencement se présentait sous la forme d'une bandelette cartilagineuse et continue, se différencier peu à peu en métamères osseux ou corps vertébraux, et cela, depuis le plus infime des Vertébrés jusqu'à celui qui en constitue le type culminant, depuis l'Amphioxus jusqu'à l'Homme.

Jusqu'à ces derniers temps on a en France, réparti les Vertébrés en cinq classes : Poissons, Batraciens, Reptiles, Oiseaux, Mammifères. M. Milne-Edward a appuyé cette classification des considérations embryogéniques suivantes : les embryons des Poissons et des Batraciens sortent d'œufs macrovitelliens ou à vitellus nutritif abondant, que la segmentation soit totale ou partielle ; mais, sauf chez l'Amphioxus, ils n'utilisent qu'une partie de ce vitellus et le reste persiste sous forme d'une poche ventrale dite *vésicule vitelline*, qui n'est qu'un refoulement de l'intestin. Cette vésicule sert à l'embryon pour passer les premières phases de la vie larvaire. Enfin les téguments ne recouvrent jamais l'embryon de façon à le protéger dans une poche amniotique.

Déjà chez les Batraciens on commence à voir apparaître, dans la région postérieure de l'intestin, un bouton— qui probablement deviendra la vessie urinaire— ne faisant pas saillie à l'extérieur :

c'est l'ébauche d'une vésicule que possèdent les trois autres classes des Vertébrés, la *vésicule allantoïde*. Cette allantoïde devient très-vasculaire et sert à la respiration fœtale, de telle sorte que la vie larvaire à l'extérieur est supprimée ; l'embryon passé par tous les processus autrefois larvaires, dans l'intérieur même de l'œuf, et sort entièrement conformé comme un adulte, sauf quelques modifications secondaires.

Les faits peuvent se passer ainsi chez les allantoïdiens macrovitelliens, tels que les Reptiles et les Oiseaux ; mais chez les Mammifères dont le vitellus très-réduit est entièrement consommé dès les premières phases de la vie fœtale, il n'en saurait être de même ; aussi un nouvel organe apparaît. La vésicule allantoïde pousse des ramifications très-vasculaires dans les parois de l'utérus de la mère, le placenta se forme, se délimite, et la nutrition de l'embryon est assurée par l'endosmose du liquide nutritif à travers les parois des vaisseaux du placenta fœtal et de l'utérus maternel.

Toutefois cette placentation n'est pas complète dès les premiers Mammifères, elle ne procède que par tâtonnements et commence par des ébauches. Les Monotrèmes sont encore macrovitelliens, leur embryon peut donc se développer sans le secours du placenta ; il semblerait que ces animaux sont ovovivipares et se rapprochent plutôt des Reptiles et des Oiseaux — desquels du reste ils ne sont pas très-éloignés — que des Mammifères, si ce n'étaient des glandes cutanées, particulières, éparses encore çà et là, mais sécrétant un liquide nutritif par excellence , le lait.

Au-dessus des Monotrèmes viennent les Didelphes. Avec eux le placenta commence à faire son apparition ; mais il est réduit , incomplet et ne peut suffire à la nutrition des petits; aussi la mère avorte-t-elle, avortement normal pourtant et qui s'effectue de telle sorte que les jeunes, encore bien imparfaits, sont reçus dans une poche incubatrice située sous le ventre de la mère et là, suspendus aux tétines lactifères, ils y puisent les matériaux nécessaires à leur développement ultérieur.

Mais cet état d'avortement a dû être défavorable à un tel point qu'est venue la nécessité d'avoir un placenta plus considérable, afin que la mère ne fut pas dans l'obligation expresse d'avorter. C'est ce qui a lieu chez les Monodelphes ; ici la gestation est forcément plus longue et le placenta mieux développé. Tout d'abord la placentation a été irrégulière et incomplète (placenta diffus) ; ensuite le placenta s'est condensé et a occupé un espace plus considérable (placenta zonaire) ; enfin il est devenu plus volumineux (placenta discoïde), et son développement s'est arrêté là.

On le voit, cette classification des Vertébrés en :

<table>
<tr><td>Anallantoïdiens .</td><td>{</td><td>Poissons,<br>Batraciens,</td></tr>
<tr><td>Allantoïdiens ....</td><td>{</td><td>Reptiles,<br>Oiseaux,<br>Mammifères,</td></tr>
</table>

a une grande valeur ; elle n'est pourtant pas irréprochable. En l'état de la science il faut nécessairement séparer l'Amphioxus de tous les autres Vertébrés, car il manque de colonne vertébrale ou plutôt n'en possède que le rudiment ; il n'a pas de membres ni de cœur et respire au moyen d'un sac branchial comparable à celui des Ascidies et même des Entéropneustes. A lui seul, cet

Amphioxus forme un sous-embranchement , celui des Acraniotes.

En remontant la série ascendante des Vertébrés, les Cyclostomes (*Kuklos*, cercle et *stoma*, bouche) viennent immédiatement au-dessus des Acraniotes. Quoique plus élevés en organisation, les Cyclostomes ont pourtant conservé des caractères de l'Amphioxus (persistance de la corde dorsale, fossette olfactive impaire, absence de membres pairs), et sont tellement inférieurs aux autres Poissons que l'érection de ce groupe en sous-classe ne suffit pas à quelques zoologistes qui, à l'exemple de Gegenbaur, divisent le sous-embranchement des Craniotes en deux groupes : les Cyclostomes et les Gnathostomes, ceux-ci renfermant les vrais Poissons, les Amphibiens et les Vertébrés pourvus d'amnios et de vésicule allantoïde.

On peut donc, d'après cette classification, diviser les Vertébrés en :

1° *Acraniotes* ne comprenant que l'amphioxus, forme primitive du groupe des vertébrés ;

2° *Craniotes* subdivisés à leur tour en :

Cyclostomes, représentés par les Myxines et les Lamproies ;

Gnathostomes , renfermant tous les autres vertébrés.

De ces groupes primitifs (Amphioxus et Cyclostomes) se sont détachés à l'origine : d'un côté, les *Sélaciens* , et de l'autre, les *Ganoïdes*.

Les Sélaciens diffèrent des Poissons proprement dits ou Téléostéens par leurs caractères d'infériorité ; la notocorde persiste en grande partie et il n'y a pas de vessie natatoire ; quelques-uns possèdent bien un petit cœcum muqueux, pharyngien; mais cette différenciation ne va pas plus loin. Ces Sélaciens, à cause du manque de vessie natatoire, constituent un groupe inadaptif, subissant des modifications secondaires, mais qui ne sont plus comparables à celles subies par le deuxième groupe à la base duquel sont les Ganoïdes.

Ceux-ci ont un squelette cartilagineux et un appareil circulatoire semblable à ceux des Sélaciens, mais dans la région œsophagienne naît un refoulement qui est le premier indice de la vessie natatoire. Cette vessie natatoire persiste chez les Ganoïdes comme un cæcum volumineux, placé au-dessous de la corde dorsale, avec parois conjonctives externes très-vascularisées et une couche muqueuse interne présentant des replis : c'est donc un organe de sécrétion qui communique avec l'intestin par une ouverture œsophagienne.

De ces Ganoïdes sont sortis :

1° Un groupe inadaptif, *les Téléostéens ;*

2° Un groupe qui s'est modifié plus tard, *les Dipnoïques.*

La vessie natatoire persiste chez les Téléostéens ; elle peut naître de l'œsophage ou du pharynx, à la partie supérieure, inférieure ou sur les parois latérales de ces conduits ; elle peut communiquer avec l'intestin ou s'isoler complètement ; enfin elle peut disparaître ou persister et cela chez des types très-voisins. Ainsi les Maquereaux pneumatophore et colias de la Méditerranée ont une vessie natatoire, tandis que le Maquereau de l'Océan Atlantique en est dépourvu ; de même tout le genre *Polynemus* possède cet organe à l'exception du *Polynemus paradiseus.* Mais, quand elle existe, elle persiste comme organe hydrostatique, ayant perdu ses parois vascularisées et glandulaires ; elle n'a plus que des fonctions en rapport avec la vie aquatique. A cause de cette différenciation, les Téléostéens subissent des modifications secondaires toutes en rapport avec la vie aquatique ou milieu aqueux dans lequel ils vivent.

Les premiers Téléostéens ont apparu dans le terrain Jurassique, et ces Téléostéens primitifs avaient conservé des caractères de Ganoïdes; ainsi ils montrent des formes de passage entre les écailles placoïdes et la queue hétérocerque d'un côté, les écailles cténoïdes ou cycloïdes et l'homocerquie de la queue de l'autre. (L'homocerquie ou l'hétérocerquie proviennent de l'égalité ou de l'inégalité des rayons supérieurs et inférieurs de la queue).

Au contraire, chez les Dipnoïques, la vessie natatoire a persisté avec ses parois vascularisées et ses plis; plis et parois qui ont formé des alvéoles, semblables aux rayons d'une ruche d'abeilles, parcourues par le sang. Cette vessie est donc devenue un organe adapté à la respiration aérienne. Les Dipnoïques actuels comprennent les *Lepidosiren* du Brésil, les *Protopterus* de l'Afrique tropicale et les *Ceratodus* qui vivent en Australie. Tous ces animaux présentent des caractères indiscutables de Ganoïdes : squelette cartilagineux, bulbe aortique et ses cloisons, corps protégé par des écailles osseuses; ces caractères les rapprochent aussi des Sélaciens. Il est à peine besoin d'ajouter que, grâce à leur nouvelle adaptation et au perfectionnement de ce que, fort improprement, on appelle vessie natatoire, ces Dipnoïques peuvent vivre à leur gré dans l'eau ou dans l'air humide.

Des Dipnoïques, groupe adaptif, sont descendus les Batraciens. Ces deux types ont d'abord un appareil branchial, et ce n'est que plus tard que les poumons se montrent; toutefois, chez les Batraciens ou Amphibiens, il y a tendance à la respiration aérienne, tendance qui restreint peu à peu la respiration aquatique et la laisse persister seulement à l'état larvaire. Les premiers Batraciens fossiles trouvés jusqu'à nos jours *(Archægosaurus)* ont des caractères anatomiques semblables à ceux des Reptiles; du reste les Batraciens adultes, vivants à l'heure actuelle, se rattachent si étroitement aux Reptiles par leur anatomie que Cuvier ne les en avait point séparés. A cause de cette tendance à la respiration aérienne, l'allantoïde apparait peu à peu et se développe ensuite pour la respiration fœtale; la fonction a créé l'organe, et cette allantoïde persistera chez tous les Vertébrés aériens.

De la base des Batraciens se sont détachés les Reptiles. En effet, l'Archægosaurus, le plus ancien Batracien connu, a des caractères squelettiques intermédiaires entre les Reptiles et les Amphibiens; quant aux Batraciens actuels, il faut les considérer comme une adaptation des anciens types qui ne se sont pas différenciés en Reptiles, mais chez lesquels aussi la respiration pulmonaire tend à primer la respiration branchiale.

Les Reptiles ont eu leur maximum de développement à la période secondaire; les types de cette époque étaient adaptés à une vie aquatique, terrestre ou aérienne, et se nourrissaient d'herbes ou de chair. Les Enaliosauriens ont été, pour ainsi dire, les Cétacés des Reptiles, mais ils se sont éteints sans laisser aucune descendance. Les Dinosauriens commençaient alors à apparaître; ils avaient un régime omnivore, mais plus particulièrement herbivore; l'un d'eux, l'*Iguanodon*, est remarquable en ce que ses pattes postérieures étaient plus fortes que les antérieures, ce qui devait permettre à l'animal la station perpendiculaire; ses os ressemblaient à ceux des *Ratites* ou oiseaux inférieurs.

S'appuyant sur ces faits, Huxley a annoncé que des Reptiles encore plus rapprochés des Oiseaux, avaient vécu autrefois à la surface du globe. Cette prédiction a été confirmée par la découverte du *Compsognothus* de Solenhofen, dont les pattes postérieures ressemblaient entièrement à celles des oiseaux avec trois doigts en avant et un en arrière, les pattes antérieures tout à fait réduites; l'animal était couvert d'écailles.

La découverte de l'*Archæopteryx lithographica*, faite dans les pierres lithographiques de Solenhofen en Bavière, a encore confirmé l'hypothèse d'Huxley. Cet animal n'avait de plumes qu'à la partie supérieure du corps et des membres, le reste devait être recouvert par des caroncules molles; les plumes abondent surtout à la partie postérieure du corps; la queue n'était pas à croupion, mais ressemblait à celle des Reptiles ordinaires, c'est-à-dire était formée par des vertèbres placées bout à bout et bien distinctes : elle avait deux fois la longueur du corps.

Ses pattes étaient semblables à celles des Oiseaux; le sternum manquait de bréchet comme chez les Ratites, d'où il résulte que le vol ne devait pas être bien puissant; les doigts étaient munis d'ongles acérés. La vie de l'animal devait être essentiellement arboricole, il grimpait sur les arbres à l'aide de ses doigts crochus et s'élançait d'une branche à l'autre en se servant de ses ailes comme d'un parachute. A côté de l'Archæoptéryx se trouvait une petite mâchoire avec des dents très-pointues insérées dans des alvéoles; Huxley la rapportait à l'Archæopteryx, et ce fait a été confirmé par la découverte en Amérique, dans le crétacé supérieur, d'une foule d'oiseaux voisins de l'Archæoptéryx et qui tous avaient des dents pointues. On peut donc logiquement conclure que les Oiseaux descendent des Reptiles.

L'origine des Mammifères n'est pas aussi certaine. Les genres actuels ont pris naissance à une époque relativement récente, et à mesure qu'on descend dans la série des terrains, les différences s'éteignent peu à peu et on arrive à des types intermédiaires comme l'*Anthrocatherium*, animal synthétique, à la fois Carnassier et Pachyderme que l'on a pris tantôt pour un Cochon, tantôt pour un Ours, et qui paraît être la souche des deux, ou bien un terme de passage. Tel est aussi le Palæothérium, ancêtre commun aux Chevaux, aux Rhinocéros et aux Tapirs.

Plus bas encore, dans la série des terrains, nous trouvons des Mammifères offrant à la fois des caractères de Monodelphes et de Didelphes (ossements miocènes du Puy-en-Velay) qui sembleraient indiquer que les Monodelphes actuels descendent des Didelphes anciens. On se demande tout naturellement alors si les Didelphes anciens ne dériveraient pas des Monotrèmes, et comme ces derniers ont des caractères de Reptiles et d'Oiseaux — les Monotrèmes se rapprochent encore plus des Reptiles que des Oiseaux — tels que un cloaque, deux gros oviductes, un ovaire plus volumineux que l'autre, un os coracoïde semblable à une fourchette, des œufs macrovitelliens, pas de placenta, etc., on en vient à conclure que les Mammifères sortent d'une souche commune, intermédiaire entre les Reptiles et les Oiseaux.

Ces courtes notions sur l'arrangement systématique des vertébrés une fois données, nous étudierons avec les détails qu'elles comportent chacune des classes qui forment cet embranchement, en n'ayant toutefois garde d'oublier que la vulgarisation est le seul but de ce travail.

### TABLE DICHOTOMIQUE DES VERTÉBRÉS.

1. { Pas de crâne ; pas de cœur proprement dit ; sang blanc............ ....................... AMPHIOXUS.
   Un crâne ; un cœur ; sang rouge........ ......... 2

2. { Des poumons ; l'embryon est enveloppé d'un amnios. 3
   Des branchies transitoires ou permanentes ; pas d'amnios autour de l'embryon.................... 5

3. { Des mamelles....................... MAMMIFÈRES.
   Pas de mamelles.................................. 4

4. { Des plumes..... ........................ OISEAUX.
   Pas de plumes........................... REPTILES.

5. { Pas de nageoires à rayons............. BATRACIENS.
   Des nageoires à rayons................... POISSONS.

# SOUS-EMBRANCHEMENT



DES

## ACRANIOTES.

---

## AMPHIOXUS.

L'*Amphioxus lanceolatus*, ce vertébré primitif, constitue à lui seul le groupe des Acrâniens. C'est un animal vermiforme, long de 3 à 5 centimètres, vivant dans le sable des régions peu profondes de la mer et répandu à peu près partout. Son aire géographique est bien en rapport avec l'idée que nous nous faisons d'un type primitif. De plus, il est impossible de dire s'il existe plusieurs espèces d'Amphioxus — et les formes décrites sous les noms de *A. Belcheri*, *A. elongatus*, etc... semblent n'être en rien distinctes de l'*A. lanceolatus* ; — car, on le comprend, des différences morphologiques sont difficiles à constater chez des êtres aussi simples et qui ne sont en dernière analyse que la persistance zoologique de processus embryogéniques, et semblent créés tout exprès pour vérifier cette loi formulée par de Baer :

« *Les embryons ont une forme primitive commune et ne subissent qu'ultérieurement les différences caractéristiques des types.* »

En Provence, l'Amphioxus a été trouvé sur les côtes de Nice ; on ne l'a pas encore rencontré à Marseille, mais il n'est pas douteux que son existence sera un jour ou l'autre constatée ; — il paraît exister dans l'étang de Berre. — Ses dimensions relativement petites et son mode biologique (il s'enterre dans le sable, et quand on l'en sort, il s'y replonge au plus vite) rendent sa recherche sinon difficile au moins délicate.

Pallas, le premier, a observé cet animal et l'a placé parmi les gastéropodes, dans le genre *limax;* mais un examen plus attentif de sa structure démontre qu'il possède une corde dorsale ou notocorde, présentant au-dessus une moelle épinière et au-dessous une cavité viscérale. L'Amphioxus est donc bien un vertébré, mais un vertébré dégradé et très-inférieur en organisation même aux Cyclostomes qui étaient, pour l'époque, les types infimes de l'embranchement des Vertébrés.

Dans l'Amphioxus, on ne peut distinguer la région céphalique du reste du corps : une bouche antérieure, un anus ventral et

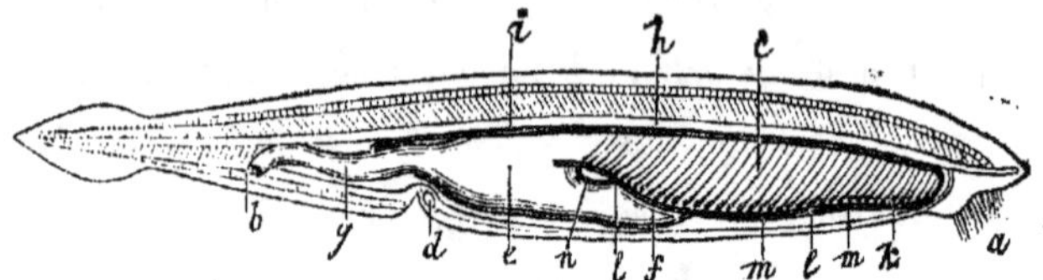

Fig. 1. AMPHIOXUS.— *A*, la bouche garnie de cirrhes.— *B*, l'anus. — *C*, le sac branchial. — *D*, le pore abdominal. — *E*, portion renflée du tube digestif.— *H*, la corde dorsale. — *I*, l'aorte. — *K*, arc aortique. — *L*, cœur artériel. — *M, M*, bulbilles des artères branchiales. — *N*, cœur de la veine cave.

presque terminal ; entre les deux, une ouverture dite pore abdominal qui sert à la sortie de l'eau ayant servi à la respiration.

L'appareil squelettaire est réduit : sous les téguments se voit une corde dorsale constituée par un étai cellulaire emprisonnant une masse cartilagineuse, tout autour apparaissent les premiers rudiments des vertèbres sous forme de neurapophyses et de commencement d'hœmapophyses, mais le corps même de la vertèbre, qui naît autour de la couche squelettogène de la corde, n'existe pas encore.

Au-dessus est le système nerveux. Il n'est plus représenté que par la moelle épinière qui ne se renfle pas en un cerveau et se termine antérieurement et postérieurement par un bouton mousse. En avant se trouve un œil impair formé simplement par une cupule pigmentaire enchassant un cristallin et rattachée à l'extrémité de l'axe nerveux par une bandelette nerveuse semblable à un nerf crânien. Il existe en outre une petite poche olfactive, impaire aussi, et placée un peu à gauche dans la région antérieure ; elle est également reliée à l'extrémité antérieure de l'axe nerveux par un nerf sensitif. Ces deux organes sont les seuls qu'on puisse indiquer comme servant à la sensibilité spéciale chez l'Amphioxus.

Au-dessous de la corde dorsale est le tube digestif s'ouvrant en avant par une large bouche garnie de cirrhes, qui communique avec une cavité pharyngienne branchiale semblable à celle des Ascidiens ; à la face ventrale de ce sac branchial est un repli en gouttière, rappelant l'endostyle et donnant accès dans la bouche œsophagienne ; des replis longitudinaux et transversaux sillonnent les parois du sac, disposition en tout comparable à celle qui existe chez les Tuniciers ; en arrière vient l'œsophage avec un cœcum antérieur considéré comme une glande hépatique primitive; cet œsophage se continue en un intestin droit se terminant par un anus postérieur.

L'eau entre par la bouche, pénètre dans la cavité pharyngienne — dont la surface interne est tapissée de cils vibratiles qui y déterminent un courant dirigé d'avant en arrière et conduisent de la sorte vers l'orifice œsophagien les particules organiques servant à nourrir l'Amphioxus — baigne les replis branchiaux et sert ainsi à la respiration, puis sort à l'extérieur par le pore abdominal qui est alors en communication au moyen d'un conduit avec le sac branchial.

L'Amphioxus n'a pas encore de membres pairs; à peine peut-on y reconnaitre une nageoire terminale correspondant à la nageoire caudale des Poissons. Ce caractère d'infériorité s'observe même chez les Cyclostomes.

Tout autour du sac branchial est un vide encore plus marqué à la face ventrale, vide qui n'est autre chose que la cavité générale dans laquelle sont placés les organes circulatoires, rénaux et sexuels. Un vaisseau ventral contractile représente le cœur; il donne naissance en avant, au-dessous du sac branchial, à deux arcs branchiaux qui montent en environnant le sac et se réunissent à la partie médiane et supérieure pour former la crosse de l'aorte qui suit la corde dorsale en arrière; des séries d'arcs transverses secondaires lient l'aorte dorsale avec le vaisseau contractile inférieur. L'aorte fournit en arrière des rameaux qui se différencient en capillaires; le sang, formé seulement par des globules blancs, sortant des capillaires est ramené dans le sac cardiaque grâce à une veine cave ventrale. (On se rappelle que, dans la série des Vertébrés, le cœur est primitivement veineux).

Les vaisseaux sont en partie contractiles par suite de l'insuffi-sance de l'impulsion donnée par l'axe cardiaque.

A la face ventrale du sac branchial sont deux petits corps arrondis que l'on considère comme des rudiments de reins ; ces organes ne semblent pas déboucher directement à l'extérieur. Il serait intéressant de rechercher si, à l'origine, ces reins ne jouent pas le rôle d'organes segmentaires comme Semper l'a démontré pour les Sélaciens.

C'est au même point que se trouvent les organes sexuels, tou-jours en avant du pore abdominal. Ces animaux sont unisexués. Les testicules et les ovaires, constamment impairs, peuvent être considérés comme le résultat d'une prolifération des cellules de la couche péritonéale circonscrivant la cavité périviscérale ; ces cellules évoluent de façon à donner naissance soit à des ovules, soit à des corps framboisés qui sont l'origine des spermatozoïdes.

Ces corps, ovules ou spermatozoïdes, tombent dans la cavité générale, d'après de Quatrefages, et sont rejetés à l'extérieur par le pore abdominal qui est une dépendance de la cavité bran-chiale ; mais une difficulté irrésolue est celle qui consiste à expli-quer la façon dont les éléments sexuels peuvent percer la paroi du sac branchial afin de tomber au dehors. Est-ce par destruction des cellules au contact, ou bien par déhiscence ? On l'ignore, et d'ailleurs cette observation n'a pas été vérifiée. Pour Kowalevsky les produits sexuels sortent par la bouche ; ici la même difficulté se présente, il faut toujours que ces éléments traversent les pa-rois du sac branchial. Ce savant suppose, il est vrai, que les corps sexuels évoluent de façon à tomber dans la cavité respiratoire et non dans la cavité générale ; il n'y aurait dès lors aucune peine à comprendre l'expulsion à l'extérieur. Mais, outre que cette hypothèse toute gratuite n'a pas été non plus vérifiée, un pareil processus serait unique, car cela n'existe ni pour les Cyclostomes, ni pour les autres types voisins.

Étudions le développement. La fécondation a lieu à l'extérieur ; l'œuf fécondé subit la segmentation totale, ce qui est l'indice d'un développement primitif ; il se produit ensuite une morula avec cavité de segmentation, puis un refoulement de la couche ectodermique qui forme ainsi une véritable gastrula telle qu'on l'observe chez tous les Cœlentérés cœlomates. Avant que les enveloppes chorionnaires entourant l'œuf soient brisées, l'axe de la gastrula se déplace et l'ouverture primitive devient presque terminale par suite d'une croissance uniquement dirigée dans le sens longitudinal ; alors apparaît un sillon dorsal étendu en longueur et l'embryon sort de l'œuf pour vivre à l'état de larve errante. Cette production d'une larve errante est curieuse à signaler, car elle est le souvenir d'un état ancien et ne se retrouve plus actuellement dans les Vertébrés que chez l'Amphioxus et les Cyclostomes, tandis que cette phase est encore très-commune pour les Invertébrés.

A cet instant, la larve est munie d'un ectoderme, d'un endoderme très-épais et d'une cavité centrale, première ébauche de la cavité digestive. Il est intéressant de remarquer que le tube digestif, ainsi formé par refoulement ectodermique, apparaît avant le système nerveux, contrairement à ce qui a lieu pour tous les autres Vertébrés, à l'exception peut-être des Cyclostomes. Peu à peu les bords du sillon dorsal se rapprochent et finissent par constituer un véritable canal médian, le tube nerveux, tube qui communique par un pore avec la bouche primitive, fait qui rappelle ce qui se passe chez les Tuniciers. Comme chez ces derniers, la bouche primitive étant close, il faut qu'il s'en perce une seconde; mais au lieu d'être produite à peu près à la même place, la nouvelle bouche se forme à la partie ventrale en un point opposé comme orientation. Il est bon de noter que c'est à l'endroit où existait la bouche primitive que l'anus prend naissance.

Dans la région du sac gastrulaire, voisine du point où se forme la nouvelle bouche, des replis endodermiques produisent le sac branchial intestinal et un nouveau refoulement du sac gastrulaire perce le pore abdominal. Au dessous du tube nerveux et sur l'intestin, la corde dorsale apparait aux dépens des cellules mésodermiques environnantes; elle se prolonge avec l'axe nerveux dans la queue qui vient de naître; en même temps les rudiments des vertèbres avec leurs arcs apparaissent et les rayons de la nageoire terminale se constituent. Il n'y a plus ensuite que des modifications secondaires portant sur la différenciation du sac branchial et du cœcum hépatique.

Le fait qui tend à séparer le plus les Acrâniens des Tuniciers porte sur le changement relatif de position de la nouvelle bouche; ensuite viennent les caractères tirés des ouvertures branchiales extérieures, une seule abdominale chez l'Amphioxus, deux latérales pour les Tuniciers, et de la position de l'anus qui, dans les premiers, nait non loin de la bouche primitive; à part cela tout le reste est analogue dans le développement.

L'Amphioxus a aussi des analogies avec les Vers, principalement avec les Oligochœtes (Lombric, *verme de terro*), à cause de l'axe nerveux longitudinal ventral et du rudiment de corde dorsale; mais, avant cette formation, la métamérisation était déjà apparue chez les Vers, chose qui n'existe pas ici, puisque l'apparition de zoonites vertébraux, qui constitue une véritable métamérisation, ne se manifeste qu'après la formation de la corde dorsale et l'allongement de la queue.

# SOUS-EMBRANCHEMENT



# CRANIOTES.

---

## CLASSE DES POISSONS.

---

Si, partant de l'Amphioxus, on suit la série ascendante des Vertébrés, on arrive aux êtres que le vulgaire désigne sous le nom collectif de Poissons, groupe peu homogène et très-artificiel renfermant des animaux fort différents sous le rapport de la complication des organes, dont les Cyclostomes sont les représentant infimes et dégradés, tandis que les Dipnoïques constituent la culmination du type.

TABLE DICHOTOMIQUE DES POISSONS.

1.
{ Bouche à peu près circulaire disposée pour la succion ; un seul orifice nasal médian.......... CYCLOSTOMES.
{ Non.......................................... 2

2. {
Peau couverte d'écailles ou de plaques.......... .. 3

Pas d'écailles ni de plaques, mais des excroissances rugueuses assez semblables aux dents par leur structure. ................. ............. Sélaciens.

3. {
Ecailles osseuses espacées, recouvertes d'émail ; ou bien corps recouvert par des plaques osseuses ; branchies libres........... ............ Ganoïdes.

Ecailles cartilagineuses et tendres, ou corps entière-ment recouvert par une peau osseuse. Branchies en forme de peigne ou de houppe......... Téléostéens.

Nota.— Il n'est pas tenu compte des Dipnoïques, car les animaux qui composent cet ordre sont tous exotiques.

# I. – CYCLOSTOMES.

Les Cyclostomes forment un groupe inadaptif se rapprochant des Acrâniens par la corde dorsale qui persiste avec sa gaîne cartilagineuse dans laquelle apparaissent des points d'ossification, et par l'absence de véritables membres. Il y a bien chez ces êtres une nageoire plus développée même que celle de l'Amphioxus, car elle entoure presque le corps de l'animal, mais les membres pairs font encore défaut. Toutefois les Cyclostomes possèdent un rudiment de boîte crânienne formée par le renflement antérieur de la corde dorsale, des sacs branchiaux distincts s'ouvrant au dehors ordinairement par un nombre égal d'orifices, deux yeux parfois placés au-dessous de la peau et même recouverts par des muscles. L'organe olfactif n'est encore qu'un sac impair ; il y a deux capsules auditives et un appareil buccal résultant de pièces transformées du squelette viscéral jointes aux pièces antérieures du squelette dorsal ; de telle façon que la bouche est réduite à une

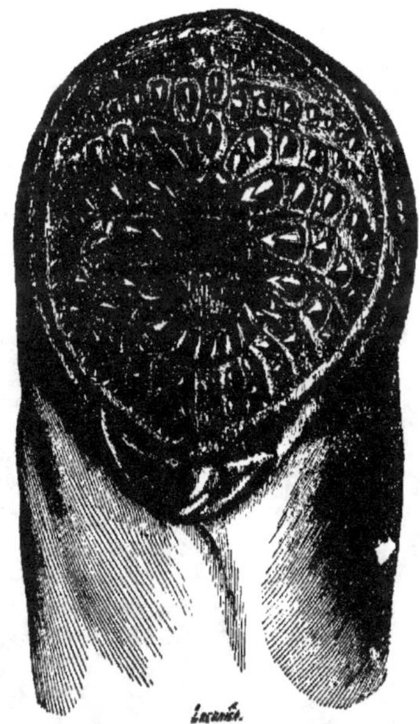

Fig. 2. Bouche du *Petromyzon marinus*, Linné. Grandeur naturelle.

ouverture circulaire ou demi-circulaire, fixée, dépourvue de machoires et spécialement disposée pour la succion ; différenciations morphologiques qui séparent les Cyclostomes des Acrâniens.

Avec les Cyclostomes apparaî' un caractère important, qui persistera désormais chez tous les Vertébrés, consistant en une dilatation antérieure de l'axe nerveux, renflement qui constitue une sorte de cerveau dans lequel on peut déjà reconnaître des régions antérieure, moyenne, postérieure (protencéphale, mésencéphale, métencéphale) émettant des nerfs crâniens en même temps que l'axe médullaire postérieur donne des nerfs spinaux peu nombreux.

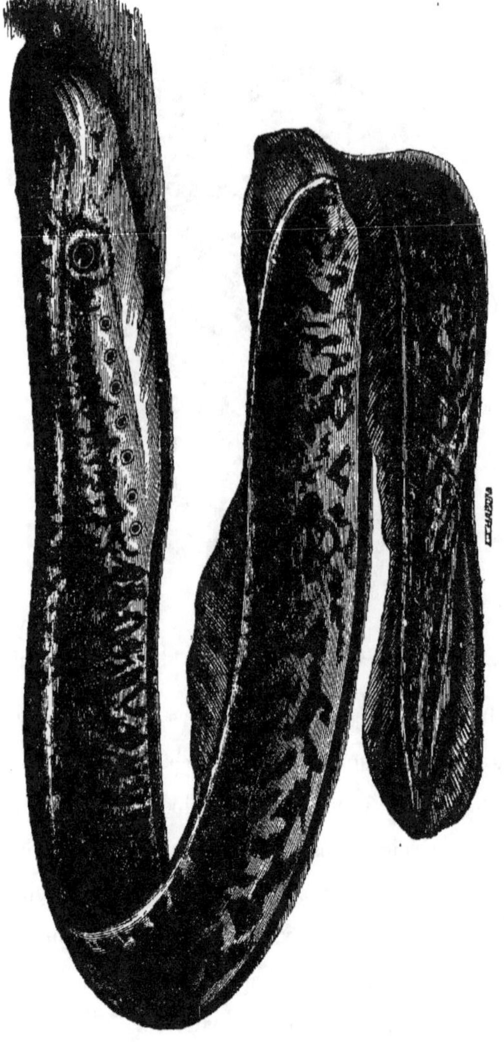

Fig. 3. La Lamproie marine (*Petromyzon marinus*, Linné.)

On a vu que, dans ces animaux, la corde dorsale persiste avec des différenciations peu notables ; les corps vertébraux apparaissent à peine sous la forme d'une couche cartilagineuse autour de la notocorde, mais les arcs sont bien développés, principalement les arcs viscéraux antérieurs constitués par l'os hyoïde, qui se réunissent pour former autour de la bouche un cercle complet d'où le nom de Cyclostomes (bouche en cercle); elle est munie de dents palatines au lieu du simple fer à cheval qui existe chez l'Amphioxus. La partie antérieure de la corde dorsale forme un petit crâne dans lequel est logé le cerveau. En avant est un petit refoulement impair correspondant à la fossette olfactive de l'Amphioxus ; sur les flancs de la tête et de chaque côté se trouve un œil ainsi qu'une vésicule ou capsule auditive. La fossette olfactive communique avec la cavité buccale, caractère que l'on retrouve chez les Dipnoïques, et par cet orifice pénètre l'eau qui doit servir à la respiration ; car cette eau ne peut rentrer par la bouche jouant un rôle de ventouse dans la succion du sang de l'hôte sur lequel le Cyclostome parasite s'est fixé. La cavité branchiale consiste en une poche, sorte de dilatation de l'œsophage communiquant avec l'extérieur par des fentes latérales ; les Lamproies possèdent sept paires de ces fentes branchiales, tandis que les Myxines n'en ont qu'une paire ; l'eau pénètre par la narine, arrive dans l'œsophage, sert à la respiration et sort par les fentes ; il y a donc un véritable courant respiratoire.

Après la bouche viennent la région pharyngienne et œsophagienne renflée en vésicules branchiales, puis l'œsophage qui se dilate en un estomac, enfin l'intestin qui se prolonge en ligne droite en gardant les mêmes dimensions jusqu'à l'anus postérieur ; un simple étranglement semble séparer l'estomac de l'intestin. Sous les sacs branchiaux est un cœur composé d'une oreillette et d'un ventricule avec une aorte primitive et des arcs vasculaires pour chaque poche branchiale ; il existe encore une aorte dorsale contractile, comme chez l'Amphioxus. La cavité générale, spacieuse, contient les organes sexuels dont les conduits excréteurs communiquent avec l'anus chez les Lamproies et s'ouvrent directement au dehors par un pore postérieur chez les Myxines. Il y a aussi un organe urinaire  L'embryogénie est inconnue ; on ne sait si le tube nerveux se forme avant ou après le tube digestif ; Max-Schultze a signalé dans les Lamproies l'apparition du tube digestif avant le système nerveux.

Fig. 4. La Lamproie de Planer (*Petromyzon Planeri,* Bloch.)

Les Cyclostomes ne renferment que deux familles : les Myxinoïdés qui se fixent seulement par leur cercle de crochets de façon à avoir la bouche libre, et les Pétromyzontidés ; ceux-ci adhèrent par toute l'étendue de la bouche. Cette dernière famille est seule représentée en Provence par le genre *Petromyzon* et ses trois espèces : grande Lamproie (PETROMYZON MARINUS, Linné, *lampré, lampru, lampreso, moureno* des Provençaux) ; Lamproie fluviatile (P. FLUVIATILIS L., *lou bouiroun);* Lamproie de Planer ou petite Lamproie de rivière (P. PLANERI, Bloch, *la poutino, ou lampresoun).*

Il y aurait encore à étudier ces êtres, il faudrait surtout refaire leur embryogénie ; l'œuf est as  ez facile à observer. On a constaté l'existence des Lamproies soit dans les eaux douces, soit dans

FIG. 5. Larve de la Lamproie de Planer, autrefois décrite comme forme distincte sous le nom d'*Ammocœtes branchialis* ; grandeur naturelle, vue en partie du dos. — FIG. 6. Portion antérieure de la même, un peu grossie, vue en partie de la face ventrale. — FIG. 7. Partie postérieure de la même, vue de profil. (D'après M. Blanchard).

les eaux marines ; il est probable que les Lamproies d'eaux
douces sont amenées dans ces eaux quand les gros poissons
dont elles sont parasites y viennent frayer. Certains types de
Cyclostomes subissent des métamorphoses si bien tranchées que,
pendant longtemps, on a pris leurs divers états pour des genres
différents : tel est le cas du *Petromyzon Planeri* dont les larves
avaient été comprises dans le genre *Ammocœtes* sous le nom
d'*Ammocœtes branchialis*. Les jeunes Lamproies ont seulement
le cercle buccal moins complet et la nageoire uniquement res-
treinte à la partie postérieure du corps et ne s'étendant pas sur
le dos.

« Lorsque la Lamproie, dit M. Emile Blanchard (1), n'a pas
encore subi ses métamorphoses, lorsqu'elle est à l'état d'*Ammocète*, elle diffère singulièrement de l'adulte. Son corps, au moment où elle a pris sa croissance entière, n'est pas moins long,
mais il est moins cylindrique ; sa bouche n'est pas arrondie, elle
affecte la forme d'un fer à cheval, la lèvre inférieure formant une
saillie en avant, et cette bouche est complètement dépourvue de
dents. Lorsque cette larve commence à subir les changements
qui vont l'amener à l'état de Lamproie, on voit la bouche qui
commence à devenir plus circulaire ; les lèvres prennent davantage la forme de bourrelets ; l'œil peu distinct chez la larve et
comme voilé devient plus apparent. La bouche s'arrondit enfin
d'une manière à peu près complète ; les dents paraissent, d'abord
fort petites, mais elles acquièrent rapidement la forme et le
volume qui les caractérisent chez l'adulte ; la peau devient plus

_______

(1) **Emile Blanchard**, *les Poissons des eaux douces de la France,* Paris, 1860.

argentée; les orifices branchiaux se garnissent d'un rebord en saillie comme celui d'une boutonnière. Rien n'est plus facile que de suivre jour par jour ces changements, si l'on est en situation d'observer des Ammocètes ou larves de Lamproies arrivées au temps de leurs métamorphoses.

« La Lamproie de Planer passe au moins deux années à l'état de larve ou d'*Ammocète*; ce n'est qu'à sa troisième année, quelquefois peut être au début de sa quatrième année d'existence, que sa métamorphose s'accomplit. Les larves parvenues à l'état adulte ne tardent guère à effectuer leur ponte, ce qui a lieu pendant les mois de mars et d'avril. Elles périssent sans doute bientôt après cet acte accompli, car elles ne tardent pas à disparaître des eaux où l'on continue à trouver des Ammocètes. Ces faits constatés pour la première fois, il y a une dizaine d'années, par M. Auguste Müller, et aujourd'hui hors de doute, forment un intéressant chapitre dans l'histoire du développement des animaux vertébrés.

« Les Lamproies, à l'état adulte, s'agitent beaucoup, cherchent leur proie, ne redoutent en rien la lumière; à l'état de larves, elles se cachent dans les endroits obscurs, sous les pierres, dans la vase, et redoutent le grand jour; elles ne peuvent vivre que des corpuscules qui leur sont apportés par le courant, leur bouche ne leur permettant pas d'opérer encore une véritable succion. »

### Famille des PÉTROMYZONTIDÉS.

Un genre,

### Genre *PETROMYZON*, Artedi.

Trois espèces :

1.
 - Les deux pointes de la dent maxillaire supérieure sont rapprochées...................... P. MARINUS.
 - Elles sont écartées. ...... ...................... 2

2.
 - Dorsales distinctes.................... P. FLUVIATILIS.
 - Dorsales contiguës.................... P. PLANERI.

**1**. PETROMYZON MARINUS, *Linné*. Lamproie marine.

N. P. : *Lampré, lampreso, lampru, lamprua, moureno.* — Habite la mer, mais remonte les cours d'eau au printemps pour y déposer ses œufs.

**2**. PETROMYZON FLUVIATILIS, *Linné*. Lamproie fluviatile.

N. P. : *Bouiroun.* — Nos rivières.

**3**. PETROMYZON PLANERI, *Bloch*. Lamproie de Planer.

N. P. : *Lampresoun, poutino.* — Nos ruisseaux et nos rivières.

# II. – SÉLACIENS.

On a vu que du groupe primitif des Acrâniens et des Cyclostomes se sont détachés à l'origine les Sélaciens et les Ganoïdes. Les Sélaciens se distinguent des Ganoïdes en ce qu'ils manquent de vessie natatoire ; c'est là une loi générale qui comporterait cependant quelques exceptions chez certains Sélaciens exotiques, car le naturaliste voyageur Micklucho Maclay, élève d'Hœckel, qui a étudié l'embryogénie de l'Esturgeon et s'est également occupé de l'anatomie comparée des Sélaciens, d'abord à Iéna, puis aux Canaries, a montré dans les Squalidés un petit refoulement de la région œsophagienne qui correspondrait morphologiquement à la vessie natatoire. Toutefois, cet auteur s'est trompé sur la signification à donner à ce refoulement, lorsqu'il a admis que c'était l'atrophie d'une vessie natatoire bien développée chez les ancêtres de ces Squalidés, tandis qu'il faut voir là une apparition primitive que ne possédaient pas les anciens Sélaciens ; car si ces derniers l'avaient possédée, on en trouverait à coup sûr les restes dans l'évolution embryonnaire, ou bien chez quelques types des Sélaciens encore fort bien représentés dans la nature actuelle.

Les Sélaciens, subdivisés en *Holocéphales* et *Plagiostomes*, correspondent aux Poissons cartilagineux de Cuvier ; ils ont des analogies nombreuses avec les Ganoïdes, ce qui démontre bien une origine commune. Leur squelette, incomplètement ossifié, est très-inférieur comme développement à celui des Ganoïdes et surtout des Téléostéens. Bien plus, les Holocéphales, dont la Chimère monstrueuse *(lou cat* ou *gat marin* des Provençaux) est l'unique représentant pour notre région, conservent encore une corde dorsale de Cyclostome, constituée par un axe plein, sans rétrécissement aucun, et soudée antérieurement avec le crâne, mais dans la périphérie de laquelle apparaissent pourtant des colliers ou anneaux en parties ossifiés, ne formant jamais cependant de véritables vertèbres. Les Chimères présentent constamment dans leur squelette un caractère d'infériorité beaucoup plus grand que dans les autres Sélaciens, elles servent donc de transition entre les Cyclostomes et les Plagiostomes. Chez ces derniers, la corde dorsale est enveloppée par les arcs vertébraux qui pénètrent jusque dans son intérieur, sous la forme de deux cones qui tendraient à se rapprocher et même à se souder, de façon à former des vertèbres amphicœliques ou biconcaves entre lesquelles la corde dorsale persiste. Cette forme amphicœlique des corps vertébraux persiste chez la plupart des Téléostéens, des Batraciens et des Reptiles anciens;— on sait que les Reptiles du terrain jurassique avaient des vertèbres biconcaves comme les Poissons. Les arcs vertébraux inférieurs des Sélaciens sont très-réduits, de telle sorte qu'il n'y a pas de côtes ossifiées, contrairement à ce qui a lieu pour les Téléostéens.

Le système tégumentaire offre une structure spéciale se rapprochant beaucoup de celle des Ganoïdes. Déjà, chez les Cyclostomes, on commence à voir apparaître, à travers la peau de la tête et de la ligne dorsale, des tubes muqueux; ces tubes existent aussi chez les Sélaciens et en plus grand nombre; ce sont des replis de la peau formés d'une couche conjonctive revêtue d'un épithélium muqueux, avec de petits corpuscules; dans le fond est un petit bouton nerveux rattaché au nerf vague. D'après Lewdig, ce serait là un sens supplémentaire, particulier aux poissons. La peau, rarement lisse (Torpédonidés), est le plus souvent revêtue de plaques ou crochets constitués par un véritable tissu osseux avec des canalicules dont la structure est tout à fait semblable à celle des dents. Comme pour ces derniers organes, il apparait, dans un repli cutané, un mamelon en forme de racine surmonté ensuite de deux crochets l'un supérieur et l'autre basilaire, puis la racine se modifie en une plaque inférieure avec des canalicules comme un tissu osseux, le tout étant recouvert d'une sorte d'émail semblable à celui des dents. Les machoires étant cartilagineuses, les dents ne s'insèrent pas dans de véritables alvéoles, mais bien dans des replis de la peau formés d'une couche rayonnante revêtue d'une couche muqueuse; elles sont donc analogues aux crochets des autres parties du corps. Les dents, rangées en plusieurs séries parallèles (cinq ou six) de façon à se remplacer, sont ou disposées en arceau pour saisir, retenir et taillader une proie, ou aplaties et juxtaposées comme des pavés; elles servent alors à broyer les corps durs, tels que le test des crustacés, des mollusques ou des échinodermes. La peau des Squalidés est presque entièrement recouverte de ces petites dents (chagrin); celle des Raies, au contraire, n'en présente que de grosses, fort espacées entre elles, de manière à former des plaques et, chose remarquable, les dents des Raies sont le plus souvent rangées en pavés, ce qui constitue une nouvelle analogie entre les productions osseuses cutanées externes et les productions buccales.

L'appareil digestif commence par une cavité buccale présentant sur les côtés des dilatations pharyngiennes en partie supportées par des arcs viscéraux hyoïdiens, et dans ces dilatations sont enfermées les branchies fibreuses; l'eau pénètre par la bouche, arrive dans les sacs, baigne les branchies et ressort à l'extérieur par des ouvertures en nombre égal à celui des refoulements pharyngiens. Chez les Holocéphales cependant, toutes ces ouvertures arrivent dans un tube qui s'ouvre à l'extérieur par une fente unique, recouverte par la peau durcie formant un opercule. Après la bouche, vient une région œsophagienne assez courte, puis une région stomacale plus ou moins renflée, à laquelle fait suite dans quelques types un petit cœcum glanduleux, et c'est dans son voisinage que vient s'ouvrir le conduit cholédoque provenant d'un foie volumineux et à plusieurs lobes; l'intestin très-court débouche dans un cloaque où se trouve également un petit cœcum dont la nature n'est pas bien déterminée; on l'avait considéré comme une vessie urinaire, mais quand ce dernier organe existe, il se développe autre part et est formé par un renflement de l'uretère. Dans l'intestin est une cloison nommée valvule spirale destinée à augmenter la surface des parois intestinales et à retarder la marche des aliments; cette cloison a son rudiment dans le sillon ventral en gouttière des Lamproies où circule la veine branchiale; cette dernière structure persiste même chez certains Plagiostomes. La valvule spirale de l'intestin existe, plus ou moins développée, dans tous les Sélaciens; on l'observe chez les Ganoïdes, ces frères des Sélaciens; elle manque à tous les Téléostéens, mais on la retrouve dans les Dipnoïques, types dérivés des Ganoïdes.

Le cœur, très-volumineux, est bien plus parfait que dans les Cyclostomes; placé en dessous et en arrière des sacs branchiaux, il se compose d'une oreillette et d'un ventricule terminé antérieurement par une région contractile munie de valvules pour empêcher le retour du sang dans le cœur; c'est le bulbe ventriculaire ou aortique. Vient ensuite une artère qui se bifurque presque aussitôt et émet des séries d'arcs en nombre égal à celui des branchies ; le sang oxygéné est reçu dans la confluence supérieure de ces arcs formant une véritable aorte qui accompagne la corde dorsale ; des veines caves ramènent le sang désoxygéné

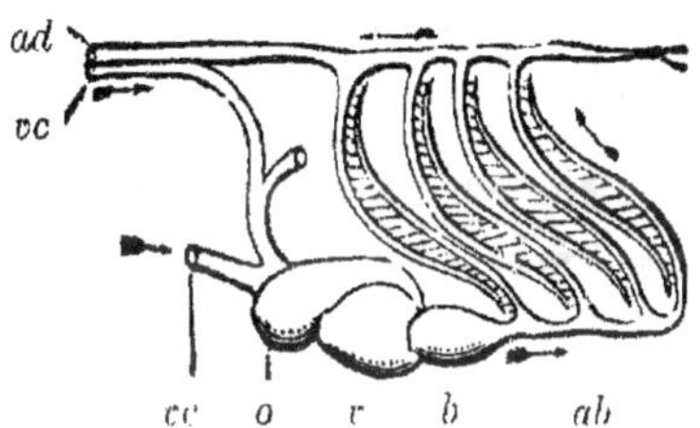


Fig. 8. Appareil circulatoire d'un Poisson. O, oreillette. — V, ventricule. — B, bulbe aortique. — Vc, Vc, veines, caves. — Ab, artère branchiale.— Ad, artère dorsale.

dans l'oreillette. Le cœur des Sélaciens, comme celui de tous les Poissons du reste, est strictement veineux.

Dans ces êtres, le système nerveux montre un degré frappant de supériorité. Les centres céphaliques comprennent, en allant d'avant en arrière : de volumineux ganglions olfactifs ; des lobes optiques émettant des nerfs fusionnés en un véritable chiasma ; une masse correspondant aux hémisphères cérébraux avec des lobes et des sillons, ce qui est l'indice d'une intelligence relativement assez grande ; enfin des tubercules quadrijumeaux et le cervelet. En comparant cette organisation avec celle des Téléostéens dont le système nerveux central est si peu développé, on est frappé de cette différence, pourtant facilement explicable, si l'on considère que les Téléostéens, issus des Ganoïdes, forment un groupe inadaptif et rabougri, dont le système osseux s'est consolidé, mais dont la plupart des autres organes et des fonctions inhérentes sont allées en se simplifiant et même en disparaissant tout à fait. Quelques Sélaciens sont munis de refoulements pharyngiens nommés évents, qui s'ouvrent à l'extérieur en arrière des yeux et correspondent à l'oreille externe et à l'oreille moyenne, mais n'ont aucune relation avec l'oreille interne; cette dernière est constituée par un vestibule pourvu de canaux semi-circulaires s'ouvrant au dehors par un ou plusieurs pores; les évents persistent chez les Ganoïdes et disparaissent dans les Téléostéens.

Les organes urinaires apparaissent d'abord comme des reins primitifs ou corps de Wolff. En même temps se montrent des séries d'entonnoirs vibratiles disposés par paire, correspondant assez bien au nombre des vertèbres et s'ouvrant d'une part dans la cavité péritonéale, et de l'autre à l'extérieur; on les considère comme homologues des organes segmentaires des Vers, nouvelle analogie à constater, mais qui, à coup sûr, n'est pas assez forte pour disjoindre le groupe naturel formé par les Tuniciers et les Vertébrés. Quant aux organes reproducteurs, ils sont disposés de manière à constituer des glandes impaires placées dans la cavité générale; les œufs tombent dans cette cavité et sont reçus immédiatement par deux oviductes qui se réunissent en une sorte d'entonnoir vibratile débouchant dans le cloaque, en arrière de l'anus. La région supérieure des oviductes sécrète un albumen mucilagineux qui enveloppe le jaune de l'œuf, tandis que la portion inférieure produit un chorion résistant qui durcit à l'air, de façon à former une coque munie de prolongements particuliers pour s'accrocher aux corps sous-marins.

On le voit, les Sélaciens sont ovipares; il est pourtant certains genres chez lesquels l'ovoviviparité se montre, et alors se manifeste, dans les embryons, la tendance à passer tous les stades de leur développement dans le corps même de la mère. Parfois l'éclosion a lieu dans l'oviducte, et l'embryon est immédiatement expulsé *(Scyllium, Torpedo).* D'autres fois *(genre Carcharias)* l'éclosion n'a pas lieu tout de suite et le sac vitellin émet des prolongements vasculaires pénétrant entre des prolongements identiques de l'oviducte maternel, de façon à fournir un véritable placenta vitellin, mais non allantoïdien comme chez les Mammifères, car l'allantoïde manque dans les Poissons et les Batraciens. Cette sorte de placentation s'effectue dans la région terminale de l'oviducte. On peut expliquer ce phénomène par la tendance qu'ont tous les Vertébrés à subir les processus embryogéniques dans l'intérieur de la mère, en un mot par la tendance vers la viviparité. Les embryons des Sélaciens dépourvus de placenta sont justement ceux qui ont le plus de vitellus nutritif ; c'est du reste une conséquence logique de ce que nous avons déjà vu relativement à l'évolution générale des Vertébrés. Les embryons des Sélaciens sont munis dans leur jeune âge de houppes céphaliques branchiales externes, semblables à celles des larves d'Amphibiens et qui tombent pendant l'évolution organique, en laissant à leur place des cicatrices en fentes qui sont les ouvertures extérieures des sacs branchiaux pharyngiens.

Les Sélaciens ont été subdivisés en Holocéphales et Plagiostomes.

## HOLOCÉPHALES.

Dans les Holocéphales, les cinq trous branchiaux de chaque côté se réunissent pour ne former qu'un seul orifice extérieur commun, recouvert par un rudiment d'opercule placé sous la peau; de plus, l'arc maxillo-palatin est soudé au crâne, tandis que la mâchoire inférieure s'articule avec une apophyse crânienne. A l'époque actuelle, les Holocéphales se réduisent aux seuls genres *Chimæra* (Linné) et *Callorhynchus* (Gronovius); chacun de ces genres ne renferme qu'une espèce: la *Chimæra monstruosa* des mers du Nord qui descend quelquefois jusque sur les côtes de la Méditerranée où elle est bien connue des pêcheurs sous le nom de *Cat* ou *Gat marin;* quant au *Callorhynchus antarcticus* de Lacépède, ainsi que son nom spécifique l'indique, il habite les mers du Sud. Comme espèces fossiles paraissant appartenir à ce groupe, on pourrait citer les genres *Edaphodon* et *Passalodon* des terrains mésozoïques.

## PLAGIOSTOMES.

Les Plagiostomes *(plagios,* transversale et *stoma,* bouche) méritent bien leur nom; leur bouche, transversale et large, est ordinairement garnie de plusieurs rangées de dents dont la forme et le nombre varient avec les espèces; ils ont autant d'ouvertures branchiales externes et dépourvues d'opercule qu'il y a de sacs pharyngiens (ordinairement cinq et par exception six ou sept). Chez ces animaux, l'arc maxillo-palatin n'est plus soudé au crâne, il est susceptible de mouvements et s'articule dans la région postérieure avec le maxillaire inférieur. Leur peau est rarement nue et ils possèdent des évents dans la généralité des cas. Les Plagiostomes mâles se distinguent des femelles par des appendices particuliers disposés en crochets et provenant de la modification des rayons postérieurs des nageoires ventrales.

On peut diviser les Plagiostomes en deux groupes assez naturels : Squalidés et Rajidés.

## I. – SQUALIDÉS.

Les Squalidés ont le corps allongé, presque conique ; il est muni de nageoires pectorales placées plus ou moins perpendiculairement et se termine par une forte queue, charnue à l'extremité,

Fig. 9. Le Requin bleu *(Carcharias glaucus,* Cuvier).

courbée en dessus. Les trous branchiaux sont toujours situés sur les côtés du cou et forment une suite de fentes.

Suit, sous forme de tableau, la liste des Squalidés observés dans notre région.

| NOM SCIENTIFIQUE. | NOM FRANÇAIS. | NOM VULGAIRE. |
| --- | --- | --- |
| Scyllium canicula , *Cuvier*..... | Grande roussette. | Can ou chin de mar, pinto rousso |
| — catulus , *Cuv*......... | Petite roussette , rochier. | Cat-rouquié , gato d'aigo. |
| Pristiurus melanostomus, *Bonap* | Squale à bouche noire. | Bardoulin , lambardo. |
| Alopias vulpes , *Bonaparte*.... | Squale renard. | Rinard, pèis-ratou, pèis-espaso. |
| Odontaspis taurus , *M. et H*.... | Squale taureau..... | Lamio , stourdoun , verdoun. |
| — ferox , *Agassiz*..... | Squale féroce. | |
| Lamna cornubica , *Cuv*......... | Lamie nez. | Mélantoun , pichoun lami. |
| Oxyrhina Spallanzanii , *Bonap*. | Oxyrhine de Spallanzani. | |
| Carcharodon lamia , *Bonaparte*.. | Carcharodonte lamie | Alami , lami , raquin , requin, chin de mar. |
| ? Selache maximus , *Cuv*....... | Pèlerin. | |
| Mustelus vulgaris , *Mul. et H*.. | Emissole commune. | Meissolo. |
| — lævis , *Risso*......... | — lisse. | Estello , lentilho , palouno. |
| Galeus vulgaris , *Yarren*....... | Milandre. | Milandre , milandro-chin , paloun , paroun. |
| Thalassinus Rondeletii , *Ris*.... | Squale de Rondelet. | Pèis-can. |
| Zygæna malleus , *Valenciennes*. | Marteau. | Martèu , pèis-judiéu , pèis-jusiéu , pèis-limo. |
| — tudes , *Val*............ | Marteau maillet. | Pantoufliè , scroseno. |
| Carcharias glaucus , *Cuv*....... | Requin bleu. | Blur , cagnau , cagnot , can ou chin blur , verdoun. |
| — obstusirostris , *E. Mor*. | à museau obtus. | |
| Hexanchus griseus , *Rafin*...... | Griset. | Bouco-douço , mounge. |
| Heptanchus cinereus , *Mul. et H*. | Perlon. | Mounge gris. |
| Acanthias vulgaris , *Risso*...... | Aiguillat vulgaire. | Aguïat, cat de mar, chin de mar |
| — Blainvillei , *Risso*.... | — de Blainville. | Mangin. |
| ? — uyatus , *M. et H*..... | — uyat. | |
| Spinax niger , *Bonaparte*....... | Sagre. | Mouro. |
| Centrophorus granulosus, *M et H* | Centrophore granuleux. | |
| Centrina Salviani , *Risso*....... | Humantin. | Bernardet , pèis-porc ou pouar marin. |
| Scymnus lichia , *Mul. et H*..... | Leiche vulgaire. | Gato cousnièro , gato de founs.. |
| Læmargus rostratus , *Risso*.... | Leiche à long museau. | Bardoulin de founs, moure plat. |
| Echinorhinus spinosus , *Blainv*. | Squale bouclé. | Mounge clavela. |
| Squatina angelus , *Risso*....... | Ange de mer. | Ange , pèis-ange. |

Nota.— Le signe ? placé devant une espèce indique que l'existence n'en est pas bien constatée pour la région.

Voici une table dichotomique qui permettra j'espère d'arriver promptement à la détermination des familles, puis des genres, enfin des espèces de Squalidés qui visitent les côtes provençales de la Méditerranée (1).

1. { Nageoire anale plus ou moins développée.......... 2
   { Anale nulle........................................ 10

2. { Cinq fentes branchiales; nageoire dorsale double.... 3
   { Six ou sept fentes branchiales; dorsale unique.
   {   ................................... NOTIDANIDÉS.

3. { Yeux à membrane nictitante nulle................. 4
   { Yeux à membrane nictitante développée........... 7

4. { 1re dorsale au-dessus ou en arrière des ventrales.
   {   ................................... SCYLLIIDÉS.
   { 1re dorsale en avant des ventrales............... 5

5. { Nageoire caudale aussi longue que le corps. ALOPÉCIDÉS.
   { Nageoire caudale moins longue que le corps........ 6

6. { Tronçon de la queue sans carène latérale. ODONTASPIDÉS.
   { Tronçon de la queue avec carène latérale... LAMNIDÉS.

7. { Events plus ou moins larges.................. 8
   { Pas d'évents................................ 9

8. { Dents en petits pavés, disposées en séries obliques.
   {   ................................... MUSTÉLIDÉS.
   { Dents dentelées et aiguës................. GALÉIDÉS.

(1) Jusqu'à ce jour, l'étude générale des Poissons de notre pays était fort aride, car il n'y avait pas de livres spéciaux, bien écrits, faciles à consulter et d'un prix compatible avec les modestes ressources des travailleurs. Cette lacune bien regrettable vient d'être comblée par la publication de l'*Histoire Naturelle des Poissons de la France* de M. le docteur Emile Moreau (3 vol. in-8°, Paris, 1881). L'œuvre magistrale de M. Moreau, véritable guide dans ce dédale à nul autre pareil de la synonymie, est indispensable à tous ceux qui veulent connaître avec détail nos richesses ichthyologiques ; elle m'a rendu de très-grands services pour la rédaction des tables dichotomiques qui souvent même, sont reproduites textuellement. Partisan du : *suum cuique tribuito*, je me fais un devoir de le reconnaître.

9. { Tête à prolongements latéraux portant les yeux.
................................ ZYGÉNIDÉS.
Tête ordinaire..................... CARCHARIDÉS.

10. { Un aiguillon plus ou moins développé à chaque dorsale.
.............................. SPINACIDÉS.
Non............................................ 11

11. { 1re dorsale en avant ou au-dessus des ventrales.
...... ................... ........... SCYMNIDÉS.
1re dorsale en arrière des ventrales...... SQUATINIDÉS.

## FAMILLE DES SCYLLIIDÉS.

(Scylliidés, du genre *Scyllium*, chien de mer.)

Deux genres :

Museau court; caudale à bord supérieur non dentelé. SCYLLIUM
Museau allongé ; bord supérieur de la caudale portant une dentelure très acérée, dirigée en arrière......... PRISTIURUS.

## Genre *SCYLLIUM*, CUVIER.

Deux espèces :

Valvules nasales contiguës; ventrales coupées obliquement ;
taches de la peau petites....... ........... S. CANICULA.
Valvules nasales séparées; ventrales coupées carrément ;
taches de la peau grandes......... ........ S. CATULUS.

**1.** SCYLLIUM CANICULA, *Cuv.* Grande Roussette.

N. PROV.: *Can* ou *chin de mar, pinto-rousso.* — Commune
dans la Méditerranée.

**2.** SCYLLIUM CATULUS, *Cuv.* Petite Roussette.

N. P.: *Cat-rouquié, gato d'aigo.* — Assez commune dans la
Méditerranée. La chair des Roussettes est dure et peu estimée;
le foie causerait, dit-on, des accidents morbides assez graves ;
aussi les pêcheurs ont-ils l'habitude d'enlever cet organe avant
de porter ces Squales au marché.

*Genre PRISTIURUS* (1), Bonaparte.

Espèce unique :

**3.** Pristiurus melanostomus, *Bonap.* Pristiure à bouche noire.

N. P. : *Bardoulin, lambardo.* — Assez commun à Nice. Chair dure et coriace.

Famille des ALOPÉCIDÉS (2).

Un genre:

*Genre ALOPIAS*, Rafinesque.

Une espèce :

**4.** Alopias vulpes, *Bonap.* Le Renard.

N. P. : *Rinard, pèis-ratou, pèis-espaso.* — Assez commun dans la Méditerranée. Chair dure, huileuse, possède une mauvaise odeur ; elle est vendue à Cette sous le nom de Thon blanc.

Famille des ODONTASPIDÉS.

Un genre :

*Genre ODONTASPIS*, Agassiz.

Deux espèces :

Machoire supérieure ayant de chaque côté, une lacune formée

par une ou deux petites dents.............. O. taurus.

Lacune formée par quatre dents très-courtes..... O. ferox.

(1) *Pristis*, scie ; *oura*, queue, à cause de la disposition présentée par le bord supérieur de la caudale.

(2) Alopécidés, d'*alopex*, renard.

**5**. — 1. Odontaspis taurus, *Müller et Henle*. Odontaspide taureau.

N. P. : *Lamio, stourdoun, verdoun*. — Excessivement rare : Méditerranée, Nice.

**6**. — 2. Odontaspis ferox, *Agassiz*, Odontaspide féroce. — Méditerranée, Nice ? excessivement rare.

### Famille des LAMNIDÉS.

Quatre genres :

|   |   |   |
|---|---|---|
| 1. | Dents longues… | 2 |
|    | Dents très-petites, très-nombreuses, crochues, non dentelées sur les bords | Selache. |
| 2. | Dentelées sur les bords, triangulaires…. | Carcharodon. |
|    | Non | 3 |
| 3. | Des cônes latéraux à la base des dents ; 1<sup>re</sup> dorsale ayant la fin de son insertion plus loin du museau que de la caudale | Lamna. |
|    | Pas de cônes latéraux à la base des dents ; 1<sup>re</sup> dorsale ayant la fin de son insertion plus près du museau que de la caudale | Oxyrhina. |

#### Genre *LAMNA*, Cuvier.

Une espèce :

**7**. Lamna cornubica, *Cuv.*, Lamie long-nez.

N. P. : *Melantoun, pichoun lami*. — Assez commun dans la Méditerranée. Voyage en petites troupes pour poursuivre sa proie qui consiste en Gades et autres poissons voisins.

#### Genre *OXYRHINA*, Agassiz.

Une espèce :

**8**. Oxyrhina Spallanzanii , *Bonap*. Oxyhrine de Spallanzani.
Assez rare sur nos côtes, serait plus commun sur celles de Cette.

### *Genre* CARCHARODON , Muller et Henle.

Une espèce :

**9**. Carcharodon lamia , *Bonap*. Carcharodonte lamie.

N. P. : *Alami, lami, raquin, requin.*— Assez commun : Nice, Marseille, Toulon. Chair dure, coriace, indigeste et d'une mauvaise saveur. Le Carcharodonte lamie est un poisson redoutable; sa taille et sa voracité le rendent le plus terrible des animaux non venimeux. L'odorat est très-développé chez ce plagiostome ; la grandeur de sa gueule lui permet d'avaler sans trop de difficultés une proie volumineuse. Il suit les vaisseaux pour recueillir les détritus lancés du navire; on en a vu un qui bondit jusqu'à une hauteur de sept mètres au-dessus de l'eau, pour saisir un noir pendu à une vergue d'un bâtiment négrier. Les muscles de sa queue sont doués d'une force prodigieuse : un jeune Requin mesurant à peine deux mètres de longueur, cassa net la jambe d'un homme, d'un seul coup de sa nageoire caudale. Enfin Brünnich (1) rapporte qu'un de ces animaux, tué non loin du littoral méditerranéen entre Cassis et la Ciotat, avait dans son estomac deux thons et un homme dont les habits n'étaient nullement déchirés.

### *Genre* SELACHE , Cuvier.

Une espèce :

(1) Brunnichius, M. Th. , *Ichthyologia Massiliensis sistens Piscium descriptiones eorumque apud incolas nomina* , Hafniæ et Lipsiæ, 1768.

Selache maximus, *Cuv.* Le Pèlerin.

Je ne connais pas de capture authentique de ce Squale effectuée dans notre région. Je ne l'inscris ici que pour appeler sur lui l'attention des naturalistes provençaux. On l'a pêché sur les côtes du Portugal et dans les environs de Gênes.

## Famille des MUSTÉLIDÉS.

Un genre:

### Genre *MUSTELUS*, Cuvier.

Deux espèces :

Dents n'ayant pas de saillie pointue sur le côté externe ; pectorales s'étendant jusqu'au dessous du quart ou du tiers antérieur de la 1^re dorsale........................... M. vulgaris.

Dents portant une saillie pointue sur le côté externe ; pectorales atteignant à peine au-dessous de l'origine de la 1^re dorsale..................... M. lævis.

**10**. —1. Mustelus vulgaris, *Mül. et Henl.* Émissole commune.

N. P. : *Meissolo.* — Commune : Marseille, Nice, etc., surtout aux mois de janvier , mars , octobre. Chair peu estimée quoique on la mange dans certaines localités. C'est à cette espèce qu'il semble falloir rapporter l'Émissole pointillée, *Mustelus punctulatus*, de Risso.

**11**. — 2. Mustelus lævis, *Risso.* Émissole lisse.

N. P. : *Estello, lentio, palouno.* — Assez commune, Nice.

### Famille des GALÉIDÉS.

Deux genres :

Toutes les dents sauf la dent médiane, dentelées sur le côté
externe seulement....... ............. ........... Galeus.

Les dents dentelées sur les deux côtés... .... Thalassinus.

#### Genre *GALEUS,* Cuvier.

Une espèce:

**12**. Galeus canis, *Rondelet.* Le Milandre.

N. P. : *Milandre, milandre-chin, paloun, paroun.* — D'après
M. le D\u1d9c Em. Moreau, il porterait encore à Marseille le nom vulgaire de *Caniculo.* — Commun. La femelle met bas deux ... par
an ; la portée est de trente-six à quarante petits. Chair ferme,
fade, d'odeur désagréable, ce qui n'empêche pas de la trouver
quelquefois sur nos marchés.

#### Genre *THALASSINUS,* Em. Moreau.

Une espèce :

**13**. Thalassinus Rondeletii, *Ris.* Thalassine de Rondelet.

N. P. : *Pèis-can.* — Rare, Nice. C'est l'espèce décrite par
Risso sous les noms de : *Squalus Rondeletii ; Carcharias Rondeletii.* Les observations de l'auteur niçois nous ont appris que
la femelle, plus grosse que le mâle, porte en janvier et en septembre de longues grappes d'œufs arrondis du poids de 60 gram-
mes environ et qui renferment chacun un petit embryon long de
40 centimètres.

## Famille des ZYGÉNIDÉS.

Un genre :

### Genre *ZYGÆNA* , Cuvier.

Deux espèces :

Tête peu arquée, trois fois aussi large que longue.  Z. MALLEUS.

Tête très-convexe en avant, deux fois environ

aussi large que longue...................... ..... Z. TUDES.

**14**. — 1. Zygæna malleus, *Valenciennes*. Le Marteau.

N. P. — *Martèu*, *pèis-judièu*, *pèis-jusièu*, *pèis-limo*. — Assez rare : Nice, Toulon, Marseille. Dans cette dernière localité il est même très-rare et cela depuis nombre d'années, puisqu'en 1768 Brünnich écrivait : « *piscis inter Massiliæ rariores*, *nec eum in piscatorio vidi*, *unum autem ibi captum possidet Museum Massiliæ instructissimum Dni Veyer* ». Chair dure, filandreuse et peu estimée. Son nom vulgaire de *pèis-judièu* lui a été donné à cause d'une certaine ressemblance qui existerait entre la forme de sa tête et celle du bonnet qui était autrefois la marque distinctive des Juifs en Provence.

**15**. — 2. Zygæna tudes, *Valenc.* Le Marteau maillet.

N. P. : *Pantouflié, scroseno.* — Excessivement rare, Nice.

## Famille des CARCHARIDÉS.

Un genre :

### Genre *CARCHARIAS*, Cuvier.

Deux espèces :

Museau long, conique, 1<sup>re</sup> dorsale reculée, plus près des ventrales que des pectorales...................... C. GLAUCUS.

Museau court, arrondi, 1<sup>re</sup> dorsale avancée, plus près des pectorales que des ventrales ....... ... ... C. OBSTUSIROSTRIS.

**16**. — 1. CARCHARIAS GLAUCUS, *Cuv.* Requin bleu.

N. P. : *Blur, cagnàu, cagnot, can ou chin de mar, verdoun.* —
Assez rare : Nice. La couleur bleu verdâtre de ce poisson, qui le
rend presque invisible dans l'eau, jointe à sa vélocité et à son
audace, en font un animal redoutable.

**17**. — 2. CARCHARIAS OBSTUSIROSTRIS, *Em. Moreau.* Requin à
museau obtus. — Nice, assez rare.

Il n'est pas inutile de faire observer qu'une troisième espèce de
Requin a été signalée sur différents points des côtes d'Italie, c'est
le Requin de Milbert (*Carcharias Milberti*, Valenciennes).


## FAMILLE DES NOTIDANIDÉS.


Deux genres :
Six fentes branchiales... .......... .......... HEXANCHUS.
Sept fentes branchiales...................... HEPTANCHUS.

### Genre *HEXANCHUS*, RAFINESQUE.

Une espèce :

**18**. HEXANCHUS GRISEUS, *Rafin.* Le Griset.

N. P. : *Bouco-douço, mounge.* — Assez commun à Nice. La
chair de cette espèce serait impropre à l'alimentation, elle causerait de la superpurgation ; par contre ses intestins constitue-
raient un mets assez délicat. Risso assure avoir observé des
individus qui pesaient plus de quat re-vingts myriagrammes.

*Genre HEPTANCHUS,* Muller et Henle.

Une espèce :

**19.** Heptanchus cinereus, *Mül. et Henl.* Le Perlon.

N. P. : *Mounge-gris.* — Très-rare, Nice.

FAMILLE DES **SPINACIDÉS.**

Quatre genres :

1. { 2ᵉ dorsale non opposée à la base des ventrales....... 2
   { 2ᵉ dorsale opposée à la base des ventrales... CENTRINUS.

2. { Dents semblables aux deux machoires, tranchan-
   {   tes ................................... ACANTHIAS.
   { Dents dissemblables..... .................... 3

3. { A la machoire supérieure les dents ont plusieurs poin-
   {   tes, la pointe du milieu étant la plus longue.... SPINAX.
   { Les dents sont triangulaires et à une seule pointe
   {   ................................ CENTROPHORUS.

*Genre ACANTHIAS,* Bonaparte.

Trois espèces :

1. { Aiguillon des dorsales avec sillon latéral.... A. UYATUS.
   { Non................................................. 2

2. { Aiguillon de la 2ᵉ dorsale, moins haut que la nageoire;
   {   anus placé sous la deuxième moitié de la longueur
   {   totale...................... A. VULGARIS.
   { Aiguillon de la 2ᵉ dorsale, aussi haut ou plus haut que
   {   la nageoire ; anus placé sous le milieu de la lon-
   {   gueur totale...................... A. BLAINVILLEI.

**20.** — 1. Acanthias vulgaris, *Ris.* Aiguillat commun.

N. P. : *Aguiat, cat de mar, chin de mar.* — Commun. Voyage par troupes. Chair dure, filamenteuse, pouvant quelquefois causer des accidents toxiques. La femelle porte en toutes saisons des œufs de différentes grosseurs ; ces œufs sont comestibles.

**21**. — 2. ACANTHIAS BLAINVILLEI, *Ris*. Aiguillat de Blainville.

N. P. : *Mangin*. — Assez commun à Nice.

**22**. — 3. ACANTHIAS UYATUS, *Mül. et Henl.* Aiguillat uyat.

Accidentellement sur nos côtes : Nice ?

### Genre *SPINAX*, BONAPARTE.

Une espèce :

**23**. SPINAX NIGER, *H. Cloquet*. Le Sagre.

N. P. : *Mora*, *mouret*, *morou*, *mouro*. — Assez rare : Nice. Risso nous apprend que l'huile retirée de ce plagiostome est employée à Nice contre les douleurs rhumatismales.

### Genre *CENTROPHORUS*, MULLER ET HENLE.

Une espèce :

**24**. CENTROPHORUS GRANULOSUS, *Mül. et Henl.* Centrophore granuleux.

Espèce rarissime: Nice.

### Genre *CENTRINA*, CUVIER.

Une espèce :

**25**. CENTRINA SALVIANI, *Risso*. Le Humantin.

N. P. : *Bernardet, péis-porc* ou *pouar-marin*. — Assez rare: Nice, Marseille, Toulon. Chair dure et de peu de saveur. Sa peau est utilisée pour polir le bois. Le foie donne de l'huile propre à l'éclairage et qui, à l'époque de Rondelet, jouissait de nombreuses vertus médicinales : « le foie de ce poisson se fond, assure cet auteur, en huile qui peut servir pour mollir la dureté du foie de l'homme. Le fiel avec du miel est bon contre les cataractes, le cuir est bon pour polir. La cendre du cuir est bonne contre la tègne (1) ».

### FAMILLE DES SCYMNIDÉS.

Trois genres :

1.
- Nombreuses boucles sur le corps. 1$^{re}$ dorsale très-reculée, au-dessus des ventrales... ......... ECHINORHINUS.
- Pas de boucle. 1$^{re}$ dorsale en avant des ventrales............................................ 2

2.
- Dents de la mâchoire inférieure à pointe droite et dentelées ..................................... SCYMNUS.
- Dents de la mâchoire inférieure à pointe oblique, non dentelées ..................... ....... LÆMARGUS.

*Genre SCYMNUS*, CUVIER.

Une espèce :

**26**. SCYMNUS LICHIA, *Mül. et Henl.* Liche commune.

N. P. : *Gato cousinièro, gato de founs.* — Assez commune : Nice. Chair médiocrement estimée. Sa peau donne un des meilleurs galuchats.

*Genre LÆMARGUS*, MULLER ET HENLE.

Deux espèces dont une seule visite accidentellement notre mer.

**27**. LÆMARGUS ROSTRATUS, *Ris.* Laimargue long-museau.

N. P. : *Bardoulin de founs, moure plat.* — Très-rare, Nice.

---

(1) Rondelet, Guil. : *L'Histoire entière des Poissons composée premièrement en latin, maintenant traduite en français, avec leurs portraits au naïf, en deux parties.* Lyon, 1558.

*Genre ECHINORHINUS*, Blainville.

Une espèce :

**28**. Echinorhinus spinosus, *Blainv*. Squale bouclé.

N. P. : *Mounge-clavela*. — Assez rare, apparait au printemps, vit solitaire dans les profondeurs rocailleuses. Le rapprochement des sexes a lieu en février; trois mois après, la femelle met bas de 10 à 16 petits. Le foie volumineux contient beaucoup d'huile dont on se sert pour assouplir les cuirs. La peau est employée pour polir le bois et l'ivoire.

## Famille des SQUATINIDÉS.

Un genre :

*Genre SQUATINA*, Bellon.

Une espèce :

**29**. Squatina angelus, *Ris*. Ange de mer.

N. P. : *Ange, pèis-ange*. — Assez commun. Chair très-médiocre, quoiqu'elle soit journellement vendue sur nos marchés.

On a décrit comme forme spécifique distincte, sous le nom de Squatine ocellée (*Squatina oculata*, Bonaparte), une simple variété de l'Ange de mer, à tête moins arrondie, à yeux plus grands et à tubercules cutanés plus longs.

Les Squatines ou Anges de mer servent de transition entre les Squalidés et les Rajidés. En effet, ces poissons rappellent le premier de ces groupes par tout ce qui a trait aux nageoires, aux évents et à la membrane nictitante, mais se rapprochent des Rajidés par la forme du corps et la structure des grandes nageoires pectorales qui entourent presque la tête et n'en sont séparées que par une fente au fond de laquelle se trouvent les orifices branchiaux. D'ailleurs le genre Rhinobate dont un représentant, le *Rhinobatus Columnæ*, Bonaparte, a été cette année capturé pour la première fois sur les côtes de Marseille, par M. le professeur Marion, montre manifestement ce passage ; car avec un corps allongé, des pectorales non charnues, etc. (caractères de Squalidés) il a les dents en quinconce et en petits pavés, et les trous branchiaux situés non plus sur les côtés du cou mais bien en dessous, caractères indiscutables des Rajidés.

## II. — RAJIDÉS.

Les Rajidés ont le corps aplati horizontalement et semblable à un disque à cause de son union avec des pectorales extrêmement amples et charnues qui se joignent en avant l'une de l'autre, ou avec le museau, et qui s'étendent en arrière des deux côtés de l'abdomen jusque vers la base des ventrales. Yeux et évents placés à la face dorsale du corps ; bouche, narines et orifices des branchies, au nombre de cinq, situés à la face ventrale. La peau est tantôt nue, tantôt rude et chagrinée. Les poissons de ce groupe jouissent, avec quelques autres, de la propriété de donner des secousses électriques ; l'appareil construit à cet effet, rudimentaire chez les Raies mais très-bien développé chez les Torpilles, est placé entre la tête et les nageoires pectorales : il se compose d'une série de tubes membraneux disposés comme les alvéoles d'une ruche d'abeilles. Ces alvéoles sont remplis de mucosité et reçoivent des vaisseaux nombreux et des filets nerveux

provenant du trijumeau et du pneumogastrique. Les secousses
galvaniques données par ces poissons sont assez violentes, elles

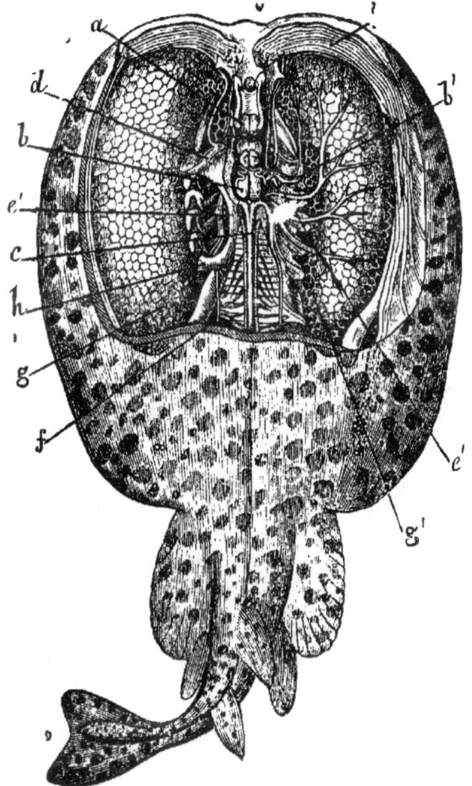

FIG. 10. Torpille marbrée (*Torpedo marmorata*, Ris.). —*A*, cerveau.
— *B*, moelle allongée.— *C*, moelle épinière.— *D* et *B'*, portion électrique du trijumeau ou cinquième paire. — *E'*, portion électrique des
pneumogastriques ou nerfs de la huitième paire. — *F*, nerf récurrent.
—*G*, organe électrique gauche non entamé; *G'*, organe électrique droit
disséqué pour montrer la distribution des nerfs.— *H*, la dernière des
chambres branchiales.— *I*, tubes mucipares.

se font sentir lorsqu'on les touche en un point quelconque de leur
corps ; mais la force électrique diminue rapidement si les dé-

charges sont nombreuses et répétées. Des recherches nouvelles ont démontré ce fait curieux que les Torpilles peuvent décharger leur appareil à distance et par ce moyen tuer, ou tout au moins étourdir, sans les toucher, les Poissons, Mollusques et Arthropodes dont elles font leur nourriture. On a pu dégager sous forme d'étincelles, l'électricité produite par ces animaux. Les Rajidés se montrent à l'état fossile, dans tous les terrains à partir du carbonifère.

Voici la liste des Rajidés observées dans la Méditerranée :

| | | |
|---|---|---|
| Rhinobatus Columnæ, *Bonap*... | Rhinobate de Colonna. | |
| Pristis antiquorum, *Lath*...... | Scie des anciens. | Serro de mar. |
| — pectinatus, *Lath*........ | — pectinée. | — |
| Torpedo marmorata, *Ris*........ | Torpille marbrée. | Dourmihoua, estourpiho, tremoulino, etc. |
| — oculata, *Bellon*......... | — à taches. | Dourmihouso. |
| — nobiliana, *Bonap*....... | — de Nobili. | Estourpiho. |
| Raja clavata, *Rond*.......... | Raie bouclée. | Clavelado. |
| — circularis, *Couch*......... | — circulaire. | Roui. |
| — chagrinea, *Penn*........ | — chagrinée. | Floussado. |
| — oxyrhynchus, *Lin*......... | — à bec pointu. | Blanqueto, capouchin, fumat, etc. |
| — macrorhynchus, *Rafin*... | — au long bec. | Pissoua, pissoué, pissouso. |
| — batis, *Lin*................ | — batis. | Couverturo, pelouso, etc. |
| — alba, *Lacép*........ | — blanche. | Blanquéto. |
| — marginata, *Lacép*........ | — bordée. | Fumat-negre. |
| — radula, *Delar*........... | — râpe. | Gratué, raspo. |
| — miraletus, *Rond*......... | — miralet. | Miraiet |
| — quadrimaculata, *Ris*..... | — à quatre taches. | Miraiet. |
| — punctata, *Ris*........... | — ponctuée. | Miraiet. |
| — speculum, *Blainv*........ | — miroir. | |
| — asterias, *Rond*........... | — étoilée. | |
| — fullonica, *Rond*.......... | — chardon. | Cardaïre. |
| — mosaïca, *Lacép*.......... | — mosaïque. | Rasat. |
| Cephaloptera Giorna, *Ris*...... | Céphaloptère de Giorna | Clavelado fèro, vaqueto. |
| — Massena, *Ris*.... | — Massena. | Vacco. |
| Myliobatis aquila, *C. Dumér*... | Myliobate aigle. | Aiglo de mar, glouriouso, lanceto, mounino, mourino, rato-penado. |
| ? — bovina, *G. St Hil*... | — vachette. | |
| Trygon vulgaris, *Ris*........ | Pastenargue commune. | Pastanargo, rastanga, rata, vastanga, vastranga. |
| — violacea, *Bonap*........ | — violée. | |

TABLE DICHOTOMIQUE DES RAJIDÉS.

1. Dorsale unique ou nulle . . . . . . . . . . . . . . . . . . . . . . . . . 5
   Dorsale double . . . . . . . . . . . . . . . . . . . . . . . . . . . . . . 2

2. Queue grosse, continuant le tronc sans ligne de démarcation . . . . . . . . . . . . . . . . . . . . . . . . . . . . . . . . . . . 3
   Queue distincte du tronc qui est toujours discoïde . . . 4

3. Museau allongé, pointu . . . . . . . . . . . . . . . RHINOBATIDÉS.
   Museau prolongé en une scie dont les bords latéraux portent des dents . . . . . . . . . . . . . . . . . . . . . PRISTIDÉS.

4. Queue grosse, nue; caudale bien développée; ventrales entières . . . . . . . . . . . . . . . . . . . . . TORPÉDIDÉS.
   Queue grêle, armée d'épines; caudale nulle ou peu développée; ventrales divisées en deux lobes. RAJIDÉS.

5. Tête à prolongements latéraux en forme de cornes ou d'oreilles. . . . . . . . . . . . . . . . . . . CÉPHALOPTÉRIDÉS.
   Non . . . . . . . . . . . . . . . . . . . . . . . . . . . . . . . . . . . . . . . 6

6. Une dorsale; dents larges . . . . . . . . . . . . MYLIOBATIDÉS.
   Pas de dorsale; dents étroites . . . . . . . . . TRYGONIDÉS.

### FAMILLE DES RHINOBATIDÉS.

Un genre :

Genre *RHINOBATUS*, BLOCH.

Une espèce :

**30**. — RHINOBATUS COLUMNÆ, *Bonap.* Rhinobate de Colonna.

Accidentel. En 1879 il m'a été donné d'étudier dans le laboratoire de M. le professeur Marion, un spécimen de cette espèce pêché non loin de Marseille. C'est la première capture bien authentique de Rhinobate sur nos côtes et peut être même sur tout le littoral méditerranéen. Toutefois il est juste de signaler que Marcel de Serres, dans son *Essai pour servir à l'histoire des animaux du Midi de la France*, inscrit un *Rhinobatus vulgaris* comme visitant notre mer, mais sans donner aucune preuve à l'appui de son assertion. Le Rhinobate pris à Marseille avait sa place marquée au Muséum de cette ville, on en a jugé autrement puisqu'il figure dans les collections du Muséum de Paris.

### Famille des PRISTIDÉS.

Un genre :

### Genre *PRISTIS*, Latham.

Deux espèces :

Dents au nombre de vingt paires au plus.... P. antiquorum.

Dents au nombre de vingt-quatre paires au

moins. ..................................... P. pectinatus.

**31.**—1. Pristis antiquorum, *Lath.* Scie des anciens.

N. P. : *Resso de mar, Serro de mar.*— N'est indiquée pour la région que par Marcel de Serres.

**32.**—2. Pristis pectinatus, *Lath.* Scie pectinée.

N. P. : *Resso* ou *serro de mar.* — « On prend de ces Poissons fort petits ; j'en ai un dans mon cabinet que j'ai apporté de Provence, dont le corps n'a que deux pieds de longueur, et son espadon ou sa scie sept pouces et demi ; elle a vingt-cinq dents ou crochets (1) ».

(1) Duhamel du Monceau : *Traité général des Pesches*.... Paris 1769-1782, page 331.

### Famille des TORPÉDIDÉS.

Un genre :

*Genre TORPEDO* . C. Duméril.

Trois espèces :

1. { Ouverture des évents réniforme, grande, sans tentacules ni dentelures................. T. NOBILIANA.
Ouverture des évents ovale ou circulaire, garnie de tentacules ou de dentelures................... 2

2. { Pas de grandes taches sur le disque... T. MARMORATA.
Des taches arrondies, très-visibles, le plus souvent au nombre de cinq................. T. OCULATA.

**33.**—1. TORPEDO MARMORATA, *Risso.* Torpille marbrée.

N. P. : *Dourmihoua, dourmihouso, endourmihouso, estourpiho, tremoulino, tremourino.* — Commune. Chair assez agréable quoique molle.

**34.**—2. TORPEDO OCULATA, *Bellon.* Torpille à taches.

N. P. : *Dourmihouso, Tremoulino.*— Rare.

**35.**—3. TORPEDO NOBILIANA, *Bonap.* Torpille de Nobili.

N. P. : *Estourpiho.*— Très-rare.

### Famille des RAJIDÉS.

Un genre :

*Genre RAIA,* Cuvier.

Seize espèces :

1. { Dessus du corps portant des boucles plus ou moins nombreuses...................... R. CLAVATA.
Non..................... ...................... 2

2. { Milieu de la queue nu ; des aiguillons seulement sur les parties latérales de cet appendice........... 3
Des aiguillons sur le milieu de la queue... ........ 4

3. { Deux rangées d'aiguillons sur les parties latérales de la queue.............. .... . .... R. CIRCULARIS.
Une seule rangée................... R. CHAGRINEA.

4. { Museau allongé ; la ligne menée du bout du museau à l'angle externe de la pectorale, passe en dehors du bord antérieur du disque..... .............. 5
Museau assez court ; la ligne menée du bout du museau à l'angle externe de la pectorale, coupe le bord antérieur du disque......................... 9

5. { A la face ventrale sont des taches noires représentant les orifices des tubes de Lorenzini.... ......... 6
Non........................................ 8

6. { Largeur du museau au niveau du bord antérieur de l'orbite à peine plus grande que l'espace préorbitaire. ........... ............. R. OXYRHYNCUS.
Largeur du museau au niveau du bord antérieur de l'orbite, d'un quart au moins plus grande que l'espace préorbitaire......... .................. 7

7. { Dents très-serrées, à base plus large que longue. ............................. R. MACRORHYNCUS.
Dents espacées, assez étroites, à base plus longue que large............................. R. BATIS.

8. { Pectorales bordées de noir........... R. MARGINATA.
Non... ............................. R. ALBA.

9. { Museau coupé carrément ; dents obtuses... R. RADULA.
Museau pointu.................................. 10

10. { Une tache ocellée sur la pectorale.................. 11
Non..... ,................................. 13

11. { Le centre de la tache ocellée de la pectorale est rougeâtre. ...... ............. .. ...... 12
{ Le centre est noirâtre..... .......... R. SPECULUM.

12. { Une tache noirâtre, non ocellée, située derrière celle
qui existe au centre de la pectorale. R. QUADRIMACULATA.
{ Non........ ...........•...... ..... R. MIRALETUS.

13. { Des bandes ondulées sur le disque.. .... R. MOSAÏCA.
{ Non. ..................... ... ..... .. 14

14. { Aiguillons bien développés formant une ligne sur le
sourcil. .. ................... R. FULLONICA.
{ Non. .................. ........ ....... 15

15. { Dents au nombre de 60 au plus.. ...... R. PUNCTATA.
{ Dents au nombre de 70 au moins.. ..... R. ASTERIAS.

**36.**—1. RAIA CLAVATA, *Rondelet*. Raie bouclée.

N. P. : *Clavelado*. — Très-commune. Sa chair délicate est assez recherchée. On a décrit comme espèce distincte sous le nom de Raie de Cuvier (*Raia Cuvieri*, Lacépède) une variété monstrueuse de la Raie bouclée qui a une nageoire sur le milieu du disque.

**37.**—2. RAIA CIRCULARIS, *Couch*. Raie circulaire.

N. P. : *Roui*. — Assez rare. Chair dure, coriace et fade.

**38.**—3. RAIA CHAGRINEA, *Pennant*. Raie chagrinée.

N. P. : *Floussado*. — Rare.

**39.**—4. RAIA OXYRHYNCUS, *Linné*. Raie au bec pointu.

N. P. : *Blanqueto, capouchin, flassado, fumat, matrasso, vaco-marino.* — Assez commune. Chair très-estimée.

**40.**—5. RAIA MACRORHYNCUS, *Rafin*. Raie au long bec.

N. P. : *Passova, pissoua, pissoué.* — Assez rare.

**41**.—6. RAIA BATIS, *Linné*. Raie batis.

N. P. : *Couverturo*, *floussado*, *pelouso*. — Assez commune. Chair blanche et délicate.

**42**.—7. RAIA ALBA, *Lacépède*. Raie blanche.

N. P. : *Blanqueto*.— Assez rare. Chair assez estimée.

**43**.—8. RAIA MARGINATA, *Lacép*. Raie bordée.

N. P. : *Fumat-negre*. — Ne serait pour beaucoup de zoologistes que l'état jeune de l'espèce précédente.

**44**.—9. RAIA RADULA, *Delaroche*. Raie râpe.

N. P. : *Gratué*, *raspo*. — Excessivement rare : Nice. Chair plus que médiocre.

**45**.—10. RAIA MIRALETUS, *Rondelet*. Raie miraillet.

N. P. : *Miraiet*.— Très-commune. Chair fade et peu estimée. Se montre depuis le mois de mai jusqu'en novembre.

**46**.—11. RAIA QUADRIMACULATA, *Risso*. Raie à quatre taches.

N. P. : *Miraiet*. — Peu commune : Nice. Elle apparaît en octobre.

**47**.—12. RAIA PUNCTATA, *Risso*. Raie ponctuée.

N. P. : *Miraiet*.— Se trouve abondamment dans notre mer. Elle apparaît en mai et en juin.

**48**.—13. RAIA SPECULUM, *Blainville*. Raie miroir.

Ne serait, pour beaucoup d'ichthyologistes, qu'une simple variété de l'espèce précédente dont elle se distinguerait seulement par une grande tache sur la pectorale. Or, dans les Raies il ne faut pas chercher de caractère spécifique dans la coloration, car souvent celle-ci diffère suivant qu'on étudie un mâle ou une femelle, un jeune ou un adulte. Je crois qu'une étude attentive serait de nature à diminuer le nombre des prétendues espèces de Rajidés qui visitent nos côtes.

**49**.—14. Raia asterias, *Rondelet*. Raie étoilée.

M. Em. Moreau la donne comme assez commune dans la Méditerranée, sans indiquer s'il l'a reçue de Provence. Ni la statistique des Bouches-du-Rhône, ni le Prodrome d'histoire naturelle du département du Var, ne la mentionnent. Toutefois Marcel de Serres la cite comme se trouvant dans l'Hérault. C'est donc une espèce à rechercher sur nos côtes.

**50**.—15. Raia fullonica, *Rondelet*. Raie chardon.

N. P. : *Cardaïre.* — Assez rare.

**51**.—16. Raia mosaïca, *Lacép*. Raie mosaïque.

N. P. : *Rasat.* — Assez commune : Marseille, Nice.


Famille des CÉPHALOPTÉRIDÉS.


Un genre :

*Genre CEPHALOPTERA*, C. Duméril.

Deux espèces :

Queue lisse dans la partie antérieure ; prolongements céphaliques de teinte uniforme... ...... ......... G. Giorna.

Queue garnie dans toute sa longueur de plusieurs rangées de tubercules ; prolongements céphaliques noirs à leur extrémité................ .......... ...... C. Massena.

**52**.—1. Cephaloptera giorna, *Risso*. Céphaloptère de Giorna.

N. P. : *Clavelado fèro, vaquelo.* — Très-rare. Un magnifique spécimen de cette espèce se trouve au Muséum d'histoire naturelle de Marseille. Il fut capturé dans la madrague de Morgiou en août 1843.

**53.**—2. Cephaloptera massena, *Risso*. Céphaloptère de Masséna

N. P. : *Vacco*. — Excessivement rare. C'est probablement à cette espèce qu'appartenait le type décrit par Duhamel sous le nom de *Raia mobular* d'après un individu capturé en 1723, dans la madrague de Montredon, près de Marseille.

### Famille des MYLIOBATIDES.

Un genre :

Genre *MYLIOBATIS*, C. Duméril.

Deux espèces :

Museau large et court. ................... M. aquila.
Museau pointu, allongé..................... M. bovina.

**54.**—1. Myliobatis aquila, *C. Dumér.* Myliobate aigle.

Fig. 11. Myliobate aigle (*Myliobatis aquila*, C. Duméril).

N. P. : *Aiglo de mar, glouriouso, lanceto, mounino, mourino, rato-penado.*

« Cette espèce se trouve communément dans la mer de Nice. Elle est redoutée à cause des blessures causées par l'aiguillon de sa queue. Cet aiguillon est dentelé et les barbelures sont d'autant plus prononcées qu'elles sont plus près de la racine; cette arme dangereuse a sa pointe tournée en arrière. Les pêcheurs croient que la douleur et l'inflammation de la blessure sont le résultat de l'action d'un venin; cependant elles doivent plutôt provenir de la déchirure occasionnée par les barbes que du prétendu liquide venimeux dont on n'a pas trouvé la glande sécrétoire (1) ».

**55**.—2. MYLIOBATIS BOVINA, *G. St. Hil.* Myliobate vachette.

Bien qu'indiqué par plusieurs naturalistes comme vivant dans la Méditerranée, je ne connais pas de capture du Myliobate vachette effectuée sur les côtes provençales; peut-être ne l'a-t-on pas toujours distinguée de l'espèce précédente.

FAMILLE DES TRYGONIDÉS.

Un genre :

Genre *TRYGON.*

Deux espèces :

Extrémité antérieure du disque anguleuse.....   T. VULGARIS.
 »          »               » tronquée, sinueuse   T. VIOLACEA.

**56**.—1. TRYGON VULGARIS, *Risso.* Pastenague commune.

N. P.: *Pastenargo, rastanga, rata, rastanga, rastranga.*— Assez rare bien que Risso dise : « On la prend en assez grande

(1) J.-M.-F. Rég uis.— *Plagiostomes et Ganoïdes de la Provence*, Paris, 1877, page 75.

quantité à l'embouchure du Var où elle se cache dans la vase (1). »

**57.**—2. Trygon violacea, *Bonap*. Pastenague violette.

Excessivement rare. Un spécimen monté, en 1876, par MM. Gal, naturalistes niçois, figure dans le musée de cette ville.

# III. — GANOIDES.

Arrivons aux Ganoïdes dont le principal caractère repose — ce qui les différencie des Sélaciens — sur la présence permanente d'une vessie natatoire qui s'isole de l'œsophage et remplit un rôle particulièrement hydrostatique chez les Téléostéens, tandis que chez les Dipnoïques elle augmente de volume, se modifie dans sa structure et sert alors à la respiration. Dans les Ganoïdes, cette vessie natatoire — mot impropre s'il en fut, car il ne désigne qu'une fonction — est un sac simple ou bilobé dépendant de l'œsophage avec lequel il communique constamment. Sa structure est déjà remarquable; ainsi, sur une coupe transverse, on trouve, de dehors en dedans, des muscles puis une couche conjonctive formant comme des replis ou alvéoles recouverts par une couche muqueuse. Cet organe reçoit du sang artériel d'une des

---

(1) A. Risso. — *Histoire naturelle des principales productions de l'Europe méridionale*....., Paris, 1826, t. III, p. 160.

crosses aortiques, et aussi parfois du sang veineux provenant de ces mêmes arcs *(Lepidosteus)*, ce qui forme des parois vasculaires dont les capillaires, déjà très-nombreux, parcourent le tissu conjonctif, et peut-être y a-t-il là l'indice d'une respiration aérienne qui deviendra dominante chez les Dipnoïques. Quant au mucus sécrété par la portion glandulaire de la vessie natatoire, il n'est d'aucune utilité pour la nutrition, contrairement à ce qui a lieu chez les Sélaciens pourvus du petit refoulement œsophagien.

L'armature extérieure, ou système tégumentaire des Ganoïdes, les éloigne des Téléostéens et les rapproche des Sélaciens. Ce n'est qu'exceptionnellement que la peau est nue, ce qui, rappelons-le, est un caractère primitif de Vertébrés; mais du moment que chez l'embryon il n'y a pas d'organes dermiques destinés à le protéger, il n'est nullement étonnant de rencontrer des types qui aient gardé un souvenir de cet état. Dans la généralité des cas, la peau est recouverte, non pas par de véritables écailles, mais bien par des pièces osseuses imbriquées ou juxtaposées — analogues à celles que nous avons vu chez les Sélaciens — avec une région basilaire percée de canalicules osseux et une partie supérieure recouverte d'émail, le tout pouvant constituer un revêtement écailleux parfois semblable à celui des Téléostéens, mais en différant en réalité beaucoup comme structure. De grosses plaques osseuses, plus ou moins en contact avec le crâne, protègent la tête; ces pièces dermiques spéciales sont surtout développées chez les types où l'axe vertébral reste rudimentaire. Cela est encore visible chez les Esturgeons de l'époque actuelle : en examinant la disposition de ces plaques sur ces animaux, on en voit de fort grosses, complètement enchassées dans le derme, recouvrir la tête et montrer une connexion intime entre les os de la peau et les os profonds— la clavicule des Vertébrés supérieurs est un os dermique —. Ces grosses plaques dermiques recouvrant la tête s'observent aussi chez les Cephalaspis, les Dipnoïques, les Batraciens anciens *(Archegosaurus, Dinosaurus)* et les Crocodiles. Le reste du corps des Esturgeons est protégé par de grandes plaques séparées et disposées en séries linéaires longitudinales; les *Polyptères* ont sur la tête de fortes plaques, tandis que le corps porte des écailles imbriquées; enfin les *Amia* montrent un simple revêtement écailleux se rapprochant beaucoup de celui des Téléostéens et en offrent la transition, transition du reste effectuée pendant la période jurassique par des types *(Thrissops)* qui, avec des écailles de Téléostéens, conservent la queue hétérocerque des Ganoïdes.

On a vu que dans certains Sélaciens (Chimères), le squelette est incomplètement ossifié; chez quelques Ganoïdes on observe les mêmes caractères d'infériorité (Esturgeons). En effet, dans ce type la corde dorsale est persistante tout comme pour les Chimères; mais à côté de ces représentants des formes primitives, se trouvent les *Polypterus*, les *Amia*, les *Lepidosteus* chez lesquels le système squelettique va en se complétant de plus en plus et montre des corps vertébraux amphicœliques entièrement ossifiés, surtout dans le *Lepidosteus*; aussi ce genre sert-il de transition, sous ce rapport, entre les Ganoïdes et les Téléostéens. D'ailleurs les Ganoïdes anciens s'étendant depuis les terrains silurien et devonien, possédaient une corde dorsale non modifiée et persistante, ils n'avaient pas de squelette cartilagineux : donc la succession dans le temps, correspond à ce que nous voyons dans la complication des organes. Toutefois dans les *Cephalaspis*, forme de Ganoïdes primitifs, c'est le système tégumentaire qui est conservé et non plus le squelette interne. Avec le jurassique, se montrent des poissons dont les téguments diminuent d'importance, mais ici l'empreinte vertébrale est parfaitement visible ; puis, dans le jurassique supérieur, on trouve les *Thrissops*, poissons intermédiaires entre les Ganoïdes et les Téléostéens et qui ne sont, à tout prendre, que des Téléostéens hétérocerques, d'où l'on voit manifestement que les Téléostéens sont sortis des Ganoïdes.

Le tube digestif des Ganoïdes est construit sur le même plan que celui des Sélaciens, ce qui s'explique facilement par la parenté directe qui existe entre ces deux groupes. Il y a pourtant quelques différences mais toutes secondaires : ainsi dans les Ganoïdes il existe de véritables dents implantées dans des cavités dentaires au lieu d'être simplement dermiques comme chez les Sélaciens. A la bouche fait suite le pharynx, puis vient l'œsophage-- communicant toujours avec la vessie natatoire-- auquel succède un estomac qui se termine par un intestin relativement court, car c'est à peine s'il décrit une sorte de courbure ; mais on y trouve encore les valvules pyloriques apparues avec les Sélaciens. Au commencement de l'intestin, au point où vient s'ouvrir le canal cholédoque, est un cœcum ramifié se montrant réduit quand il existait chez les Sélaciens et qui, ici, augmente de volume, remplit des fonctions glandulaires et paraît être l'analogue ou même le point de départ des cœcums pyloriques des Téléostéens.

L'appareil circulatoire est semblable à celui des Sélaciens avec oreillette, ventricule, bulbe aortique contractile et ses valvules; une artère branchiale fournit des arcs aortiques correspondant aux branchies qui ne consistent plus en de véritables poches comme dans les Sélaciens, car les parois limitant les sacs ont disparu de telle sorte que les branchies sont isolées les unes des autres, placées dans une cavité interne et insérées sur des dépendances des arcs hyoïdiens; il y a des opercules externes. Des branchies, le sang oxygéné se rend dans une aorte descendante, située immédiatement au-dessous de la colonne vertébrale; une veine cave ramène le sang dans l'oreillette; quelques branches de l'artère aortique pénètrent dans la vessie natatoire, il en est de même pour certaines ramifications veineuses.

Les reins sont précédés par le corps de Wolff qui est un organe segmentaire. Il n'y a pas de cloaque contrairement à ce qui existe chez les Sélaciens, mais bien un pore urogénital placé en arrière et non loin de l'anus. Toutefois, c'est là un caractère dont il ne faudrait pas s'exagérer l'importance, car on comprend aisément que les deux pores génital et anal, étant toujours fort voisins, puissent par un simple refoulement de l'extérieur à l'intérieur, être portés au fond d'une même cavité, de façon à constituer le cloaque des Sélaciens.

Le développement des Ganoïdes a été bien étudié et a montré les phénomènes principaux des divers Sélaciens : apparition d'une ligne primitive de laquelle dérive le système nerveux et cela avant la formation du tube digestif. Dans les Lamproies, on se le rappelle, Max Schultze a vu le tube digestif se montrer avant le système nerveux, il y aurait là un processus analogue à celui qu'on observe chez l'Amphioxus ; mais ce fait ne se retrouve plus dans les Sélaciens, ni dans les Ganoïdes, car dans ces types le vitellus nutritif est assez abondant pour servir de nourriture pendant la période évolutive.

Sur seize familles qu'on a établies dans les Ganoïdes, la plupart ne sont représentées qu'à l'état fossile, et c'est à peine si à notre époque il est possible d'en citer cinq ayant encore des espèces vivantes ; telles sont les : Acipenséridés comprenant les Esturgeons et quelques types voisins ; Spatularidés *(Spatularia solium* et *S. gladius)* du Mississipi et d'Yantsekiang ; Polyptéridés *(Polypterus bichir)* des torrents de l'Afrique ; Lépidostéidés (genre *Lepidosteus)* qui habitent les grands cours d'eau de l'Amérique Septentrionale ; Amiadés *(Amia calva)* des fleuves de la Caroline. Ces derniers ressemblent beaucoup aux Téléostéens, ce qui explique pourquoi il y a peu d'années, on réunissait les *Amia* aux Clupéidés.

Cette distribution géographique étant donnée, on ne doit pas s'attendre à trouver de nombreux Ganoïdes dans les cours d'eau de la Provence ; et effectivement on ne peut guère citer que l'Esturgeon ordinaire (ACIPENSER STURIO, Linné ; *creat, esturjoun, esturioun, esturien,* des provençaux) comme se rencontrant encore de loin en loin dans notre région. Ce poisson, long de 2 à 5 mètres, est cosmopolite ; il habite la mer mais remonte les fleuves pour pondre ses œufs et les féconder, et aussitôt que les jeunes sont éclos ils suivent les courants et gagnent l'eau salée.

L'Esturgeon ordinaire était jadis bien autrement commun dans le Rhône qu'il ne l'est aujourd'hui ; la disparition presque complète de ce Ganoïde, paraît devoir être attribuée aux nombreux bateaux à vapeur qui, en sillonnant notre fleuve, effraient ce

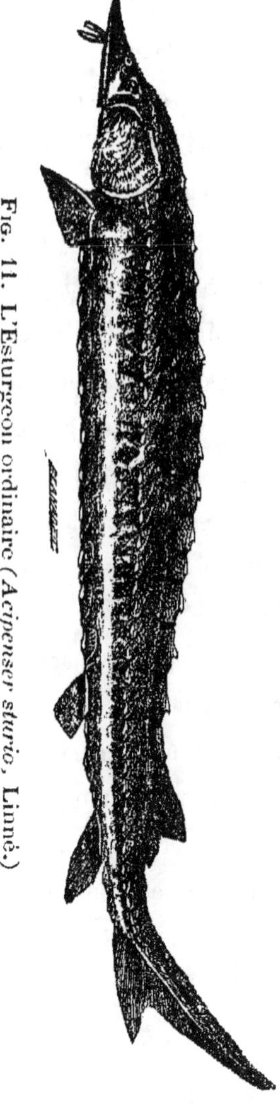

Fig. 11. L'Esturgeon ordinaire (*Acipenser sturio*, Linné.)

poisson et détruisent ses œufs. Autrefois le premier Esturgeon pris chaque année dans le Rhône appartenait de droit au seigneur féodal de la commune d'Arles, et cela en vertu d'une charte fort ancienne, car elle était déjà en vigueur sous Louis Bozon. Cet impôt singulier, véritable expression de la suzeraineté féodale sur le Rhône, fut maintenu jusqu'au décret du 10 juin 1793 (1).

La chair de ce poisson a une saveur fine et délicate, aussi est-elle fort estimée depuis les temps anciens; on sait que c'est avec la vessie natatoire des Esturgeons que se fait l'ichthyocolle dont on se sert pour préparer les gelées et clarifier les liqueurs. Cette ichthyocolle, dissoute dans l'eau et rapprochée jusqu'à consistance de pâte, constitue la colle à bouche. Avec les œufs de ce Ganoïde on fabrique le caviar, sorte de *poutargo* très-recherchée par les habitants du Nord; toutefois il est juste de faire observer que la plus grande partie de ce produit est fournie par le grand Esturgeon, espèce voisine.

Ce grand Esturgeon (ACIPENSER HUSO, Linné, *Copso, colopéis*, des provençaux) habite les mers septentrionales de l'Europe et doit se rencontrer bien rarement dans notre région; aussi l'aurais-je volontiers passé sous silence si M. Maurin ne l'avait mentionné dans son *Catalogue des Poissons du Var*, en le faisant suivre de la note *très-rare*.

(1) Pour plus de détails sur l'impôt de l'Esturgeon, voir l'article de M. Em. Fassin, membre distingué du barreau d'Arles (journal *Le Musée*, 1875, n° 9).

# IV. – TÉLÉOSTÉENS.

Les Téléostéens (poissons osseux, poissons véritables) se sont détachés des Ganoïdes. A l'époque du silurien et du devonien, il n'existait pas de véritables Téléostéens, tandis que les Sélaciens et les Ganoïdes ont des représentants depuis les couches les plus anciennes du globe; donc les Poissons véritables sont des Ganoïdes modifiés et inadaptifs, bien qu'ils se soient diversifiés beaucoup pour constituer les nombreuses espèces de Poissons osseux qui existent. Mais ces Téléostéens diffèrent des Ganoïdes par la structure bien moins compacte des téguments; c'est, en effet, exceptionnellement que dans les écailles on trouve des corpuscules osseux *(Thynnus)*, ce qui indique une parenté entre ces deux groupes, parenté démontrée du reste par les *Amia* dont les écailles s'imbriquent comme celles des Téléostéens, avec cette différence cependant qu'elles sont absolument osseuses, tandis que dans les poissons véritables elles ne le sont jamais. Il y a bien, il est vrai, des Téléostéens tels que les Lophobranches et les Plectognathes dont les téguments rappellent un peu ceux des Ganoïdes, mais il est tout naturel, puisque les Téléostéens sont sortis de ce groupe, que certains types aient gardé la forme ancestrale; et, même dans ce cas, les particules osseuses sont moins nombreuses que chez les Ganoïdes.

D'ailleurs les écailles de ces deux groupes diffèrent comme origine : elles sont de provenance dermique pour les Téléostéens et épidermique pour les Ganoïdes. Aussi la classification proposée par Agassiz et dans laquelle les Poissons sont subdivisés en : *cténoïdes* (quand le bord libre de l'écaille est dentelé) ; *cycloïdes* (lorsqu'il est arrondi) ; *ganoïdes* (quand les écailles sont osseuses et recouvertes d'une couche d'émail) ; et *placoïdes* (ici les écailles sont remplacées par des bulbes ossifiés au moins à leur périphérie), n'est pas heureuse ; car dans ses placoïdes il faudrait avec lui, comprendre les Ganoïdes, les Lophobranches et les Plectognathes ; or ces deux derniers types sont bien différents du premier. En effet, quoique à première vue la structure des écailles semble être la même, elle diffère en réalité puisqu'elle n'est nullement un tissu osseux. De même la division en cycloïdes et en cténoïdes n'est pas réelle, car on rencontre tels groupes — les Labroïdes par exemple — dont les espèces sont les unes cténoïdes, les autres cycloïdes.

Le système digestif des Téléostéens est formé d'après un plan différent de celui des Ganoïdes ; il présente un œsophage, un estomac avec cœcums pyloriques souvent multilobés et manquant parfois, un intestin plus ou moins long dépourvu de valvules spirales et un autre terminal. Il existe un pancréas, rarement rassemblé en une glande définie (congre), le plus souvent épars en petits lobules sur toute la surface du foie volumineux et dont les conduits excréteurs aboutissent au canal cholédoque. La vessie natatoire est en voie de disparition ; chez les Malacoptérygiens et les Lophobranches elle a toujours un canal débouchant dans l'œsophage et conservant ainsi ses rapports avec le tube digestif; chez les Acanthoptérygiens et les Plectognathes elle se clôt, bien qu'embryogéniquement elle commence par naître d'un refoulement œsophagien; enfin très exceptionnellement (chez un ou deux types) elle se met en rapport avec la vessie urinaire. La couche musculaire disparait; parfois la vessie natatoire pousse des prolongements glandulaires, dans d'autres cas elle se divise en deux portions, l'une antérieure complètement membraneuse, l'autre postérieure encore munie de quelques muscles et de quelques vaisseaux. La vessie natatoire est en rapport avec le mode de vie de l'animal, ce qui explique comment certaines espèces d'un genre peuvent fort bien en manquer, alors que d'autres espèces du même genre en possèdent. Les Plectognathes n'ont plus de vessie natatoire, mais lorsqu'ils sont à la surface de l'eau, ils avalent de l'air et le compriment dans le commencement de l'œsophage gonflé et dilaté en une sorte de jabot; ils diminuent ainsi leur poids spécifique et nagent à la surface de l'eau le ventre en l'air. Quand ils veulent descendre ils rejettent cet air et deviennent alors plats comme la plupart des autres poissons, de globuleux qu'ils étaient auparavant.

Le système circulatoire des Poissons osseux est disposé comme celui des Ganoïdes : une oreillette, un ventricule; mais il n'y a plus de bulbe aortique, fait intéressant, car ce bulbe aortique se retrouve chez les Dipnoïques; on observe aussi l'absence de vaisseaux se rendant à la vessie natatoire. L'appareil respiratoire ne présente rien de bien particulier si ce n'est que les branchies sont en peignes.

Enfin les reins débouchent au dehors par un pore postérieur à l'anus; parfois les conduits sexuels s'ouvrent dans une même poche, mais ce pore génital peut manquer, alors les œufs tombent dans la cavité générale du corps et une ouverture tégumentaire se forme qui les conduit au dehors, c'est là un fait primitif.

On peut à l'exemple de Cuvier, diviser les Poissons osseux en quatre ordres : *Lophobranches*, *Plectognathes*, *Malacoptérygiens*, *Acanthoptérygiens*.

1. { Machoire supérieure soudée au crâne.. PLECTOGNATHES.
   { Machoire supérieure mobile...................... 2

2. { Branchies disposées en peignes... ......... ..... 3
   { Branchies disposées en houppes...... LOPHOBRANCHES.

3. { Dorsale à rayons épineux........ ACANTHOPTÉRYGIENS.
   { Dorsale à rayons mous... ........ MALACOPTÉRYGIENS.

## I. — LOPHOBRANCHES.

Les Lophobranches (*lophos*, aigrette; *branchia*, branchie) forment un groupe remarquable au point de vue tant de leur manière d'être extérieure que de leur constitution anatomique. Un caractère essentiel qui les différencie de tous les autres Téléostéens, consiste dans la structure de leurs branchies : ces organes au lieu d'être pectinés ont au contraire l'apparence de boutons vésiculeux. L'opercule se soude avec la ceinture scapulaire et ne laisse ainsi qu'une petite fente branchiale.

Le corps, ordinairement allongé, est recouvert d'un revêtement tégumentaire spécial formé par de fortes écailles, et se termine antérieurement par une sorte de tube à l'extrémité duquel se trouve la bouche qui est petite. Ordinairement les membres seuls sont développés, parfois les antérieurs le sont beaucoup et ressemblent à des ailes; presque toujours les nageoires ventrales manquent et le plus souvent il existe une petite dorsale. Dans la généralité des cas, il n'y a aucun vestige de vessie natatoire ; quand elle est représentée, elle est constamment dépourvue de

Fig. 13. Hippocampe.

canal aérien. La femelle de plusieurs Lophobranches au moment de la ponte est suivie par le mâle ; elle expulse ses œufs, celui-ci les féconde et les reçoit dans un repli de la peau où ils déterminent, par leur contact, une hypertrophie des tissus de manière à constituer une sorte de poche ventrale dans laquelle ces œufs subissent une véritable incubation externe. Dans cette cavité il s'établit de petites alvéoles et peut-être y a-t-il même formation d'un commencement de placenta unissant les œufs au père; pourtant cela est peu probable, car on n'a pas constaté l'existence de la vésicule vitelline. On peut rapprocher ce fait de celui présenté par certains Malacoptérygiens et Acanthoptérygiens qui avalent les œufs fécondés, de telle sorte que les embryons se développent dans le pharynx; on avait considéré cela comme un cas de parasitisme.

Il est possible, en résumant ce qui précède, de donner des Lophobranches la caractéristique suivante : *poissons osseux avec corps cuirassé, machoire supérieure mobile, museau dépourvu de dents et allongé en tube, branchies en houppes ayant des orifices branchiaux très-étroits.* Ce groupe comprend trois familles : PÉGASIDÉS, (*Pegasus volans*, L.) des Indes ; SOLÉNOSTOMIDÉS, (*Solenostoma paradoxa*, Pallas) d'Amboine ; enfin SYNGNATHIDÉS, seule famille qui représente les Lophobranches dans notre région et dont les espèces vivent entre les plantes marines et sont bien connues, pour la plupart, des pêcheurs du littoral, sous les noms de : *aguïo*, *bignoun*, *bisso*, *cacáu marin*, *chicáu marin*, *espinglo*, *espingolo*, *gagnolo*, *ser*, etc. Voici du reste la liste des espèces signalées jusqu'à ce jour sur les côtes provençales.

| | | |
|---|---|---|
| Hippocampus guttulatus, *Cuv*... | Hippocampe moucheté. | Cavàu ou chivàu-marin. |
| — brevirostris, *Cuv*.. | — brevirostre. | — — |
| Syngnathus acus, *Lin*.......... | Syngnathe aiguille. | Aguïo. |
| — rubescens, *Ris*. ... | — rougeâtre. | Cavàu |
| ? — tenuirostris, *Rathke* | — ténuirostre. | |
| — ethon, *Ris*. ....... | — éthon. | Cavàu. |
| — abaster, *Ris*........ | — abaster. | |
| — phlegon, *Ris* ..... | — phlégon. | |
| Siphonostoma typhle, *Lin*.. ..... | Siphonostome typhle. | Gagnolo. |
| ? — argentatum, *A. Dum* | — argenté. | |
| — Rondeletii, *Delar*. . | — de Rondelet | |
| Entelurus æquoreus, *Lin*........ | Entelure de mer. | |
| — anguineus, *A. Dum*... | — serpentiforme. | |
| Nerophis annulatus, *Ris*........ | Nérophis annelé. | Bisso, Cavàu, esplingolo, esplingo. |
| — ophidion, *Ris*...... .. | — ophidion. | Bisso, ser. |

TABLE DICHOTOMIQUE DES LOPHOBRANCHES DE NOTRE FAUNE.

Une famille :

## FAMILLE DES SYNGNATHIDÉS.

Cinq genres :

1. { Pectorales bien développées......................... 2
   { Pectorales nulles, pas d'anale.... ................ 4

2. { Caudale nulle....................... HIPPOCAMPUS.
   { Caudale distincte. .......................... ..... 3

3. { Museau à peu près arrondi, moins élevé que la tête ;
   anneau scapulaire complet, fermé en dessous par
   la première pièce impaire............ SYNGNATHUS.
   { Museau comprimé, très-haut, parfois aussi élevé que
   la tête ; anneau scapulaire non fermé en dessous,
   sans pièce impaire.......... ..... SIPHONOSTOMA.

4. { Caudale rudimentaire ou dorsale portée sur 11 à 13
   anneaux dont les trois ou quatre derniers appartiennent à la queue.................... ENTELURUS.
   { Caudale nulle ; dorsale portée sur 7 à 11 anneaux
   dont les deux ou trois premiers appartiennent au
   tronc. ............................ NEROPHIS.

*Genre HIPPOCAMPUS*, CUVIER.

Deux espèces :

La longueur du côté externe du triangle orbito-nasal est à
peine égale à la distance qui sépare la protubérance nasale du
bout du museau........... .. . .......... H. GUTTULATUS.

La longueur du côté externe du triangle orbito-nasal est plus grande que la distance qui sépare la protubérance nasale du bout du museau .......................... H. BREVIROSTRIS.

**1.**—1. HIPPOCAMPUS GUTTULATUS, *Cuv.* Hippocampe moucheté.

N. P. : *Cavàu-marin, chivàu-marin.*— Assez commun : Marseille, Nice.

**2.**—2. HIPPOCAMPUS BREVIROSTRIS, *Cuv.* Hippocampe à museau court.

N. P. : *Cavàu* ou *chivàu-marin.*— Assez commun.

### Genre *SYNGNATHUS*, ARTÉDI.

Cinq ou six espèces :

1. Angles des anneaux épineux, denticulés principalement sur les pièces latérales......... S. PHLEGON.
Non.. ...................... .. . ............. . 2

2. Museau mesurant la moitié au moins de la longueur de la tête............................. 3
Non..................... ......... S. ABASTER.

3. Sourcil continué en arrière de l'orbite par une arête plus ou moins prononcée.................... **4**
Non. .............................. S. ETHON.

4. Dorsale aussi longue ou même plus longue que l'espace qui sépare le bout du museau du bord supérieur de l'occipital... .......... ....... S. ACUS.
Non...................... .. . ............ 5

5. Hauteur du museau comprise 5 à 6 fois dans sa longueur...... ... ............ .. S. RUBESCENS.
Hauteur du museau comprise 8 fois dans sa longueur...................... S. TENUIROSTRIS.

**3.**—1. SYNGNATHUS ACUS, *Lin.* Syngnathe aiguille.

N. P. : *Aguïo.* Assez rare à Nice, se montrerait pendant l'été.

**4.**—2. SYNGNATHUS RUBESCENS, *Ris.* Syngnathe rougeâtre

N. P. : *Cavàu.* — Très-commun. Les Sygnathes se tiennent dans les golfes dont le fond est rempli d'algues (St. des B. du Rh.)

? —3. SYNGNATUS TENUIROSTRIS, *Rathke.* Syngnathe ténuirostre. Espèce trouvée à Cette et qui est à chercher dans notre région.

**5.**—4. SYNGNATHUS ETHON, *Ris.* Syngnathe éthon.

N. P. : *Cavàu.*— Rare : Nice.

**6.**—5. SYNGNATHUS ABASTER, *Ris.* Syngnathe abaster.

Rare : Nice.

**7.**—6. SYNGNATHUS PHLEGON, *Ris.* Syngnathe phlégon.

Assez rare : Nice, Toulon, Marseille.

### Genre *SIPHONOSTOMA*, KAUP.

Trois espèces :

1. { Dorsale plus longue que le museau...... . S. TYPHLE
 { Non.................................. ....... 2

2. { Bord antérieur du museau courbe.... S. ARGENTATUM.
 { Bord antérieur  »  anguleux. . S. RONDELETII.

**8.**—1. SIPHONOSTOMA TYPHLE, *Lin.* Siphonostome typhle.

N. P. : *Gagnolo.*— Très-rare : Nice.

? —2. SIPHONOSTOMA ARGENTATUM, *A. Duméril.* Siphonostome argenté.

On le connait de Cette où il est assez commun; est à chercher sur nos côtes.

**9.**—3. SIPHONOSTOMA RONDELETII, *Delaroche.* Siphonostome de Rondelet.

Assez commun : Nice, Antibes, Marseille.

### Genre *ENTELURUS*, A. DUMÉRIL.

Deux espèces :

Six rayons à la caudale........ ........ .. E. ÆQUOREUS.

Cinq. ......... ......................... E. ANGUINEUS.

**10.**—1. ENTELURUS ÆQUOREUS, *Lin*. Entelure de mer.

Très-rare : Nice.

**11.**—2. ENTELURUS ANGUINEUS, *A. Dumér*. Entelure serpenti-
forme.

Assez rare : Nice.

### Genre *NEROPHIS*, RAFINESQUE.

Deux espèces :

Museau à peu près arrondi, à bord supérieur sans crête.

.................................... N. ANNULATUS.

Museau comprimé, haut, avec une crête sur le bord supérieur ... ... ..... .................... N. OPHIDION.

**12.**—1. NEROPHIS ANNULATUS, *Ris*. Nérophis annelé.

N. P. : *Bisso, cavàu, espingolo, esplingo*. Assez rare : Nice.

**13.**—2. NEROPHIS OPHIDION, *Bonap*. Nérophis ophidion.

N. P. : *Bisso, ser*.— Assez rare : Nice.

Les Syngnathidés ne sont réellement intéressants que sous le
rapport zoologique. Toutefois, certains auteurs leur attribuent
des vertus médicinales qui, bien que toutes gratuites, méritent
cependant d'être signalées, ne serait-ce qu'à titre de curiosité.

« La cuirasse dure qui renferme le corps de ces poissons et la
petitesse de leur dimension sont causes qu'on ne les emploie
point comme aliment. Mais séchés d'abord au soleil, rôtis ensuite à une douce chaleur, et plongés dans le vin, on les dit propres à calmer les coliques ; au moins les marins les emploient-ils
à cet usage (Risso) ». Bien avant l'auteur de l'*Ichthyologie de
Nice* l'Ecole de Salernes enseignait que :

« Gallus, piscis, olus, tria sunt hæc per sua jura,
  Cum polypodio, colicis aptissima cura. »

Ensuite Hippolyte Cloquet nous apprend qu'en Dalmatie on se sert des Hippocampes pour faire disparaître « l'engorgement des mamelles chez les femmes, tandis que les Norwégiens, au contraire, les regardent comme un poison ». Enfin Thomas Smith, naturaliste anglais, assure que dans son pays « les femmes s'en servent pour augmenter leur lait ».

Voilà deux assertions qui ne laisseraient pas que de ne nous embarrasser fort : le même animal étant là un poison, augmentant ici la sécrétion lactée, la tarissant ailleurs, si la médecine populaire ne nous avait habitué depuis longtemps à de pareilles contradictions.

## II. — PLECTOGNATHES.

Les Plectognathes (*plectos*, soudé et *gnathos*, machoire) sont caractérisés par la forme de l'appareil maxillo-palatin et par la structure des téguments. L'os inter-maxillaire, très-développé, et le maxillaire supérieur sont fondus ensemble et soudés avec le crâne de telle sorte que la bouche est réduite en quelque façon, à une étroite fenêtre. D'autre part, la peau présente un grand nombre de corpuscules ce qui lui donne un aspect chagriné, mais c'est là le cas le plus rare ; ordinairement ces corpuscules se réunissent et forment des plaques imbriquées comme des tuiles ou juxtaposées comme une mosaïque, de sorte que l'animal est comme renfermé dans une boîte dure ; ces pièces dermiques sont en outre munies, à certaines places, d'aiguillons barbelés. Les

appendices locomoteurs des Plectognathes sont généralement
peu développés ; les nageoires ventrales manquent le plus souvent et lorsqu'elles existent, elles sont représentées par des épi-

Fig. 14. Môle commun (*Orthagoriscus mola*, Bloch).

nes. La colone vertébrale comprend au plus, une vingtaine de
segments ; parfois, comme on le remarque pour les Diodons,
poissons exotiques, le canal vertébral est ouvert en dessus ; rarement l'on peut constater la présence des côtes. L'appareil oper-
culaire est toujours caché sous la peau, aussi ne voit-on, à l'extérieur, qu'une simple fente branchiale dirigée transversalement.

Certains d'entre les Plectognathes, on ne l'a pas oublié (genres
Diodon, Tetraodon), présentent la particularité curieuse de pouvoir remplir d'air une poche dépendant de l'œsophage. Lorsqu'ils

sont ainsi gonflés, leur poids spécifique étant diminué, l'animal perd l'équilibre, le ventre prend le dessus et ils flottent à la surface de l'eau sans pouvoir se diriger, au gré du vent et des vagues; mais c'est pour eux un moyen de défense, car les épines plus ou moins nombreuses qui garnissent leur peau se redressent de toutes parts et les protégent contre leurs ennemis. Ce qui a fait souvent regarder ces Poissons comme les analogues des Hérissons et des Porcs-Epics dans la classe des Mammifères.

On a sub livisé les Plectognathes en deux groupes : Ostéodermes (de *osteon*, os et *derma*, peau) et Gymnodontes (de *gumnos*, nu et *odous*, dent); les espèces du premier groupe portent des dents distinctes, tandis que celles du second ont les mâchoires garnies d'une matière éburnée produite par la réunion des dents.

Les Ostéodermes forment trois familles : OSTRACIONIDÉS, BALISTIDÉS, TRIACANTHIDÉS; les deux premières sont seules représentées sur notre littoral par de rares espèces, ordinairement des mers tropicales, qui s'égarent quelquefois jusqu'à la Méditerranée, telles sont : l'Ostracion trigone (OSTRACION TRIGONUS, Linné, *lou cofre* des Provençaux); l'Ostracion nase (OSTRACION NASUS, Bloch); la Baliste caprisque (BALISTE CAPRISCUS, Linné; *péis-balestro, fanfre d'Americo*.)

Quant aux Gymnodontes, des deux familles ORTHAGORISCIDÉS et TÉTRAONDONTIDÉS qu'ils comprennent, la première seule fournit deux espèces à notre mer; ce sont : le Môle commun (ORTHAGORISCUS MOLA Bloch, *la mòulo, molo, mùolo*) et le Môle oblong (ORTHAGORISCUS OBLONGUS, Bloch). Ces poissons peuvent atteindre 1 mètre 25 de longueur et un poids de cent cinquante kilogrammes; tout leur corps brille d'un éclat argenté ce qui, joint à l'habitude qu'ils ont de séjourner immobiles à la surface de l'eau, leur ont valu le nom de *pèis-luno*, poisson-lune, sous lequel on les désigne encore dans nos parages.

En résumé, il est possible de dresser le tableau suivant des Plectognathes qui très-rarement arrivent jusqu'à nos côtes :

| | | |
|---|---|---|
| Ostracion nasus . *Bloch*. ........ | Ostracion à bec. | Cofre. |
| — trigonus , *Liu*. ........ | — trigone. | Bourso , cofre-à-perlo, cofre-tigra , porc-de-mar. |
| Balistes capriscus , *Liu*..... ... | Baliste caprisque. | Fanfre d'Americo, peis-balestro , porc. |
| Orthagoriscus mola , *Bl*......... | Môle commun. | Molebut , molo , pèis-luno. |
| — oblongus , *Bl*.,... | — oblong. | Molo. |

**TABLE DICHOTOMIQUE DES PLECTOGNATHES DE NOTRE FAUNE.**

Trois familles :

1.  Dents séparées et distinctes...................... 2
    Dents soudées, formant avec les mâchoires une espèce de bec de perroquet....... .. ORTHAGORISCIDÉS.

2.  Dorsale unique.................... OSTRACIONIDÉS.
    Dorsale double.. .................. ... BALISTIDÉS.


FAMILLE DES OSTRACIONIDÉS.

Un genre :

*Genre* OSTRACION, LINNÉ.

Deux espèces :

Carapace à cinq arêtes; pas d'épine sur l'arête abdominale............................................ O. NASUS.

Carapace à trois arêtes; une épine sur l'arête abdominale............. .................... O. TRIGONUS.

**14.**—1. Ostracion nasus, *Bloch*. Ostracion à bec.

N. P. : *Cofre.*— Fort rare.

**15.**—2. Ostracion trigonus, *Lin*. Ostracion trigone.

N. P. : *Bourso, cofre-à-perlo, cofre-tigra, porc-de-mar.* — Accidentel.


## Famille des BALISTIDÉS.

Un genre :

### Genre *BALISTES*, Linné.

Une espèce :

**16.** Balistes capriscus, *Lin*. Baliste caprisque.

N. P. : *Fanfre d'Americo, pèis-balestro, porc.*— Très-rare.

« La nageoire dorsale antérieure a une propriété singulière qui consiste en ce qu'aucune force ne serait capable de faire plier son grand aiguillon, et qu'aussitôt qu'on plie le dernier, ce qu'on peut faire sans peine, les deux autres s'abaissent en même temps, et aussi vite qu'une arbalète dont on a lâché le ressort, d'où le nom de *pèis-balestro* donné à cette espèce (Thomas Smith). »

La chair de la Baliste caprisque n'est pas mangeable, (Canestrini) (1); elle est assez bonne et même délicate (Risso); elle est très-recherchée (Companyo) (2); sa chair, en général, peu estimée devient, assure-t-on, dangereuse à l'époque où elle se nourrit de Polypes ou de Coraux (Chenu). C'est le cas de dire : *Devines si tu peux, et choisis si tu l'oses.*

(1) Canestrini, G. : *Pesci,* in Fauna d'Italia , *parte terza* , Milano, 1875.

(2) Companyo, L. : *Hist. nat. du dép. des Pyrénées-Orientales,* t. III, Perpignan, 1863.

## Famille des ORTHAGORISCIDÉS.

Un genre :

Genre *ORTHAGORISCUS*, Bloch.

Deux espèces :

Longueur du corps mesurant une fois et demie la hauteur............................................... O. MOLA.

Longueur du corps mesurant au moins deux fois la hauteur..................................... O. OBLONGUS.

**17.**—1. ORTHAGORISCUS MOLA, *Bloch*. Môle commun.

N. P. : *Molebut*, *molo*, *moulo*, *muolo*, *pèis-luno*.— Peu commun. « Malgré sa grandeur et sa force, le Môle commun n'est pas redoutable ; il a la bouche trop petite pour pouvoir s'attaquer aux grands animaux, et ne se nourrit que de petits poissons, de mollusques, de vers et de fucus. Les squales et quelques cétacés lui font seuls la chasse. L'homme le méprise, car sa chair, grasse et visqueuse, répand une odeur désagréable qu'elle conserve, même après avoir été préparée. On dit cependant que son foie est passable, et que, par la cuisson, on peut retirer de l'animal entier une huile utilisable dans le commerce.

« Les pêcheurs disent que ce poisson a toujours l'air d'un animal à moitié mort, se laissant flotter sur un côté ou sur l'autre, en nageant tellement à la surface que sa nageoire dorsale sort fréquemment de l'eau. Il paraît être un animal stupide et lent ; qui ne fait que peu ou point d'efforts pour s'échapper, et laisse les pêcheurs mettre la main dessus pour le prendre et le monter tranquillement dans leur bateau.

« D'après Couch, le Môle est migrateur : il habite ordinairement les grands fonds où il se nourrit de végétaux aquatiques, mais dans les temps calmes, il monte à la surface et s'endort flottant avec la marée, la tête et souvent les yeux hors de l'eau. Pris et attaché, il a vu faire à ce poisson des efforts puissants mais maladroits pour s'échapper, se cambrant et se démenant de différents côtés (1). »

**18**.—2. ORTHAGORISCUS OBLONGUS, *Bloch*. Môle oblong.

N. P. : *Molo*. — Excessivement rare. Yarrel le considère comme le jeune du Môle commun.


### III. — MALACOPTÉRYGIENS.


La dénomination de *Malacoptérygiens (malakos*, mou ; *pteryx*, nageoire)* créée par Artédi et acceptée par la plupart des Ichthyologistes modernes, s'applique à un groupe de Poissons osseux dont le principal caractère est d'avoir les rayons des nageoires, sauf quelquefois celui de la première dorsale ou des pectorales, formés de petites pièces articulées, qui les rendent mous et flexibles par opposition aux *Acanthoptérygiens*, dont les rayons sont roides, osseux, piquants. Il n'est pas inutile de faire observer que cette division des Poissons véritables en Malacoptérygiens et en Acanthoptérygiens, n'a rien d'absolu, car Agassiz a montré que certaines espèces ayant, lorsqu'ils sont adultes, les caractères des Acanthoptérygiens, sont des Malacoptérygiens pendant leur jeune âge. Cela ne nous étonnera pas si nous nous

_______________

(1) De la Blanchère, H : *Dictionnaire général des Pêches*. Paris, 1868.

rappelons que les classifications sont purement subjectives , qu'elles nous fournissent un moyen commode de grouper les êtres et de les étudier, mais que les lignes de démarcation qu'elles semblent indiquer sont fictives, la nature ne procédant pas par bonds: *natura non fecit saltus.*

Les Malacoptérygiens comprennent des Poissons de mer et des Poissons d'eau douce ; ils sont assez bien représentés comme espèces , quoique leur nombre soit cependant loin d'égaler celui des Acanthoptérygiens ; leur rôle économique est considérable , et il est à peine besoin d'indiquer les ressources que l'homme retire au point de vue de son alimentation du Hareng, de la Morue, des Saumons, des Truites, des Anchois, des Carpes, des Brochets, etc.

On a subdivisé les Malacoptérygiens en trois groupes, suivant que les nageoires ventrales manquent *(Apodes)*, ou qu'elles sont situées sous les organes de la respiration *(Subbrachiens)*, ou qu'enfin elles sont placées sous l'abdomen *(Abdominaux)*.

### MALACOPTÉRYGIENS APODES.

Les Apodes *(a* privatif; *pous*, pied) caractérisés surtout par le défaut de rayons épineux à la nageoire dorsale, le manque absolu de nageoires ventrales, une forme allongée, une peau épaisse et molle laissant paraître leurs écailles qui sont très-petites. Ils sont presque tous pourvus d'une vessie natatoire avec un canal aérien.

Il est possible d'établir quatre familles dans les Apodes : Mu-RÉNIDÉS, OPHIDIIDÉS, SYMBRANCHIDÉS, GYMNOTIDÉS ; les deux premières sont seules représentées dans notre faune provençale; on peut les distinguer en ayant égard aux caractères suivants :

Fente des ouïes petite; opercule peu apparent; dorsale à rayons branchus... ...... ............ ....... MURÉNIDÉS.

Fente des ouïes grande, munie d'un opercule bien apparent; rayons dorsaux articulés....... .......... OPHIDIDÉS.

Les Symbranchidés appartiennent aux Indes et à l'Amérique tropicale; quant aux Gymnotidés dont certains types (GYMNOTUS ELECTRICUS, Linné) possèdent, à l'instar des Torpilles, un organe qui transforme l'énergie nerveuse en électricité, ils habitent le nouveau monde. Le Gymnote électrique, ou anguille de Surinam, est le plus généralement connu de tous les poissons électriques. L'appareil voltaïque est situé tout le long de son énorme queue, dont chaque côté a son organe distinct. Les organes qui engendrent le courant, consistent en prismes membraneux groupés en séries longitudinales, et remplis d'une matière gélatineuse où se rendent des filets nerveux au nombre de plus de deux cents de chaque côté, qui viennent des racines antérieures des nerfs spinaux. Voici du reste des détails empruntés à M. de Humboldt sur la pêche de ces Poissons et sur les effets de leur fluide électrique.

« Nous résolûmes, dit cet illustre voyageur-naturaliste, de nous transporter nous-mêmes sur les lieux, et de faire les expériences, en plein air, aux bords de ces mares dans lesquelles les Gymnotes abondent. Nous partîmes le 9 mars, de grand matin, pour le petit village de Rastro de Aboxo; de là les Indiens nous conduisirent à un ruisseau qui, dans le temps des sécheresses, forme un bassin d'eau bourbeuse entouré de beaux arbres, de clusias, d'amyris et de mimosas à fleurs odoriférantes. La pêche des gymnotes avec des filets est très-difficile, à cause de l'extrême agilité de ces poissons qui s'enfoncent dans la vase comme des serpents. On ne voulut point employer le barbasco, c'est-à-dire les racines de quelques espèces de phyllanthus, qui, jetées dans une mare, enivrent ou engourdissent les animaux : ce moyen aurait affaibli les gymnotes. Les Indiens nous disaient qu'ils allaient les pêcher avec des chevaux. Nous eûmes de la peine à nous faire une idée de cette pêche extraordinaire ; mais bientôt nous vîmes nos guides revenir de la savane, où ils avaient fait faire une battue de chevaux et de mulets non domptés ; ils en amenèrent une trentaine qu'on força d'entrer dans la mare.

« Le bruit extraordinaire causé par le piétinement des chevaux fait sortir les poissons de la vase et les excite au combat. Ces anguilles jaunâtres et livides, semblables à de grands serpents aquatiques, nagent à la surface de l'eau, et se pressent sous le ventre des chevaux et des mulets ; une lutte entre des animaux d'une organisation si différente offre le spectacle le plus pittoresque. Les Indiens, munis de harpons et de roseaux longs et minces, ceignent étroitement la mare ; quelques-uns d'entre eux montent sur les arbres, dont les branches s'étendent horizontalement au-dessus de la surface de l'eau ; par leurs cris sauvages et la longueur de leurs joncs, ils empêchent les chevaux de se sauver en atteignant la rive du bassin. Les anguilles, étourdies du bruit, se défendent par la décharge réitérée de leurs batteries électriques ; pendant longtemps elles ont l'air de remporter la victoire. Plusieurs chevaux succombent à la violence des coups invisibles qu'ils reçoivent dans les organes les plus essentiels à la vie ; étourdis par la force et la fréquence des commotions , ils disparaissent sous l'eau ; d'autres haletants, la crinière hérissée, les yeux hagards et exprimant l'angoisse , se relèvent et cherchent à fuir l'orage qui les surprend. Ils sont repoussés par les Indiens au milieu de l'eau. Cependant un petit nombre parvient à tromper l'active vigilance des pêcheurs : on les voit gagner la rive , broncher à chaque pas , s'étendre dans le sable, excédés de fatigue et les membres engourdis par les commotions électriques des gymnotes.

« En moins de cinq minutes , deux chevaux étaient noyés. L'anguille, ayant cinq pieds de long et se pressant contre le ventre des chevaux , fait une décharge de toute l'étendue de son organe électrique ; elle attaque à la fois le cœur, les viscères et le plexus cœliaque des nerfs abdominaux. Il est naturel que l'effet qu'éprouvent les chevaux soit plus puissant que celui que le même poisson produit sur l'homme lorsqu'il ne le touche que par une des extrémités. Les chevaux ne sont probablement pas tués, mais simplement étourdis, ils se noient , étant dans l'impossibilité de se relever par la lutte prolongée entre les autres chevaux et les gymnotes.

« Nous ne doutions pas que la pêche ne se terminât par la mort successive des animaux qu'on y emploie. Mais peu à peu l'impétuosité de ce combat inégal diminue ; les gymnotes fatigués se dispersent ; ils ont besoin d'un long repos et d'une nourriture abondante pour réparer ce qu'ils ont perdu de force galvanique : les mulets et les chevaux parurent moins effrayés, ils ne hérissaient plus la crinière, leurs yeux exprimaient moins d'épouvante ; les **gymnotes** s'approchaient timidement du bord des marais, où on les prit au moyen de petits harpons attachés à de longues cordes. Lorsque les cordes sont bien sèches, les Indiens en soulevant le poisson en l'air, ne ressentent point de commotion. En peu de minutes, nous eûmes cinq grandes anguilles, dont la plupart n'étaient que légèrement blessées, d'autres furent prises vers le soir par le même moyen.

« La température des eaux dans lesquelles vivent habituellement les gymnotes est de 26 à 27°. On assure que leur force électrique diminue dans les eaux plus froides ; et il est assez remarquable en général, comme l'a déjà observé un physicien célèbre, que les animaux doués d'organes électromoteurs, dont les effets deviennent sensibles à l'homme, ne se rencontrent pas dans l'air, mais dans un fluide conducteur de l'électricité. Le gymnote est le plus grand des poissons électriques ; j'en ai mesuré qui avaient cinq pieds à cinq pieds trois pouces de long. »

### Famille des MURÉNIDÉS.

Mais laissons-là les Gymnotes, pour arriver à la famille des Murénidés dont sept genres sont représentés dans notre région méditerranéenne. En tête, se placent les Murènes à la chair délicate si justement appréciée des gourmets Romains qui les élevaient dans des viviers construits à grands frais, sur le bord de la mer. Lors de l'un de ses triomphes, César en fit distribuer six mille à ses amis. C'est aux Murènes que Vadius Pollion, de non-regrettable mémoire, servait en pâture ses esclaves fautifs. Puis viennent le Nettastome, l'Ophisure, les Sphagebranches, le Myre, les Congres ; enfin les Anguilles — ce vivant défi jeté aux Ichthyologistes — répandues dans presque toutes les eaux de l'Europe. Y a-t-il une seule espèce d'Anguille (ANGUILLA VUL-

Fig. 15. L'Anguille commune (*Anguilla vulgaris*, Lin., var. *mediirostris*).

GARIS, Linné), ou bien faut-il en voir plusieurs et accepter avec Risso, Cuvier, Yarrel les formes dites : ANGUILLA LATIROSTRIS

Risso; ANGUILLA MEDIOROSTRIS, Ris.; ANGUILLA OBLONGIROSTRIS, Blanchard, recueillie dans l'Huveaune, près de Marseille; ANGUILLA ACUTIROSTRIS, Ris.; ANGUILLA KIENERI, Kaup? Il est difficile, en l'état de nos connaissances ichthyologiques, de se prononcer pour l'une ou pour l'autre de ces opinions, liées du reste à l'éternelle question de l'espèce. On aurait mauvaise grâce à nier que les pêcheurs n'aient établi depuis longtemps différentes catégories d'Anguilles, et que ces formes spéciales ne se trouvent pas en maints cours d'eau. Ainsi en Provence, on distingue l'*anguielo*, *la baumarenco*, *lou chinan* ou *margagnoun*, *la fino*, *la San Junenco*, *lou pougau*, *lou mourguin*, *lou bouiroun* ou *anguieloun*. Il n'y a peut-être là que des différences d'âge, partant de grosseur et de coloration. On a voulu aller plus loin et chercher dans le squelette, des caractères qui seraient évidemment de nature à trancher la question. Malheureusement le nombre des vertèbres, qui devrait être déterminé pour chaque espèce, varie énormément dans les individus considérés comme appartenant à une même forme, ainsi qu'on peut s'en assurer en étudiant ces Apodes avec un peu d'attention et sans parti pris.

D'ailleurs il est un argument qui, pour ne pas avoir été invoqué, n'est pourtant pas dénué d'une certaine valeur : les individus observés n'ont pas toujours atteint l'état sexué; or, on ne peut à bon droit discuter sur la valeur d'une espèce, qu'autant qu'on examine des adultes. Aussi jusqu'à preuve du contraire, je persisterai à voir dans les Anguilles une espèce unique (ANGUILLA VULGARIS, Linné), autour de laquelle viennent se grouper les formes un peu différentes énumérées plus haut.

Il y a plus. Est-il bien prouvé que le genre ANGUILLA, Thunberg, ait réellement lieu d'exister ? Si oui, quelle est la forme adulte de l'Anguille vulgaire ? Ne serait-il pas plus exact de voir en elle un état larvaire ainsi que cela existe pour certains Vertébrés, à commencer par l'Amphioxus et par l'ancien genre Ammocètes qui aujourd'hui, on se le rappelle, n'est plus considéré avec raison que comme un état de transition du PETROMYZON PLANERI, Bloch ? N'a-t-on pas également reconnu que le genre Leptocephalus avec ses prétendues formes spécifiques : LEPTOCEPHALUS SPALLANZANII Risso; LEPTOCEPHALUS MORRISII, Gmelin n'était qu'un état larvaire du CONGER VULGARIS, Yarrel ? Dans cette hypothèse émise par M. Em. Blanchard, on admettrait que les Anguilles revenant à la mer en automne, achèveraient leur transformation, passeraient par l'état sexué et deviendraient des Congres. Ces derniers donneraient naissance à cette myriade de petits êtres — *li anguieloun* — qui, ainsi que l'a observé Crespon, « se réunissent au printemps à l'embouchure du Rhône, ou plutôt sortent de la mer, en se tenant attachés les uns les autres en si grande quantité, que j'en ai vu formant une masse sphérique de la grosseur d'un fort tonneau ; cette masse monte et redescend dans l'eau continuellement, et, au fur et à mesure, les individus se détachent en formant une corde, de sorte qu'ils ressemblent à un peloton de laine qu'on déploierait par un seul bout. Ces milliers de petites Anguilles se dirigent aussitôt de chaque côté du fleuve et le remontent sans jamais quitter les bords, afin de s'introduire dans toutes les issues qu'elles rencontrent ; c'est de cette manière qu'elles s'en vont peupler toutes les eaux douces. Cette espèce de procession dure plus de quinze jours sans interruption (1). »

(1) Crespon. *Faune méridionale*, Tome II, page 307.

Au moment même où j'écrivais ces lignes, M. Charles Robin présentait à l'Académie des Sciences (séance du 21 février) une note sur le sujet qui m'occupe.

« L'existence de différences sexuelles dans l'Anguille commune, dit M. Robin, ne laisse aucune prise au doute, à quelque époque de l'année que l'examen soit fait. A de rares exceptions

Fig. 16. Tête, vue en dessus, de Pimperneau (*Ang. vulg.*, var. *latirostris*).

près, toutes les Anguilles de la variété désignée sous le nom de *Pimperneau*, des étangs et marais maritimes, à yeux gros et saillants, bec court et plat, corps mince, cylindrique, dos noir, nageoires pectorales un peu plus grandes que dans les Anguilles de rivières, ne dépassant pas 0$^m$,40, sont des mâles.

« L'abondance des Pimperneaux et leurs caractères tranchés peuvent même faire dire qu'il est peu d'espèces de poissons dont les caractères sexuels soient aussi accentués. Seulement, ce qui a pu égarer les observateurs, c'est que le mâle ne quitte le rivage des mers qu'à l'époque de la reproduction pour gagner le fond, tandis que la femelle ne s'y rend en quittant les eaux douces que temporairement et à la même époque. La dissection des Anguilles, longues d'environ 0<sup>m</sup>, 35, fait saisir au premier coup d'œil, en toute saison, si l'animal est mâle ou femelle. Au lieu de trouver l'ovaire sous forme de ruban continu, demi-transparent, jaunâtre, plissée en collerette, on trouve chez les premiers, avec les mêmes rapports, les testicules sous forme de ruban mince, étroit, plus ou mois rosé ou gris demi-transparent. L'examen microscopique des tissus ne laisse aucun doute sur leur nature ».

Cette observation élimine un inconnu du problème, en démontrant que les Anguilles ne sont pas hermaphrodites, comme l'assure le professeur Ercolani, et ne passent pas par un stade larvaire, ainsi qu'est porté à le croire M. Blanchard.

## MURÉNIDÉS DE PROVENCE.

| | | |
|---|---|---|
| Muræna Helena, *Lin*............ ... | Murène Hélène. | Moureno. |
| — unicolor, *Delar* ........ | » unicolore. | Moureno senso espigno. |
| Nettastoma melanura, *Rafin*..... | Nettastome queuenoire | Masco. |
| Myrus vulgaris, *Kaup*.......... | Myre commun. | Fielas, moruo, mouruo. |
| Conger vulgaris, *Cuv*. | Congre commun. | Anguielo de mar, coungre, fieras, fetal, groun negre. |
| — ba'earicus. | » des Baléares. | Ugliassou. |
| — mystax. | » à larges lèvres. | Coungre-damiselo, damiseleto. |
| Anguilla vulgaris, *Yarrel*. ..... | Anguille commune. | Anguielo, anguio, anguiero. |
| — vulg., var latirostris, *Ris* . | » à large bec. | |
| — vulg., var. mediorostris, *Ris* | » à bec moyen. | |
| — vulg., var. oblongirostris, *R* | » à bec oblong. | |
| — vulg , var acutirostris, *Ris*. | » à long bec. | |
| — vulg., var. Kieneri, *Kaup*.. | » de Kiener. | |
| Ophisurus serpens, *Lin*......... | Ophisure serpent. | Bisso de-mar. |
| — hispanicus, *Belloti*... | » d'Espagne. | |
| Sphagebranchus imberbis, *Delar*. | Sphagebranche imberbe | Mouruo. |
| — cæcus, *Bonat*... | » aveugle. | Bisso. |

Sept genres :

1.
{ Une nageoire caudale. ........................... 2
{ Non. ............................................ 6

2.
{ Pectorales plus ou moins développées............. 3
{ Pectorales nulles............................... 5

3.
{ Orifice postérieur de la narine au-devant de l'œil.... 4
{ Orifice postérieur de la narine vers le bord de la lèvre
{     supérieure ........................... Myrus.

4.
{ Mâchoire supérieure plus courte que l'inférieure Anguilla.
{ Mâchoire sup. plus longue que l'inférieure..... Conger,

5.
{ Museau assez court, orifice postérieur de la narine
{     tubuleux.. ... ..................... Muræna.
{ Museau très-long, orifice postérieur de la narine non
{     tubuleux. ....................... Nettastoma.

6.
{ Pectorales bien formées, ayant plus de sept rayons
{     .................................... Ophisurus.
{ Pectorales fort peu distinctes ou même nulles
{     ............................. Sphagebranchus.

*Genre MURÆNA*, Linné.

Deux espèces :

Dents de la mâchoire supérieure disposées sur un seul

rang......... ............... ........... . M. helena.

Dents de la mâchoire supérieure disposées sur deux

rangs........ ............ ................ M. unicolor.

**19.**—1. Muræna Helena, *Lin.* Murène Hélène.

N. P. : *Moureno.* — Assez commune : Nice, Toulon, Marseille. Chair très-estimée.

**20.**—2. Muræna unicolor, *Delar.* Murène unicolore.

N. P. : *Moureno senso espigno.*— Rare : Nice. Atteint jusqu'à un mètre de longueur.

### Genre *NETTASTOMA*, Rafinesque.

Une espèce :

**21**. Nettastoma melanura, *Rafin*. Nettastome queue noire.

N. P. : *Masco*. — Assez rare : Nice.

### Genre *MYRUS*, Kaup.

Une espèce :

**22**. Myrus vulgaris, *Kaup*. Myre commun.

N. P. : *Fielas, fieras, moruo, mouruo*. — Paraît être assez commun dans notre mer, car on le prend souvent sur les côtes du Languedoc et de Provence.

### Genre *CONGER*, Cuvier.

Trois espèces :

1. { Lèvre supérieure ordinaire.............. ....... 2
   { Lèvre supérieure soutenue, de chaque côté, par deux
   { tiges osseuses ............... ......... C. mystax.

2. { Dorsale commençant au-dessus de la fin des pectora-
   { les........................ ....... C. vulgaris.
   { Dorsale commençant au-dessus de la base des pecto-
   { rales................. .......... C. balearicus.

**23**.—1. Conger vulgaris, *Cuv*. Congre commun.

N. P. : *Anguielo, car marino de mar, coungre, fieras blanc, felat, fetal, groun negre*. — Commun sur tout le littoral, n'est même pas rare dans nos ports. La chair des individus jeunes est blanche et de bon goût, celle des vieux est lourde et indigeste.

**24**.—2. Conger balearicus, *Delar*. Congre des Baléares.

N. P. : *Ugliassou*. — Très-rare : Nice.

**25**.—3. Conger mystax, *Delar*. Congre à larges lèvres.

N. P. : *Coungre-damiselo, damiseleto, moruo*. — Rare : Nice.

*Genre ANGUILLA*, Thumberg.

Une espèce avec cinq variétés :

**26**. Anguilla vulgaris, *Lin*. Anguille commune.

N. P. : *Anguielo, anguicloun, anguïo, anguiero, baumarenco, bouiroun, chinan, chineto fino, lachinan, margagnoun, mourguin, pougau, pounchuroto, San Janenco*. — Très-commune. Chair assez délicate, mais difficile à digérer. Il est d'observation vulgaire que l'Anguille quitte quelquefois son élément, et qu'elle rôde le soir ou la nuit dans les prairies pour chercher sa nourriture consistant en limaçons, vers, insectes, etc. Le baron de Rivière rapporte que dans un abreuvoir de 200 mètres carrés, isolé au milieu des sables maritimes de la Camargue et ne recevant d'autre eau que celle des pluies, l'un de ses pêcheurs prit environ 350 kilog. d'Anguilles (1).

Ces poissons pourraient être en Provence la source de revenus importants. On se rappelle qu'après l'éclosion les jeunes Anguilles quittent la mer; les unes gagnent les étangs à eau saumâtre, d'autres remontent les cours d'eau. Là, grâce à un appétit glouton, leur taille augmente assez rapidement; puis, quand elles ont atteint l'état adulte et que le besoin impérieux de la reproduction se fait sentir, on les voit redescendre à la mer. Tout le secret consiste à s'en emparer à ce moment, et pour y parvenir on met à contribution différents moyens dont le plus commun est l'usage des *bourdigues*. Cette industrie, qui consiste à fabriquer de la chair marine, est fort prospère à Commachio en Italie, et les résultats sont tellement considérables, que ne trou-

---

(1) Rivière (Baron de) : *Considérations sur les Poissons et particulièrement sur les Anguilles*, Paris, 1841.

vant pas un débouché suffisant pour vendre le produit de leur pêche à l'état frais, les habitants le salent et expédient leurs Anguilles sous forme de conserve, sur les divers marchés de l'Europe. Chez nous, il serait inutile de les mettre dans de la saumure, car la proximité des grandes villes permettrait de les écouler peu après leur capture.

Les cinq variétés d'Anguilles qui se trouvent en Provence sont :

ANGUILLA VULGARIS, *car.* latirostris, *Ris.* Anguille à large bec.

   —    —    — mediorostris *Ris.*   — à bec moyen.

   —    —    — oblongirostris, *Bl.*   — à bec oblong.

   —    —    — acutirostris, *Ris.*   — à long bec.

   —    —    — Kieneri, *Kaup.*   — de Kiener.

On a trouvé dans les calcaires des environs d'Aix des empreintes d'une Anguille qui a reçu le nom de ANGUILLA MULTIRADIATA.

Genre OPHISURUS, LACÉPÈDE.

Deux espèces :

Fente de la bouche finissant très en arrière du bord postérieur de l'orbite........ ..................... O. SERPENS.

Fente de la bouche finissant presque sous le bord postérieur de l'orbite............................. O. HISPANUS.

**27.**—1. OPHISURUS SERPENS, *Lin.* Ophisure serpent.

N. P. : *Bisso-de-mar, serp-de-mar.* — Assez commun : Nice, Marseille, etc... Atteint souvent une taille de 1<sup>m</sup> 60 à 2 mètres.

**28.**—2. OPHISURUS HISPANICUS, *Belloti.* Ophisure d'Espagne. Excessivement rare : Cannes, Nice.

*Genre SPHAGEBRANCHUS*, Bloch.

Deux espèces :

Extrémité de la mâchoire inférieure plus rapprochée du bout du museau que de l'orbite................ S. imberbis.

Extrémité de la mâchoire inférieure plus rapprochée de l'orbite que du bout du museau.............. S. cæcus.

**29.**—1. Sphagebranchus imberbis, *Delar.* Sphagebranche imberbe.

N. P. : *Mouruo.* — Très-rare : Nice.

**30.**— 2. Sphagebranchus cæcus, *Bonaterre.* Sphagebranche aveugle.

N. P. : *Bisso.* — Très-rare : Nice.

### Famille des OPHIDIIDÉS.

Arrivons à la famille des Ophidiidés. Elle comprend pour la Provence les trois genres : *Ophidium*, *Fierasfer*, *Ammodytes*. Ils ne présentent rien de bien particulier à signaler, si ce n'est que leur chair est assez délicate et que les Ammodytes ou Equilles vivent dans le sable au bord de la mer ; ils s'enfoncent assez profondément dans le sol, où ils recherchent les vers dont ils font leur nourriture habituelle : cette habitude que les pêcheurs connaissent bien, puisqu'ils vont les enlever en fouillant la terre, leur a valu le nom vulgaire d'*Anguielo di sablo*. Les Equilles sont comestibles, mais on les utilise surtout comme appât pour amorcer les hameçons.

| | | |
|---|---|---|
| Ammodytes cicerellus , *Rafin*.... | Ammodyte cicerelle. | Lussi, poutino. |
| Ophidium barbatum , *Lin*........ | Ophidie barbu. | Calignaïre. |
| — Vassali , *Ris*.......... | — de Vassali. | Jarratiero. |
| Fierasfer imberbis , *Lin*........ | Fierasfer imberbe. | Aurin. |

Trois genres :

1. { Caudale unie aux nageoires impaires ............ 2
   { Caudale libre........................... AMMODYTES.

2. { Quatre barbillons sous la gorge..... ...... OPHIDIUM.
   { Pas de barbillons...................... FIERASFER.

### Genre *AMMODYTES*, ARTÉDI.

Une espèce :

**31**. AMMODYTES CICERELLUS, *Rafin*. Ammodyte cicerelle.

N. P. : *Anguielo di sablo, lussi, poutino.*— Peu commun. La plupart des auteurs qui ont écrit sur l'Ichthyologie de la Provence citent : le Lançon (AMMODYTES LANCEOLATUS, Lesauvage) et l'Equille (AMMODYTES TOBIANUS, Lesauvage) comme appartenant à notre faune. Cette assertion me parait inexacte et la présence de ces deux espèces sur nos côtes n'est pas suffisamment démontrée.

### Genre *OPHIDIUM*, ARTÉDI.

Deux espèces :

Barbillons très-inégaux, espace postorbitaire nu. O. BARBATUM
Barbillons à peu près égaux, espace postorbitaire écailleux..................................... O. VASSALI.

**32**.—1. OPHIDIUM BARBATUM, *Lin*. Ophidie barbu.

N. P. : *Calignaïre.*— Commun sur tout le littoral.

**33**.—2. OPHIDIUM VASSALI, *Ris*. Ophidie de Vassali.

N. P. : *Jarratiero.* — Assez commun : Nice, Cannes, Martigues, etc... Chair estimée.

### Genre *FIERASFER*, CUVIER.

Une espèce :

**34**. FIERASFER IMBERBIS, *Lin*. Fiérasfer imberbe.

N. P. : *Aurin.*— Assez rare : Nice, Marseille, etc.

## MALACOPTÉRYGIENS SUBBRACHIENS.

Les Subbrachiens (*sub*, sous; *branchiæ*, branchies) tirent leur nom de la position affectée par les nageoires ventrales situées sous les pectorales, et suspendues aux os de l'épaule. Cette subdivision des Malacoptérygiens comprend cinq familles — PTÉRIDIIDÉS, GADIDÉS, MACROURIDÉS, PLEURONECTIDÉS, CYCLOPTÉRIDÉS — dont les représentants sont exclusivement marins, en exceptant toutefois la Lote commune et quelques rares Poissons plats qui remontent jusque dans nos rivières.

1. { Ventrales réunies en disque.......... CYCLOPTÉRIDÉS.
   { Non.............................................. 2

2. { Corps symétrique............................... 3
   { Non............................ PLEURONECTIDÉS.

3. { Corps couvert d'écailles lisses... ......... ........ 4
   { Corps couvert d'écailles rudes.......... MACROURIDÉS.

4. { Caudale libre........... ................... GADIDÉS.
   { Caudale unie aux nageoires impaires...... PTÉRIDIIDÉS.

### FAMILLE DES PTÉRIDIIDÉS.

Un genre :

### Genre *PTERIDIUM*, SCOPOLI.

Une espèce :

**35.** PTERIDIUM ATRUM, *Filip* et *Ver*. Ptéridion noir.

N. P.: *Fanfre negre.* — Ce poisson, propre au littoral méditerranéen de la France et de l'Italie, est très-rare. Chair molle et de mauvais goût.

## Famille des GADIDÉS.

La famille des Gadidés est formée exclusivement par le genre

Fig. 17. Lote commune (*Lota vulgaris*, Cuvier).

*Gadus* de Linné qui, ayant été démembré par les ichthyologistes modernes, a disparu mal à propos de la science. On doit le conserver pour le groupe auquel appartient l'espèce type, car, ainsi que nous l'avons vu page 15, le nom de famille est tiré de l'un de ses genres principaux dont on a modifié la désinence.

Les caractères des Gadidés sont : corps médiocrement allongé, peu comprimé, revêtu d'une peau visqueuse portant de très-petites écailles cycloïdes; tête large et sans écailles; dents en carde aux mâchoires et à la partie antérieure du vomer; ouïes grandes et à sept rayons; sur le dos deux ou trois nageoires composées uniquement de rayons mous et flexibles; ventrales aiguisées en pointe et placées sous la gorge; estomac vaste, capable de contenir de volumineuses proies; cœcums très-nombreux; intestin long; vessie aérienne manquant assez rarement, grande, dépourvue de communication extérieure; chair blanche, facilement divisible par couches, et généralement saine, légère, agréable au goût.

Ces Poissons habitent les mers froides des deux hémisphères; certaines espèces vivent en troupes considérables; aussi font-ils l'objet d'un commerce important. Ils fournissent à la matière médicale un produit fort employé comme réparateur et dont les applications sont très-nombreuses : on le désigne sous le nom général d'*huile de foie de morue* bien qu'on ne se borne pas à l'extraire du *Morrhua vulgaris* (H. Cloquet), et que les genres *Merlucius*, *Merlangus*, *Molva*, *Brosmius*, *Motela*, *Lota*, *Raniceps*, *Phycis*, concourent pour une bonne part à la fabrication de cette huile. Plusieurs médecins considèrent l'huile retirée des foies de certains Plagiostomes (*Raies*, *Squales*), comme ayant des propriétés analeptiques comparables à celles de l'huile de foie de Morue.

### GADIDÉS DE LA RÉGION.

| | | |
|---|---|---|
| Gadus minutus , *Lin* | Capelan. | Capelan. |
| — luscus , *Lin* | Gade tacaud. | Merlu. |
| Merlangus poutassou , *Ris* | Merlan poutassou. | Gros poutassou. |
| — vernalis , *Ris.* | — printanier. | Poutassou-verou. |
| Mora mediterranea , *Ris* | Mora de la Méditerran. | Moro. |
| Merlucius vulgaris , *Cuv* | Merlus ordinaire. | Merlus. |
| Uraleptus Maraldi , *Ris* | Uralepte de Maraldi. | Moustelo negro. |
| Lota vulgaris , *Cuv* | Lote commune. | Asé , palmo. |
| — elongata , *Ris* | — allongée. | Estocofi. |
| — lepidion , *Ris* | — lépidion. | Moustelo de founs. |
| Phycis blennoides , *Ris* | Phycis blennoïde. | Moustelo blanco, M. de roco. |
| — mediterraneus , *Delar* | — méditerranéen. | Moustelo bruno, tanco de mar. |
| Motella tricirrata , *Bloch* | Motelle à trois barbill. | Moustelo. |
| — maculata , *Ris* | — tachetée. | — |
| — fusca , *Ris* | — brune. | — |

Huit genres :

1. { Dorsale triple ......... 2
{ Dorsale double ....... 3

2. { Barbillon plus ou moins long à la mâchoire inférieure. ....... Gadus.
{ Non ....... Merlangus.

3. { Anale double ....... Mora.
{ Anale unique ....... 4

4. { Un barbillon à la mandibule ....... 5
{ Non ....... 7

5. { 1re dorsale à rayons ordinaires ....... 6
{ 1re dorsale basse, à rayons crinoïdes ....... Motella.

6. { Ventrale à plus de cinq rayons. ....... Lota.
{ Ventrale à un rayon bifide ....... Phycis.

7. { Anale commençant après la seconde dorsale. Merlucius.
{ Commençant avant. . . . . . . . . . . . . . . . . . . . . . Uraleptus.

### Genre *GADUS*, Artédi.

Deux espèces :

1re anale complètement séparée de la 2e . . . . . . . G. minutus.

1re anale unie par une membrane à la 2e . . . . . . . G. luscus.

**36.**—1. Gadus minutus, *Linné*. Le Capelan.

N. P. : *Capelan.* — Très-commun. La chair très-délicate est estimée. L'étymologie de capelan donnée par Brünnich me paraît au moins singulière : « Massiliensibus Capelain, origine impudica ob modum, quem ad eum per plateas venalem exhibendum usurparunt. ».

**37.**—2. Gadus luscus, *Linné*. Le Gade tacaud.

N. P. : *Merlu.* — Rare : Nice.

### Genre *MERLANGUS*, Cuvier.

Deux espèces :

Mâchoire supérieure moins longue que l'inférieure.
. . . . . . . . . . . . . . . . . . . . . . . . . . . . . . . . . . M. poutassou.

Mâchoires égales. . . . . . . . . . . . . . . . . . . . . . . M. vernalis.

**38.**—1. Merlangus poutassou, *Ris*. Merlan poutassou.

N. P. : *Gros poutassou.* — Assez commun. Se montre toute l'année à Nice.

**39.**—2. Merlangus vernalis, *Ris*. Merlan printanier.

N. P. : *Poutassou verou.* — « Cette espèce s'avance annuellement au printemps sur nos rivages, en troupes considérables ; et l'on prend alors de si grandes quantités de ce poisson, qu'il sert pendant plusieurs jours de nourriture à la classe la moins fortunée (Ris.) ». M. Em. Moreau ne croit pas cette espèce suffisamment distincte de la précédente et il assure que tous les prétendus Merlans printaniers qu'il a reçus de Nice, étaient bel et bien des Poutassous (1).

### Genre *MORA*, Risso.

Une espèce :

**40**. MORA MEDITERRANEA, *Ris*. Mora de la Méditerranée.

N. P. : *Mora, moro, moron, morou.* — Assez commun à Nice pendant le mois d'août. Habite les grandes profondeurs. Acquiert jusqu'à quatre décimètres de longueur et deux kilogrammes de poids. Chair peu employée pour l'alimentation.

### Genre *MERLUCIUS*, Cuvier.

Une espèce :

**41**. MERLUCIUS VULGARIS, *Cuv*. Merlus ordinaire.

N. P. : *Merlu, merlengo, merlan.* — Très-commun. Se montre toute l'année. Taille pouvant mesurer un mètre ; certains individus pèsent jusqu'à seize kilogrammes. Chair estimée ; on la sale et on la sèche, sous ce dernier état, elle est quelquefois appelée stockfish.

### Genre *URALEPTUS*, Costa.

Une espèce :

**42**. URALEPTUS MARALDI, *Ris*. Uralepte de Maraldi.

N. P. : *Moustelo negro.* — Assez rare : Nice.

### Genre *LOTA*, Cuvier.

Trois espèces :

1. $\left\{\begin{array}{l}\text{1}^{\text{re}}\text{ dorsale à plus de huit rayons}\dots\dots\dots\dots\text{ 2}\\ \text{1}^{\text{re}}\text{ dorsale à quatre rayons, le 1}^{\text{er}}\text{ très-allongé. L. LEPIDION.}\end{array}\right.$

---

(1) Moreau, Em.: *loc cital*, III, p. 247.

$$2.\begin{cases}\text{Barbillon simple.. ................. ..... L. vulgaris.}\\\text{Barbillon bifide................... ..... L. elongata.}\end{cases}$$

**43.**—1. Lota vulgaris, *Cuv.* Lote commune.

N. P.: *Palmo*, *asé.* — Assez commune. Elle aime les eaux claires et guette, entre les pierres, les poissons dont elle se nourrit; elle dévore même ceux de son espèce. Sa chair est très-estimée et surtout son foie qui est fort volumineux (Crespon) (1). Les œufs sont purgatifs.

**44.**—2. Lota elongata, *Ris.* Lote allongée.

N. P.: *Estocofi.*—Assez commune à Nice; se montre presque toute l'année.

**45.**—3. Lota lepidion, *Ris.* Lote lépidion.

N. P.: *Moustelo de founs.*— Assez rare : Nice.

Genre PHYCIS, Artédi.

Deux espèces :

1re dorsale plus haute que la 2e.. .. ...... P. blennoides,

1re dorsale de même hauteur que la 2e .. P. mediterraneus.

**46.**—1. Phycis blennoides, *Ris.* Phycis blennoïde.

N. P.: *Moustelo blanco*, *moustelo de roco*, *capelan.*— Commune. La chair est de bon goût, quoique molle.

**47.**—2. Phycis mediterraneus, *Delar.* Phycis méditerranéen.

N. P.: *Moustelo bruno*, *tanco de mar.*— Assez rare : Nice, Marseille. Chair estimée.

Genre MOTELLA, Cuvier.

Trois espèces :

$$1.\begin{cases}\text{Longueur de la tête contenue moins de cinq fois dans}\\\quad\text{la longueur totale...... .......... M. tricirrata,}\\\text{Plus de cinq fois.............................. 2}\end{cases}$$

(1) Crespon, J.: *loc. cital.*, p. 303.

2. { Des taches brunes sur le corps.......... M. MACULATA.
   { Non.. ........... ...... ............. M. FUSCA.

**48.**—1. MOTELLA TRICIRRATA, *Bloch*. Motelle à trois barbillons.

N. P. : *Moustelo*. — Commune. Chair médiocre ; elle se conserve mal, en peu d'heures elle sent mauvais.

**49.**—2. MOTELLA MACULATA, *Ris*. Motelle tachetée.

N. P. : *Moustelo*.— Commune.

**50.**—3. MOTELLA FUSCA, *Ris*. Motelle brune.

N. P. : *Moustelo*.— Assez commune.

### FAMILLE DES MACROURIDÉS.

Est représentée par trois espèces fort rares, réparties dans deux genres :

| | | |
|---|---|---|
| Macrourus cælorhynchus , *Ris*... | Macroure célorhynque. | Grenadié. |
| — trachyrhynchus , *Ris* . | — trachyrhynque. | — |
| Malacocep alus lævis , *Gunth*... | Malacocéphale lisse. | |

Bouche terminale, museau tronqué....... MALACOCEPHALUS.

Bouche en dessous, museau conique.......... MACROURUS.

### Genre *MACROURUS*, BLOCH.

Deux espèces :

Ventrales placées sous les pectorales..... M. CÆLORHYNCUS.

Ventrales placées en avant des pectorales. M. TRACHYRHYNCUS.

**51.**—1. MACROURUS CÆLORHYNCHUS, *Ris*. Macroure célorhynque.

N. P. : *Grenadié*.—Rare : Nice. Est commun à Alger dans les fonds vaseux par 60 à 70 mètres. Je ne l'ai pas encore trouvé à Marseille.

**52.**—2. MACROURUS TRACHYRHYNCHUS, *Ris*. Macroure trachy-rhynque.

N. P. : *Granadié.*— Rare : Nice, Antibes, Marseille.

### Genre *MALACOCEPHALUS*, GUNTHER.

Une espèce :

**53**. MALACOCEPHALUS LÆVIS, *Günth*. Malacocéphale lisse. Excessivement rare : Nice.

### FAMILLE DES PLEURONECTIDÉS.

La famille des PLEURONECTIDÉS est très-naturelle ; elle comprend des êtres qui ont un caractère unique parmi tous les Vertébrés, les deux yeux situés sur le même côté. A la sortie de l'œuf, la symétrie existe chez eux, mais après leur naissance la tête ne tarde pas à se contourner, il se fait une migration d'un œil — tantôt le droit, tantôt le gauche — qui vient se placer au-dessus de celui qui existait primitivement de ce côté. Cette migration a été bien étudiée par Van Beneden de Louvain et Steenstrup de Copenhague. Le côté qui porte les deux yeux est fortement coloré, tandis que le côté où les yeux manquent est constamment blanchâtre ; quand ils nagent, la position de leur corps est oblique de façon que les yeux regardent directement le ciel ; c'est même de cette habitude de nager sur le côté, qu'ils doivent leur nom scientifique de Pleuronectes (*pleuros*, côté, *nectés*, nageur).

Ces Poissons sont mal doués sous le rapport de la locomotion, aussi vivent-ils dans la vase non loin des côtes où ils guettent

leurs proies. Ils possèdent à un haut degré le pouvoir de mimé-
tisme — c'est-à-dire qu'ils prennent généralement la coloration

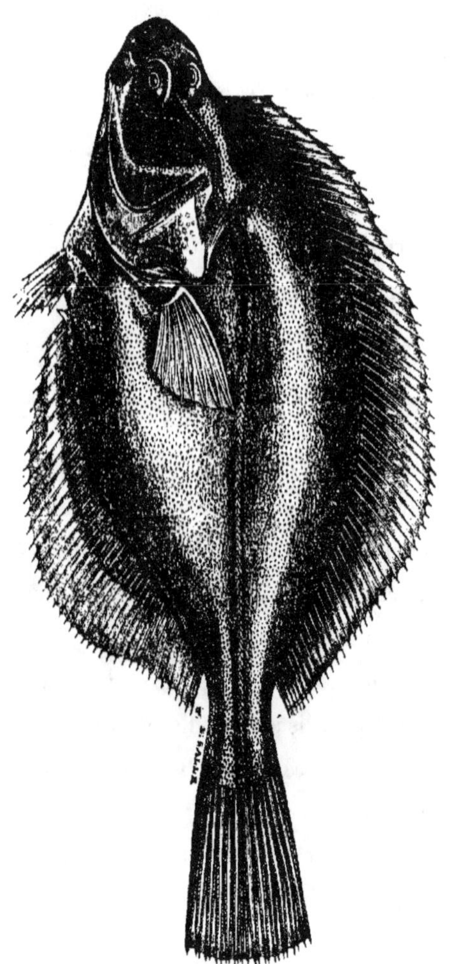

Fig. 18. Le Flet (*Platessa flesus*, Cuvier).

du fond qui les abrite — ce qui leur permet de se dérober plus
facilement à leurs ennemis et d'atteindre avec moins de peine les

êtres dont ils se nourrissent. Bien qu'essentiellement marins, ces subbrachiens remontent parfois assez haut les fleuves et les rivières, le Flet (PLATESSA FLESUS, Cuvier) est surtout remarquable sous ce rapport.

Tous les Pleuronectes seraient, paraît-il, susceptibles d'être élevés en domesticité. « Je fais en ce moment (1861), dit M. Coste, des essais analogues dans les aquariums du collège de France, sur les jeunes de ces espèces, et je trouve que, à cet âge, ces poissons sont encore bien plus faciles à élever; ils viennent manger à la main, suivent la pâtée qu'on leur présente vers tous les points de l'aquarium où on veut les diriger. A l'aide de cet appât, on les entraine jusqu'aux parois du vase, et, quand ils y arrivent, ils s'y appliquent et s'y maintiennent en formant ventouse avec la face de leur corps en contact.

« Quand ils sont ainsi fixés, ils continuent à suivre la proie sur la paroi verticale du récipient si lisse qu'elle soit, comme des Lézards sur une muraille. Les rayons de leurs nageoires ou de leurs ailes leur servent d'ambulacres. Ce sont, en un mot, des espèces qui grimpent et qui perchent.

« Leurs nageoires ne font pas seulement office d'ambulacres ; ils s'en servent également comme de pelle pour soulever les nuages de sable dont ils poudrent leurs corps, afin de dissimuler leur présence aux animaux qu'ils redoutent et à ceux qu'ils veulent surprendre.

« Après avoir étudié ces faits sur ces espèces en stabulation, j'ai voulu savoir si les choses se passent de la même manière dans la mer. J'étais hier à Saint-Vaast-la-Hougue pour m'y livrer à cette étude. Je m'y suis placé sur la jetée, et j'ai vu ces espèces libres se livrer aux mêmes manéges que dans mon laboratoire. Ces manéges sont donc les manifestations normales de leurs instincts naturels. La portion du littoral sur laquelle je me livrais à cette étude forme, sur une longueur de dix lieues, un vaste cantonnement où, au sortir de la frayère, les jeunes générations de poissons plats prennent leur quartier d'été. Ils s'y rassemblent et y séjournent, d'avril en septembre, en telle quantité qu'on en détruit, en pêchant la Crevette grise, un nombre effrayant; c'est un véritable carnage.

« Voulant calculer avec précision jusqu'où va cette destruction, j'ai suivi la marée descendante, accompagné de M. le commissaire de l'Inscription maritime, afin de constater ce que prenaient les pêcheurs; mais je ne me suis pas borné à cette épreuve. L'inspecteur des pêches de la localité s'est mis à l'eau devant moi, poussant devant lui son havenet, et m'apportant, à chaque coup de filet, sa récolte, dont nous faisions le dénombrement. En l'espace de deux heures, il a pris douze cents sujets; d'où il suit que, s'il avait continué à pêcher pendant toute une marée, il en aurait récolté plus de trois mille, même en perdant le temps que nous mettions à compter. Or, comme il y a sur cette plage mille personnes qui se livrent à cette industrie, on peut affirmer, sans aucune exagération, qu'au moins trois millions de jeunes Turbots, Soles, Barbues, Plies, etc., périssent pendant chaque marée, et cent cinquante millions, par conséquent, pendant les cinquantes marées qui ont lieu durant le séjour de ces espèces précieuses sur ce seul cantonnement. Afin de ne pas les perdre complètement, on les donne en pâture aux animaux domestiques.

« Quelle richesse si ces troupeaux, au lieu d'être ramassés en germe sur le rivage, descendaient dans les vallées sous-marines pour s'y engraisser ! La grande pêche et l'alimentation publique y trouveraient des ressources inépuisables. »

### PLEURONECTIDÉS DE LA RÉGION.

| | | |
|---|---|---|
| ? Limanda vulgaris, *Gotts*...... | Limande commune. | Limo, plano. |
| ? Platessa vulgaris, *Gotts*...... | Flet commun. | |
| — passer, *Risso*........ | — moineau. | Passeroun. |
| Solea vulgaris, *Risso*.......... | Sole commune. | Solo, palaïgo, perdris de mar. |
| — lascaris, *Risso*.......... | — lascaris. | Solo de roco, verruga. |
| — Kleinii, *Risso*.......... | — de Klein. | Rombou. |
| — oculata, *Rond*.......... | — ocellée. | Pegouso, solo de founs. |
| Microchirus luteus, *Risso*...... | Microchire jaune. | Solo. |
| — variegatus, *Günth*.. | — panaché. | |
| Monochirus hispidus, *Rafin*.... | Monochire velu. | Solo d'arga. |
| Pleuronectes unimaculatus, *Risso* | Pleuronecte unimaculé. | Rombou. |
| — Grohmanni, *Bonap*.. | — de Grohmann. | |
| — arnoglossus, *Bonap*. | — arnoglossu. | Rombou. |
| — Boscii, *Risso*...... | — de Bosc. | Pampailloti. |
| — citharus, *Spin*,..... | — guithare. | Pampailloti. |
| — candidissimus, *Ris*. | — élégant. | |
| Rhombus maximus, *Lin*......... | Le Turbot. | Roun, roun-clavela, etc. |
| — lævis, *Rond*.......... | La Barbue. | Barbado, rombou. |
| Bothus rhomboides, *Bonap*..... | Bothus rhomboïde. | Rombou. |
| — podas, *Bonap*.......... | — podas. | Rombou. |

Neuf genres :

1. { Yeux à droite............................... 2
   { Yeux à gauche.............................. 7

2. { Dorsale commençant au-dessus de l'œil supérieur... 3
   { Dorsale commençant en avant de l'œil supérieur.... 5

3. { Base de la dorsale sans tubercules épineux......... 4
   { Base de la dorsale armée de tubercules épineux  FLESUS.

4. { Dents pointues........................... LIMANDA.
   { Dents larges, coupantes................... PLATESSA.

5. { Pectorale existant de chaque côté ............ ..... 6
{ Pectorale existant du côté droit seulement.. MONOCHIRUS.

6. { Pectorales développées ..................... SOLEA.
{ Pectorales très-réduites, surtout celle du côté
gauche..................... MICROCHIRUS.

7. { Espace interorbitaire plus petit que le diamètre ver-
{ tical de l'œil ........... .... ..... PLEURONECTES.
{ Espace interorbitaire égal au moins au diamètre ver-
{ tical de l'œil..................... 8

8. { Côté gauche garni d'écailles lisses ou de tubercu-
{ les............................. RHOMBUS.
{ Côté gauche garni d'écailles pectinées........ BOTHUS.

### Genre *LIMANDA*, GOTTSCHE.

Une espèce :

?. LIMANDA VULGARIS, *Gotts.* Limande commune.

N. P. : *Limo, plano.* — Espèce dont l'existence dans notre région est loin d'être prouvée, bien que Crespon dise : « Ces Poissons sont très-abondants dans la Méditerranée et dans nos
étangs ; ils remontent fort avant dans les rivières de certains
pays ; mais chez nous, on ne les voit que dans les grandes eaux
stagnantes, près de la mer. — On en apporte beaucoup sur notre
marché. »

J'ai tout lieu de croire qu'il y a erreur de détermination de la
part de Crespon et que c'est le *Flesus passer*, Risso, espèce commune sur toutes nos côtes, que l'auteur nimois prend pour la Limande commune.

### Genre *PLATESSA*, CUVIER.

Une espèce :

? PLATESSA VULGARIS, *Gotts.* Plie franche.

Existence non sérieusement constatée pour la Provence, et je dirai plus, même pour toute la Méditerranée, quoique M. le D^r F. Maurin (du Luc) la cite dans son catalogue des Poissons du Var (in *Prodrome d'hist. nat. du dép. du Var*, 1853, pag. 482).

### Genre *FLESUS*, Cuvier.

Deux espèces :

Ligne latérale bordée d'écailles rudes  ....... F. vulgaris.

Non.... ............................... F. passer.

? —1. Flesus vulgaris, *Gotts.* Flet commun.

Plusieurs personnes m'ont assuré que cette espèce se rencontre en Provence. Je suis porté à croire que cette assertion est inexacte. Afin de lever les doutes, j'emprunte la figure du Flet commun à l'ouvrage de M. Em. Blanchard et je renvoie, pour la description, soit à ce traité d'Ichthyologie, soit à celui de M. le D^r Em. Moreau.

**54.**—2. Flesus passer, *Ris.* Flet moineau.

N. P. : *Passeroun.*— Commun. Chair assez estimée.

### Genre *SOLEA*, Cuvier.

Quatre espèces :

1. { Taches ocellées sur le corps............. S. oculata.
   { Non.................................... 2

2. { Hauteur du tronc comprise dans la longueur totale au plus trois fois et un tiers.................... 3
   { Hauteur du tronc comprise plus de trois fois et un tiers dans la longueur totale........... S. kleinii.

3. { Orifices de la narine gauche à peu près semblables.................... S. vulgaris.
   { Orifices de la narine gauche dissemblables, l'antérieur très-large...................... S. lascaris.

**55.**—1. SOLEA VULGARIS, *Ris*. Sole commune.

N. P. : *Solo*, *palaïgo* en Languedoc, *perdris de mar*.— Commune. La chair est ferme, délicate, de bon goût et de facile digestion. Le mot *sole* paraît dériver du latin *solea*, semelle; il a été donné à ces poissons à cause de la forme de leur corps; on pourrait tout aussi bien l'appliquer à tous les autres pleuronectes.

**56.**—2. SOLEA LASCARIS, *Ris*. Sole lascaris.

N. P. : *Solo de roco*, *verruga* en Languedoc. — Assez commune.

**57.**—3. SOLEA KLEINII, *Ris*. Sole de Klein.

N. P. : *Rombou*.— Assez rare.

**58.**—4. SOLEA OCULATA, *Rondel*. Sole ocellée.

N. P. : *Pegouso* à Marseille; *Solo de founs* à Nice. — Peu commune. Se montre surtout pendant les mois de mai, juillet et septembre.

Genre *MICROCHIRUS*, BONAPARTE.

Deux espèces :

Des taches noires sur la dorsale et l'anale.... M. VARIEGATUS.

Non......... ..................... M. LUTEUS.

**59.**—1. MICROCHIRUS LUTEUS, *Ris*. Microchire jaune.

N. P. : *Solo.* — Peu commun. Se montre en juillet.

**60.**—2. MICROCHIRUS VARIEGATUS, *Günth*. Microchire panaché.

Commun sur tout notre littoral.

Genre *MONOCHIRUS*, RAFINESQUE.

Une espèce :

**61.** MONOCHIRUS HISPIDUS, *Rafin*. Monochire velu.

N. P. : *Solo d'arga*.— Rare. Chair peu estimée.

Genre *PLEURONECTES*, Artédi.

Six espèces :

1. { Dorsale et anale ornées de cinq taches rouges, avec
      un liséré de la même couleur..... P. candidissimus.
      Non........................................ .. 2

2. { Dorsale à premiers rayons très-inégaux........... 3
      Les premiers rayons de la dorsale sont à peu près
      égaux....................................... 4

3. { Le premier rayon de la dorsale est le plus
      long...................... P. unimaculatus.
      Le second rayon de la dorsale est le plus
      long...................... P. Grohmanni.

4. { Œil supérieur plus avancé que l'inférieur.. P. citharus.
      Non................................ 5

5. { Une épine géminée avant l'anale..... P. arnoglossus.
      Non.......................... P. Boscii.

**62.**— 1. Pleuronectes unimaculatus, *Ris*. Pleuronecte uni-
maculé.

N. P. : *Rombou.*— Rare : Nice.

**63.**—2. Pleuronectes Grohmanni, *Bonap*. Pleuronecte de Groh-
mann.— Assez commun à Nice.

**64.**—3. Pleuronectes arnoglossus, *Bonap*. Pleuronecte ar-
noglosse.

N. P. : *Rombou.* —Assez commun : Nice.

**65.**—4. Pleuronectes Boscii, *Ris*. Pleuronecte de Bosc.

N. P. : *Pampailloti.*— Assez commun : Nice.

**66.**—5. Pleuronectes citharus, *Spinola*. Pleuronecte guitare.

N. P. : *Pampailloti.* — Assez commun.

**67.**—6. Pleuronectes candidissimus, *Ris*. Pleuronecte élégant.

Excessivement rare : Nice.

### Genre *RHOMBUS*, Klein.

Deux espèces :

Des tubercules sur le côté gauche ........ .... R. maximus.

Des écailles lisses sur le côté gauche.... ....... R. lævis.

**68**.—1. Rhombus maximus, *Lin.* Le Turbot.

N. P. : *Roun, roun-clavela, roumbou-clavela.*— Commun.

**69**.—2. Rhombus lævis, *Rondel.* La Barbue.

N. P. : *Barbudo, rombou.* — Très-commune.

### Genre *BOTHUS*, Bonaparte.

Deux espèces :

Largeur de l'espace interorbitaire contenue dans la longueur de la tête moins de trois fois................ B. rhomboides.

Largeur. . plus de trois fois........ . ... .... B. podas

**70**.—1. Bothus rhomboides, *Bonap.* Bothus rhomboïde.

N. P. : *Rombou.*— Rare : Nice, Cannes.

**71**.—2. Bothus podas, *Bonap.* Bothus podas.

N. P. : *Rombou.*— Très-rare : Nice.

### Famille des CYCLOPTÉRIDÉS.

Autrefois nommée Discoboles, cette famille est facile à reconnaitre, car tous les types qu'elle renferme ont les nageoires ventrales réunies sous la gorge en un disque simple ou double formant un appareil acétabulaire ou cotyloïde, faisant l'office de ventouse qui sert à ces animaux à se fixer aux corps solides. Elle ne renferme que peu d'espèces, réparties dans les quatre genres *Cyclopterus, Liparis, Lep ʼogaster , Gouania.* Les deux derniers sont seuls représentés dans notre mer et n'offrent pas un grand intérêt ; quant aux premiers, ils appartiennent aux mers septentrionales de l'Europe.

| | | |
|---|---|---|
| Lepadogaster Gouanii , Lacépède. | Lépadogastère de Gouan. | Pèis-porc. |
| — Brownii , *Ris*....... | — de Brown | |
| — Candollii , *Ris*...... | — de Candolle. | Pèis sant Peire. |
| — bimaculatus, *Flem*.. | — double tache. | — |
| — gracilis , *Canestr*... | — grêle. | |
| Gouania Wildenowii , *Ris*....... | Gouanie de Wildenow. | Pèis Sant-Peire. |

Deux genres :

Dorsale et anale à rayons très-distincts..... Lepadogaster.

Dorsale et anale à rayons peu distincts ......... Gouania.

### Genre *LEPADOGASTER* , Gouan.

Cinq espèces :

1. { Caudale unie à la dorsale et à l'anale...... ....... 2
{ Caudale libre.... ...................... ......... 3

2. { Tentacule nasal bifide............... .... L. Gouanii.
{ — simple........... ...... L. Brownii

3. { Dorsale plus longue que l'anale ....... L. Candollii.
{ Dorsale à peu près égale à l'anale.............. .... 4

4. { Anale ayant de cinq à sept rayons..... L. bimaculatus.
{ Anale ayant trois rayons............. .... L. gracilis.

**72.**—1. Lepadogaster Gouanii, *Lacép.* Lépadogastère de Goüan.

N. P. : *Pèis-porc.*— Assez rare : Nice, Toulon, Marseille.

**73.**—2. Lepadogaster Brownii, *Ris.* Lépadogastère de Brown.
Excessivement rare : Nice.

**74.**—3. Lepadogaster Candollii, *Ris.* Lépadogastère de Candolle.

N. P. : *Pèis Sant-Peire.*— Assez commun : Nice, Toulon.

**75.**—4. LEPADOGASTER BIMACULATUS , *Flem.* Lépadogastère à deux taches.

N. P. : *Pèis Sant-Peire.*— Assez rare : Marseille, Nice.

**76.**—5. LEPADOGASTER GRACILIS, *Canestr.* Lépadogastère grêle. Excessivement rare : Nice.

Genre *GOUANIA* , NARDO.

Une espèce :

**77.** GOUANIA WILDENOWII, *Ris.* Gouanie de Wildenow.

N. P. : *Pèis sant-Peire.*— Très-rare : Nice.

### MALACOPTÉRYGIENS ABDOMINAUX

Les abdominaux ont les nageoires ventrales suspendues sous l'abdomen, en arrière des pectorales, sans être attachées aux os de l'épaule. Cet ordre est le plus considérable et le plus important des trois ordres formés dans la grande division des Malacoptérygiens ; il renferme la plupart de nos Poissons d'eau douce, et aussi un assez grand nombre d'espèces marines. On a réparti les Abdominaux en cinq familles : CYPRINIDÉS, ESOCIDÉS, CLUPÉIDÉS, SALMONIDÉS, SILURIDÉS. Cette dernière famille n'est pas de Provence et ne se trouve représentée dans la faune européenne que par une seule espèce : le SILURUS GLANIS. Ce poisson, le plus grand de nos eaux douces, car il mesure souvent de 1$^m$ 40 à 2 mètres de longueur , habite les rivières du nord et certains lacs tels que ceux de Harlem, de Morat, de Neufchâtel, etc. D'une voracité à nulle autre pareille, il détruit beaucoup de poissons et d'oiseaux aquatiques; il ne craindrait même pas de s'attaquer à des proies plus fortes, ainsi que semblent le prouver certains récits. En 1700, on en prit un, auprès de Thora, qui avait un enfant dans l'estomac; d'autres faits, attestant que des jeunes filles, des femmes, ont été attaquées par ce malacoptérygien, sont inscrits dans les ouvrages de sciences pittoresques. En France, on a essayé d'acclimater le Silure, mais les résultats ne sont pas encore fort satisfaisants, car on ne le trouve guère que dans le Doubs, aux environs de Dôle, et encore y est-il très-rare. C'est un animal qui peut rendre de grands services à l'alimentation, sa chair est assez agréable au goût et il pèse, assure-t-on, jusqu'à 200 kilogrammes.

C'est à cette famille qu'appartiennent également le Malaptérure électrique — autrefois appelé Silure électrique — qui vit dans le Nil et dans le Sénégal, et les Poissons volcaniques. Ces derniers, étudiés par de Humboldt, Boussingault, Pentland, Valenciennes, etc., sont rejetés sur la terre par les éruptions des volcans, et doivent conséquemment habiter des lacs situés dans l'intérieur de la terre. Je vais me borner à rappeler brièvement la manière de vivre de l'un d'eux, l'Arges des Cyclopes (PIMELODUS CYCLOPUM, Humboldt). Ce singulier Poisson habite les plus hautes régions du globe, car on le trouve dans des lacs jusqu'à trois mille cinq cents mètres de hauteur; mais ce qu'il y a de plus curieux, c'est que plusieurs volcans américains, tels que le Cotopaxi, le Tungurahua, le Sangay, l'Imbabura, le Carguairazo, etc., rejettent ces Poissons par leur cratère ou par des fentes ouvertes constamment à cinq mille mètres au moins d'élévation au-dessus du niveau de la mer; or, comme le fait remarquer M.

de Humboldt, les plaines d'alentour étant à une hauteur de deux mille cinq cents mètres au-dessus de ce niveau, les Poissons sortent de la montagne à une hauteur de près de deux mille cinq cents mètres au-dessus des plaines qui les reçoivent dans leur chute encore vivants et continuant souvent à y vivre. M. de Humboldt a cherché à indiquer plusieurs des éruptions de ces gigantesques volcans américains qui ont été accompagnées de chutes de Poissons; il a retrouvé que le Cotopaxi jeta, sur les terres du marquis de Salvaligre, une si grande quantité de Poissons, que l'odeur fétide de leur putréfaction s'en répandit au loin; le volcan presque éteint d'Imbabura en lança des milliers sur les environs de la ville d'Ibarra dans une éruption de 1691, et plus tard ce même volcan a continué d'en vomir tellement, qu'on a attribué les fièvres pestilentielles qui désolèrent ces contrées, aux miasmes produits par les exhalaisons putrides des Poissons amoncelés sur le sol et exposés à l'action du soleil; enfin, lorsque la cime du volcan de Cargueirazo s'affaissa, le 29 juin 1698, des milliers de Poissons sortirent de ses flancs au milieu des boues argileuses et fumantes vomies par la montagne. Ces faits si singuliers soulèvent plusieurs problèmes d'histoire naturelle que l'on a pu poser, mais qui n'ont pu être résolus et qui ne le seront probablement jamais : en effet, quels sont les cours d'eau ou lacs souterrains existant dans les cavernes de ces énormes montagnes américaines ? Comment l'eau, soumise à une haute température, a-t-elle encore assez d'air pour que les Poissons puissent y vivre ? Comment surtout ces animaux à chair molle ne sont-ils pas détruits par une sorte de cuisson, en traversant les colonnes de fumée qui entourent les masses boueuses rejetées pendant l'éruption ?

1.
- Dorsale unique...................... ............... 2
- Dorsale double................... ..... SALMONIDÉS.

2.
- Dorsale non opposée à l'anale................,.... . 3
- Dorsale opposée à l'anale.............. .... ESOCIDÉS.

3.
- Trois rayons branchiostèges............ ........ CYPRINIDÉS.
- Plus de cinq rayons branchiostèges .. ...... CLUPÉIDÉS.

## FAMILLE DES CYPRINIDÉS.

Dans les CYPRINIDÉS rentrent le plus grand nombre des Poissons qui peuplent nos eaux douces et que nous connaissons sous les noms de Carpe, Tanche, Barbeau, Goujon, Brême, Ablette, Vairon, Gardon, etc... On comprendra sans peine que dans une étude de cette nature, je ne puisse passer en revue tous les caractères différentiels, ni parler longuement des mœurs ou de la valeur alimentaire de ces Vertébrés. Je me réserve d'aborder ces intéressantes questions dans un autre travail, me bornant pour le moment actuel à indiquer la liste des genres et des espèces qui paraissent appartenir à la faune de notre région , et à en donner la table dichotomique.

| | | |
|---|---|---|
| C prinus carpio, *Lin*. .......... | Carpe commune. | Escarpo, carpo. |
| Carassius auratus, *Lin*...... .... | Carassin doré. | Daura, pèis de Chino, poissoun rouje. |
| Barbus fluviatilis, *Agas*.... ... | Barbeau commun. | Barbèu. |
| — meridionalis, *Ris*.. . ... | — méridional | Durgan |
| Tinca vulgaris, *Cuv* ....... ... | Tanche vulgaire. | Dourgan, tenco. |
| Gobio fluviatilis, *Bel*....,.... | Goujon de rivière. | Bòfi, gòbi, giorgan, etc. |
| Rhodeus amarus, *Bloch* ........ | La Bouvière. | Piastro |
| Phoxinus lævis, *Agas*.... ... .. | Le Vairon. | Loco, maucha, veiroun, etc. |
| Abramis brama, *Lin*.. .. ...... . | Brême commune. | Bramo, daurado dòu Rose. |

| | | |
|---|---|---|
| Abramis bjœrna, *Lin*............ | Brême bordelière. | Bremo. |
| Alburnus lucidus, *Heck*. et *K*..... | Ablette commune. | Ablo, sôfio, etc. |
| — bipunctatus, *Bloch*..... | — spirlin. | Sofio plato. |
| Scardinius erythrophthalmus, *Lin* | Le Rotengle. | Sangar. |
| Leuciscus rutilus, *Lin*......... . | Gardon commun. | Cabé, chevanàu. |
| Squalius souffia, *Ris*........... | Chevaine soufie. | Sôfi, soufio. |
| — cephalus, *Lin*......... | — commune. | Arestou, cabo, etc. |
| — leuciscus, *Lin*...... .. | — vandoise. | Gandouaso, turgan, etc. |
| Chondrostoma nasus, *Lin*....... | Chondrostome nase. | Cabede. |
| Cobitis barbatula, *Lin*.......... | Loche franche. | Locho, loco-trenco, etc. |
| — tænia, *Lin* ............. | — de rivière. | Loto, tencho. |
| — fossilis, *Lin*.... ........ | — d'étang. | Palmo. |

Quatorze genres :

1.  { Quatre barbillons au plus, ou point............... 2
    { Six barbillons au moins. ... ..... ... ..... Cobitis.

2.  { Des barbillons à la bouche, ou un rayon dentelé à
    {    l'anale et à la dorsale............ . ......... 3
    { Non .... ...................................... 7

3.  { Anale avec un rayon dentelé plus ou moins fort... . 4
    { Non. ............................... . ... 5

4.  { Bouche avec des barbillons — ordinairement quatre
    {    — plus ou moins développés............ Cyprinus.
    { Bouche sans barbillons................ Carassius.

5.  { Quatre barbillons............ ......... . Barbus.
    { Deux barbillons................... ..... 6

6.  { Caudale carrée................... ...... Tinca.
    { Caudale très-échancrée...... ........... Gobio.

7.  { Lèvres molles............. ..... ...... 8
    { Lèvres cartilagineuses..... . ........ Chondrostoma.

8.  { Ligne latérale complète.............. ... ..... 10
    { Ligne latérale incomplète..................... 9

9. { Corps ovale................................. RHODEUS.
   { Corps cylindrique........................ PHOXINUS.

10. { Dorsale commençant en arrière de l'insertion des
   {   ventrales............................... 11
   { Dorsale commençant au-dessus de l'insertion des
   {   ventrales............................... 13

11. { Bord de la carène abdominale, entre les ventrales, nu  12
   { Bord de la carène abdominale, entre les ventrales,
   {   écailleux ............................... SCARDINIUS.

12. { Mâchoire supérieure plus longue que l'inférieure. ABRAMIS.
   { Mâchoire supérieure égale à l'inférieure ou même
   {   moins longue.......................... ALBURNUS.

13. { Dents pharyngiennes sur une seule rangée .. LEUCISCUS.
   { Dents pharyngiennes sur deux rangées..... SQUALIUS.

*Genre CYPRINUS*, ARTÉDI.

Une espèce :

**78**. CYPRINUS CARPIO, *Lin*. Carpe commune (1).

N. P. : *Escarpo , escarpoun , carpo*. — Fort abondante. Chair
ferme et délicate. Étant adolescent, j'ai souvent pris des Carpes
dans le canal de la vallée des Baux, près du pont de Barbégal où
mon excellent beau-frère Camille Cornille, m'apprenait à lancer
l'*ourias*; puis nous nous empressions de porter le fruit de notre
pêche à quelques pas de là, au *mas Daga*, et ma bonne sœur

(1) On trouve quelquefois sur nos marchés les formes dites : Carpe à miroir, *Cyprinus
rex cyprinorum*, Bloch ; *cyprinus specularis*, Lacépède ; *cyprinus macrolepidotus*,
Meid.); Carpe à cuir (*Cyprinus nudus*, Bloch ; *cyprinus coriaceus*, Lacépède ; *cyprinus
alepidotus*, Agassiz qui ne paraissent être que des simples variétés de la Carpe commune.
Pour Heckel et Kner, la Carpe à cuir ne serait que la Carpe à miroir dont les écailles avor-
teraient ou disparaîtraient.

nous préparait un *catigo* délicieux. C'était alors le beau temps,
mais il ne dura guère car ma sœur mourut, mon beau-frère

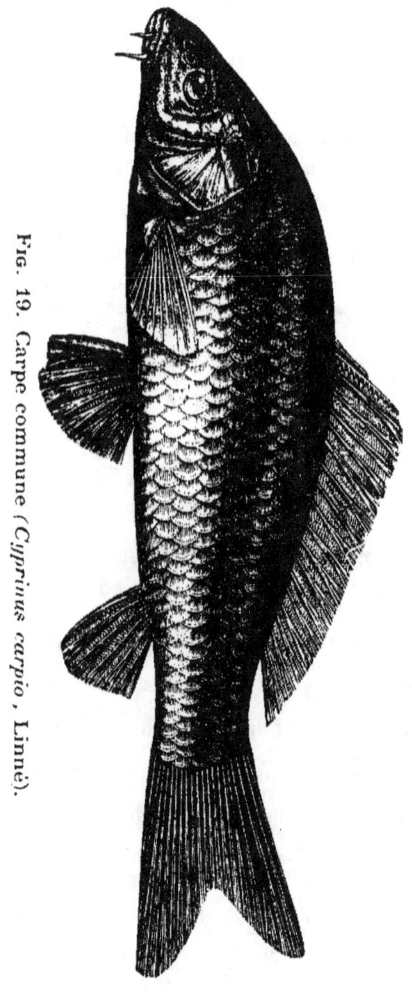

Fig. 19. Carpe commune (*Cyprinus carpio*, Linné).

quitta la belle propriété de M. Arnaud et, depuis cette époque, je
n'ai pu voir une carpe sans penser à tant de bonheur évanoui.

#### Genre *CARASSIUS*, Nilsson.

Une espèce :

**79**. Carassius auratus, *Lin*. Carassin doré (1).

N. P. : *Dàura, peissoun-rouje, pèis de la Chino.*

#### Genre *BARBUS*, Cuvier.

Deux espèces :

Dorsale avec un rayon dentelé ........ ... . B. fluviatilis.

Dorsale sans rayon dentelé ......... . ... B. meridionalis.

**80**.—1. Barbus fluviatilis, *Agass*. Barbeau commun.

N. P. : *Barbo, barbèu, barbot, barbut, barboti.* — Commun.

M. Gauthier de St-Remy m'écrit : « Ne séjourne pas dans nos roubines, il s'y introduit par les eaux d'arrosage provenant de la Durance. » Sa chair, qui n'est pas des plus fines, varie du reste selon la nature des eaux. On s'accorde généralement à reconnaître que les œufs, mangés à l'époque du frai, sont vénéneux. Pourtant, Bloch assure que c'est là un préjugé.

**81**.—2. Barbus meridionalis, *Ris*. Barbeau méridional.

N. P. : *Durgan.* — Assez commun dans les Alpes-Maritimes (Risso) ; dans la Sorgue, près d'Avignon (M. Em. Blanchard).

#### Genre *TINCA*, Cuvier.

Une espèce :

**82**. Tinca vulgaris, *Cuv*. Tanche vulgaire.

N. P. : *Tenco, dourgan, tencho.* — Assez commune. Chair fade et de mauvais goût, car ce poisson vit principalement dans

---

(1) Espèce importée de la Chine et que l'on élève dans les pièces d'eau, les bassins et même dans les bocaux.

les eaux stagnantes, bourbeuses. La résistance à l'asphyxie est considérable chez la Tanche. Les expériences du D$^r$ Roget ont montré qu'elle peut vivre dans une eau qui contient à peine $\frac{7}{5000}$ d'oxygène, alors que l'eau de rivière en renferme normalement $\frac{1}{100}$.

Genre GOBIO, Cuvier.

Une espèce :

**83**. Gobio fluviatilis, *Bellon*. Goujon de rivière.

N. P. : *Bôfi, gôfi, jąl, gôbi, jourgan, giorgan*. — Très-commun. Je le prends souvent dans le canal de Marseille, surtout à l'époque du chaumage où les poissons sont forcés de se retirer dans les siphons, seuls endroits du canal qui ne soient pas à sec. N'existerait pas dans la partie des Alpes-Maritimes située à l'est du Var. Je l'ai reçu du Luc. A l'époque où j'habitais Meyrargues, je le péchais fréquemment en compagnie de MM. Laurin A. et Cristophe F., dans le petit ruisseau qui descend de la gare de Reclavier pour venir se perdre dans la Durance.

Sa chair est assez bonne et on mange ordinairement le Goujon en friture.

Genre RHODEUS, Agassiz.

Une espèce :

**84**. Rhodeus amarus, *Bloch*. La Bouvière.

N. P. : *Piastro*, à cause de son corps comprimé. — Peu commune. Chair amère et médiocrement estimée.

Genre PHOXINUS, Agassiz.

Une espèce :

**85**. Phoxinus lævis, *Agass*. Le Vairon.

N. P. : *Loco, loco-verniero, maucha, roujet, veiroun.* — Commun. Chair assez estimée.

### Genre *ABRAMIS*, Cuvier.

Deux espèces :

Dents pharyngiennes sur une seule rangée.... .. A. brama.

Dents pharyngiennes sur deux rangées ........ A. bjœrna.

**86**.—1. Abramis brama, *Lin*. Brême commune.

N. P. : *Bramio, bramo, bremo, dàurado dòu Rose.* — Commune. N'existerait pas dans le département des Alpes-Maritimes et peut-être même dans celui du Var, car M. Maurin ne le signale pas dans son catalogue. Chair molle et pleine d'arêtes.

**87**.—2. Abramis bjœrna, *Lin*. Brême bordelière.

N. P. : *Bremo, bramo di pichouno, barbu.* — Très-commune. Chair peu estimée.

### Genre *ALBURNUS*, Rondelet.

Deux espèces :

Ligne latérale ordinaire. .. .................. A. lucidus.

Ligne latérale placée entre deux séries de points noirs.............. .................... A. bipunctatus.

**88**.—1. Alburnus lucidus, *Heckel* et *Kner*. Ablette commune.

N. P. : *Ablo, briho, briguo, nablo, ravanenco, sòfi, sòfio, soufio.*—Assez abondante. Je l'ai prise souvent dans les petits cours d'eau ou *roubino* des environs de Fontvieille, Maussane, Saint-Remy. Les écailles du ventre fournissent une matière nommée essence d'Orient qui sert à la fabrication des fausses perles. C'est à cette espèce qu'il faut rapporter l'Alburnus Fabræi, Blanchard, **pêchée** dans le Rhône aux environs d'Avignon.

**89**.—2. ALBURNUS BIPUNCTATUS, *Bloch*. Ablette spirlin.

N. P. : *Sòfio , sòfio-plato*. — Assez commune. Les écailles de cette Ablette peuvent également sorvir à fabriquer l'essence d'Orient.

### Genre *SCARDINIUS*, BONAPARTE.

Une espèce :

**90**. SCARDINIUS ERYTHROPHTHALMUS, *Lin*. Le Rotengle.

N. P. : *Sangar*, à cause de sa couleur rouge de sang (Crespon). — Assez commun. Chair peu recherchée.

### Genre *LEUCISCUS*, KLEIN.

Une espèce :

**91**. LEUCISCUS RUTILUS, *Lin*. Gardon commun.

N. P. : *Cabé, chevanàu*. — Commun. Chair médiocrement estimée à cause de son peu de fermeté et des nombreuses arêtes qu'elle renferme.

### Genre *SQUALIUS*, BONAPARTE.

Trois espèces :

1. { Une bande brunâtre bien dessinée le long des flancs ............................................. S. SOUFFIA.
Non ................................................................. 2

2. { Diamètre de l'œil mesurant la moitié de l'espace interorbitaire ............................... S. CEPHALUS.
Diamètre de l'œil mesurant les deux tiers de l'espace interorbitaire ........................... S. LEUCISCUS.

**92**.—1. SQUALIUS SOUFFIA, *Ris*. Chevaine soufie.

N. P. : *Sòfi, soufio*. — Assez commune dans le Var, le Rhône, la Durance, la Sorgue, la fontaine de Vaucluse, etc.

**93.**—2. SQUALIUS CEPHALUS, *Lin.* Chevaine commune ou meunier.

N. P. : *Arestou, cabe, cabede, cabo.* — Très-commune dans la plupart des cours d'eau. Sa chair est assez bonne, mais grasse et pleine d'arêtes, à moins que l'animal ne soit très-gros. Le nom de *Meunier* lui a été donné, selon les uns, parce qu'il fréquente le voisinage des moulins à eau; d'autres veulent que ce soit sa robe blanche, comparable aux habits enfarinés du meunier, qui lui ait valu cette appellation. Il faut rapporter à cette espèce la Chevaine méridionale (SQUALIUS MERIDIONALIS, Blanchard), trouvée dans la Sorgue à quelques kilomètres d'Avignon.

**94.**—3. SQUALIUS LEUCISCUS, *Lin.* Chevaine vandoise.

N. P. : *Gandouaso, landouaso, sòfio, turgan.*—Assez commune. La chair de ce poisson est légère et d'une digestion facile, mais elle est si pourvue d'arêtes, qu'on éprouve beaucoup de difficultés en la mangeant. La vandoise est fort agile, ce qui fait qu'elle échappe souvent par sa vitesse, à ses nombreux ennemis; elle multiplie considérablement et fraie à la fin du printemps. On la pêche dans le Rhône, le Gardon, etc.; elle recherche les endroits où l'eau est rapide, comme sous les ponts (Crespon).

### Genre *CHONDROSTOMA*, AGASSIZ.

Une espèce :

**95.** CHONDROSTOMA NASUS, *Lin.* Chondrostome nase.

N. P. : *Cabede, sòfio.* — Assez commun : Rhône, Durance, Var, etc. M. Blanchard a décrit sous le nom de CHONDROSTOMA RHODANENSIS et comme espèce nouvelle, une simple variété du Chondrostome nase.

### Genre *COBITIS*, Artédi.

Trois espèces :

|   |   |   |
|---|---|---|
| 1. | Six barbillons...................................... | 2 |
|    | Dix barbillons........................... | C. FOSSILIS. |
|    | Sous-orbitaire non épineux............. | C. BARBATULA. |
|    | Sous-orbitaire épineux.................... | C. TÆNIA. |

**96**.—1. COBITIS BARBATULA, *Lin*. Loche franche.

N. P. : *Locho, enquilou, enquiloun, langueto, loco, loco-trenco.* — Commune dans la plupart de nos eaux douces et courantes où elle reste cachée au fond de l'eau, dans les herbages et entre les pierres. Chair délicate et estimée.

**97**.—2. COBITIS TÆNIA, *Lin*. Loche de rivière.

N. P. : *Loco-trenco, loto, tencho.*— Assez commune, sauf pour la partie des Alpes-Maritimes qui se trouve à l'est du Var. Sa chair est peu recherchée.

**98**.—3. COBITIS FOSSILIS, *Lin*. Loche d'étang.

N. P. : *Palmo.*--Rare. Nos étangs et nos marais. Elle se plait à s'enfoncer dans la vase, sous l'eau, où elle peut vivre longtemps quoique le dessèchement survienne, ou bien que la glace la couvre. Si le temps devient orageux, elle vient à la surface, l'agite et trouble l'eau; quand il fait froid elle se retire soigneusement dans la vase (Crespon). Elle est douée d'une singulière propriété : la muqueuse de son tube intestinal peut, à l'instar de la muqueuse pulmonaire, absorber l'oxygène de l'air et exhaler de l'acide carbonique. La chair de ce poisson est assez estimée.

### Famille des ÉSOCIDÉS.

La famille des Esocidés a pour type essentiel le Brochet autour duquel viennent se ranger des formes secondaires et moins connues, telles que : *Alépocéphale*, *Orphies*, *Scombrésoces*, *Exocets, Stomias*. Le Brochet, cet hôte sanguinaire de presque tous les cours d'eau, est bien armé dans la lutte pour l'existence. Un corps allongé, un museau en pointe, une gueule largement fendue, des dents fortes, acérées, nombreuses, une taille parfois considérable, justifient le surnom de Requin des eaux douces que lui a valu son appétit insatiable. A côté de lui se placent les Exocets ou Poissons volants, dont les nageoires pectorales, démesurément agrandies, rappellent les ailes d'un oiseau. Ces Exocets peuvent, grâce à ces appendices, quitter leur élément et décrire une ligne parabolique de plusieurs centaines de mètres, probablement pour saisir dans l'air une proie que leurs yeux saillants et mobiles ont su découvrir. Ce mode de progression n'appartient pas exclusivement aux Exocets ; on l'observe aussi chez le Dactylopterus volitans, Linné, qui habite également notre mer.

| | | |
|---|---|---|
| Esox lucius, *Lin*.............. | Brochet commun. | Bechet. |
| Alepocephalus rostratus, *Ris*.... | Alépocéphale à bec. | Caussinié. |
| Belone vulgaris, *Selys-Longch*.. | Orphie vulgaire. | Aguïo, becassino-de-mar. |
| — acus, *Ris*.... .......... | — aiguille. | Aguïo. |
| — imperialis, *Rafin*......... | — imperiale. | |
| Scombresox Rondeletii, *C. et V.* | Scombrésoce de Rondelet. | Gastadèlo, juni. |
| Exocœtus Rondeletii, *C. et V* .. | Exocet de Rondelet. | Muge-voulant. |
| — volitans, *Lin*........ . | — volant. | Arendoulo. |
| — evolans, *Lin*......... | — fuyard. | Pèis-voulant. |
| — procne, *Filip. et V*... | — procné. | |
| Stomias boa, *Ris*............ ... | Stomias boa. | Vipèro de mar, masco di amplovo. |

Six genres :

1. { Sous la gorge un barbillon cylindrique fort déve-
       loppé... ... ................ .. ...... STOMIAS.
     { Non ...................................... ... 2

2. { Os pharyngiens inférieurs soudés............... . 3
     { Non ;...................................... 5

3. { Museau en forme de bec, fort allongé............. 4
     { Museau court; pectorales très-développées.. EXOCŒTUS.

4. { Plusieurs pinnules après la dorsale ou l'anale. SCOMBRESOX
     { Pas de pinnules........ .... .............. BELONE.

5. { Opercule nu...................... ALEPOCEPHALUS.
     { Opercule écailleux................. .......... ESOX.

### Genre *ESOX*, Cuvier.

Une espèce :

**99.** ESOX LUCIUS, *Lin.* Brochet commun.

N. P. : *Bechet, brechet, brouchet, buchet, buquet.* — Commun ; manquerait dans la partie du département des Alpes-Maritimes qui est à l'est du Var et dans le Var lui-même. Est peu abondant à Fontvieille, Maussane, etc. A Saint-Remy on distingue deux variétés : l'une à chair blanche, l'autre à chair verte, celle-ci est très-rare. (Note de M. Gauthier, notaire honoraire de cette ville). On en prend pesant de 3 à 4 kilogrammes.

### Genre *ALEPOCEPHALUS*, Risso.

Une espèce :

**100.** ALEPOCEPHALUS ROSTRATUS, *Ris.* Alépocéphale à bec.

N. P. : *Caussinié.* — Très-rare : Nice.

### Genre *BELONE*, Cuvier.

Trois espèces :

1.
( Tronçon de la queue sans carène latérale.. ........ 2
{ Tronçon de la queue portant une carène de chaque
( côté.......... .... .................. .. B. IMPERIALIS.

2.
( Vomer denté.................... ....... B. VULGARIS.
{ Vomer non denté........................... B. ACUS.

**101.**—1. BELONE VULGARIS, *Selys-Longch.* Orphie vulgaire.

N. P. : *Aguïo, becassino, becassino de mar.* — Très-commune.

**102.**—2. BELONE ACUS, *Ris.* Orphie aiguille.

N. P. : *Aguïo.* — Excessivement commune. Chair comestible ainsi que celle de ses congénères. Taille variant entre 0$^m$, 50 et 0$^m$, 80 ; cependant elle peut devenir plus considérable, car le chevalier Hamilton a vu à Naples un individu pesant 7 kilog. et Renard dit en avoir observé dans les mers des Indes, qui mesuraient plus de 2 mètres de longueur.

**103.**—3. BELONE IMPERIALIS, *Rafin.* Orphie impériale.

Excessivement rare.

### Genre *SCOMBRESOX*, LACÉPÈDE.

Une espèce :

**104.** SCOMBRESOX RONDELETII, *Cuv. et Val.* Scombrésoce de Rondelet.

N. P. : *Gastadèlo, gastaudèlo, gastondèlo, juni.*— Assez rare : Nice, Toulon, Marseille. Chair peu recherchée.

### Genre *EXOCŒTUS*, LINNÉ.

Quatre espèces :

1.
( Deux barbillons à la mandibule........... E. PROCNE.
{ Pas de barbillons....................... 2

2.
( Ventrales atteignant l'anale..................... 3
{ Non........................... E. EVOLANS.

3. { 2ᵉ rayon de la pectorale simple......... E. Rondeletii.
{ 2ᵉ rayon de la pectorale bifide. .......... E. volitans.

**105.**—1. Exocœtus Rondeletii, *Cuv. et Val.* Exocet de Rondelet.

N. P. : *Muge-voulant.* — Peu commun : Nice.

**106.**—2. Exocœtus volitans, *Lin.* Exocet volant.

N. P. : *Arendoulo.* — Assez rare : Marseille, Nice.

Fig. 19. Exocet volant (*Exocœtus volitans,* Linné).

**107.**—3. Exocœtus evolans, *Lin.* Exocet fuyard.

N. P. : *Pèis-voulant ou vourant.* Très-rare : Toulon, Nice.

**108.**—4. Exocœtus procne, *Filippi e Verany.* Exocet procné.
Très-rare : Nice.

Genre *STOMIAS,* Cuvier.

Une espèce :

**109**. STOMIAS BOA, *Ris.* Stomias boa.

N. P. : *Masco di amplovo, vipèro de mar.* — Peu commun :
Nice. Le nom de Vipère est justifié par l'aspect bizarre de ce
poisson. Sa chair, au dire des pêcheurs, est vénéneuse : on ne
sait jusqu'à quel point cette assertion est fondée ; ce qui est vrai,
c'est qu'elle a un fort mauvais goût.

### FAMILLE DES CLUPÉIDÉS.

Avec la famille des CLUPÉIDÉS, nous arrivons à des espèces
d'une importance capitale pour notre alimentation, et qui viennent chaque année nous offrir, avec une régularité admirable,
une immense provision de substances nutritives. Nommer le
Hareng, l'Anchois, la Sardine, c'est indiquer les immenses
ressources que nous offre cette famille. Elle constitue, à elle
seule, le fonds de la nourriture de l'ouvrier des campagnes. En
effet, il n'est guère de jour où le valet de ferme n'ait, au moins
pour son repas du matin, l'Anchois ou *l'arencado* flanqué du
traditionnel *cacha* (débris de fromage réduit en pâte et modifié
par la fermentation).

| | | |
|---|---|---|
| Meletta phalerica, *Rond*........ . | Melette phalérique | Meléte. |
| Sardinella aurita, *C. et V*....... | Sardinelle auriculée. | Arenc. |
| Alosa vulgaris, *Trosch*......... | Alose commune. | Alauso, laciu, etc. |
| — finta, *Cuv*..... .. .... | — feinte. | |
| — sardina, *Bel.*. .......... | La Sardine. | Sardino. |
| Engraulis encrasicholus, *Rond*.. | L'Anchois. | Anchoio, amplovo. |

Quatre genres :

1. { Carène du ventre dentelée...................... 2
{ Carène non dentelée, museau long, pointu... ENGRAULIS.

2. { Opercule lisse.......................................... 3
{ Opercule strié..................................... Alosa.

3. { Dorsale commençant plus loin du museau que de la
base de la caudale........................ ... Meletta.
{ Dorsale commençant plus près du museau que de la
base de la caudale.................. ............ Sardinella.

### Genre *MELETTA*, Valenciennes.

Une espèce :

**110**. Meletta phalerica, *Rondelet*. Melette phalérique.

N. P. : *Meléto*. — Assez commune : Marseille, Toulon, Nice.
D'après M. H. Cloquet (Dict. des Sc. Nat.), on donne le nom de
*Meléto*, sur le littoral de la Méditerranée, à tous les petits poissons qui ont sur les côtés une bande argentée, au menu fretin,
parce qu'on les fait cuire en omelette. Je donne cette explica-
tion pour ce qu'elle vaut.

### Genre *SARDINELLA*, Valenciennes.

Une espèce :

**111**. Sardinella aurita, *Cuv. et Val.* Sardinelle auriculée.

N. P. : *Arenc*. — Peu commune.

### Genre *ALOSA*, Cuvier.

Trois espèces :

1. { Huit rayons branchiostèges ..................... 2
{ Sept rayons      —     ............ A. sardina.

2. { Plus de 50 appendices lamelliformes au premier arc
branchial....................... ... A. vulgaris.
{ Moins de 50 appendices.................... A. finta.

**112**.—1. Alosa vulgaris, *Troschel*. Alose commune.

N. P. : *Alauso, colac, coulat, lacio*. — Assez abondante.

Remonte le Rhône par grandes bandes à l'époque du frai. La chair est très-estimée, aussi ce poisson est-il dans certains pays, l'objet d'une pêche importante. J'en ai vu retirer une du Rhône, à Arles, qui pesait plus de 2 kilog. Selon le P. Puget, *alauso* dériverait du latin *alere*, nourrir; pour d'autres étymologistes, il faudrait chercher l'origine de ce mot dans la langue gauloise.

**113.**—2. Alosa finta, *Cuv.* Alose feinte.

Assez commune. Est peu distincte de l'espèce précédente, au point que beaucoup de naturalistes ne la considèrent que comme une simple variété.

**114.**—3. Alosa sardina, *Bellon.* La Sardine.

N. P. : *Sardino.* — Fort commune, surtout de juin en octobre. Il s'en fait une consommation énorme à l'état frais, le reste est conservé dans l'huile ou la saumure pour être ensuite livré au commerce. « La pêche de la Sardine a été très-abondante en 1879, elle s'est élevée en nombre dans le quartier des Martigues, à 1,000,000, dans celui de Marseille à 14,650,000 et dans celui de la Ciotat à 4,267,000 (1) ».

Genre ENGRAULIS, Cuvier.

Une espèce :

**115.** Engraulis encrasicholus, *Rondelet.* L'Anchois.

N. P. : *Anchois, amploro, amploveto, amplovino.* — Très-commun. La pêche de l'Anchois se fait très-abondamment sur les côtes de la Méditerranée, principalement à Antibes, Fréjus, Saint-Tropez, Cannes, Martigues, etc. On mange rarement ces

---

(1) Mathieu Jh., *Annuaire administratif et statistique des Bouches-du-Rhône*, Marseille, 1880, p. 216.

poissons à l'état frais, et il paraît même que leur abus pourrait causer des fièvres dangereuses ; car selon Pallas, on en défend parfois la vente à Sébastopol. Presque tous ne servent à l'alimentation que salés ; pour les préparer, on les jette dans de grands barils pleins de saumure ; puis des ouvriers, presque toujours des femmes, leur coupent, avec une surprenante dextérité, avec l'ongle du pouce, la tête et les viscères, puis les rangent dans des barils ou dans des boîtes de fer-blanc, en faisant des couches alternatives de sel et de poissons ; enfin au bout de quelques jours, les Anchois étant suffisamment imprégnés de sel, on ferme les vases qui les contiennent et on peut en faire l'expédition (Chenu).

L'Anchois est considéré comme un hors d'œuvre, et il passe pour exciter l'appétit et faciliter la digestion. Les Romains préparaient avec ce poisson écrasé et cuit dans la saumure, une sauce très-estimée, à laquelle ils ajoutaient du vinaigre, du persil haché, et qu'ils nommaient *garum* (Larousse). L'École de Salerne enseigne que :

Halec assatum convivis est bene gratum ;
De solo capite faciunt bene fercula quinque.

Ce que M. Meaux Saint-Marc traduit par :

D'anchois grillés l'aspect réjouira les tables,
La tête suffit seule à cinq mets délectables.


### Famille des SALMONIDÉS.


La famille des Salmonidés présente également une importance économique considérable. On sait combien la chair des Saumons et des Truites est estimée ; aussi a-t-on cherché à différentes époques, à multiplier ces espèces : de là a pris naissance la pisciculture qu'on nomme encore aquiculture. Malheureusement, la culture des eaux n'a pas toujours donné ce qu'elle semblait promettre, et cela pour des causes multiples. En effet, s'il est souvent sinon facile du moins possible de féconder artificiellement des œufs de Poissons et de les faire éclore, tout n'est pourtant pas fait quand ce résultat est obtenu ; il y a encore à veiller à leur développement, à pourvoir à leur nourriture. Or, ceci exige une connaissance étendue des mœurs et des besoins des êtres qu'on élève. C'est pour ne pas avoir suffisamment songé à cela, qu'on s'est exposé à bien des mécomptes. On a cru qu'il suffisait de jeter des œufs fécondés ou des alevins pour repeupler nos cours d'eau et augmenter d'autant leur rendement. Cette partie de la tâche a été consciencieusement remplie — on aurait mauvaise grâce à le nier — puis on s'est croisé les bras en attendant le moment où, petit poisson devenu grand, on n'aurait plus qu'à étendre la main pour le prendre. Alors la décevante réalité s'est montrée : ces enragés alevins ont eu bien mauvais caractère de ne point vouloir vivre et se développer dans des rivières curées méthodiquement chaque année, non moins régulièrement dépouillées de toute végétation et de plus enrichies de tous les résidus insalubres des établissements industriels situés sur leurs bords.

Il suffit pourtant d'examiner la question pour comprendre qu'en déversant dans un cours d'eau des produits toxiques, on détruit les invertébrés dont les poissons se nourrissent en admettant même que ceux-ci résistent, ce qui n'est pas toujours le cas. Et cela est vrai en petit comme en grand. Au midi de la ville d'Allauch, il y a des plâtrières abandonnées qui, à la longue, se sont remplies d'eau. Ces *gours* étaient devenus très-poissonneux, une multitude de Cyprins y avaient élu domicile, lorsqu'un jour on fit arriver dans ces trous, les résidus des moulins à huile— *li oli d'infer*. Peu d'heures après, vous eussiez vu la surface de l'eau couverte de poissons le ventre en l'air ou se débattant dans les dernières convulsions de l'agonie. Ce résultat malheureux ne répondit pas à l'attente du propriétaire qui dans un but louable, avait dirigé ces résidus en croyant engraisser son vivier.

C'est là un fait accidentel, mais c'est aussi une exception, car le plus souvent ces empoisonnements sont dûs à la cupidité. Combien de fois n'ai-je pas eu à déplorer des résultats semblables, dans la Durance et dans les autres rivières de la région !

Les riverains ne se gênent guère pour jeter dans des trous pratiqués *ad hoc*, soit de la noix vomique, soit des euphorbes. Que dirai-je des torpilles ?.. de la pêche même en temps de frai ? Il n'y a pas jusqu'aux malheureux habitants du canal de Marseille qui ne soient traqués. Le chaumage arrive deux fois par an et les pauvres poissons se retirent dans les siphons, mais la chaux, la céruse, etc., ne tardent pas à les atteindre et tout est détruit.

Au lieu d'enlever toute végétation, favorisez-là au moins le long des rives, car ces plantes vivent aux dépens de l'acide carbonique exhalé par la respiration des poissons. Tandis que celle-ci donne lieu à la production de l'acide carbonique dont la dissolution et l'accumulation dans l'eau détermineraient l'asphyxie des animaux, les végétaux décomposent cet acide pour s'assimiler le carbone et laisser l'oxygène que l'on voit s'élever au sein de l'eau, sous forme de bulles argentines. Et puis, parmi ces végétaux, vit une myriade d'êtres qui servent de proie aux poissons ; en curant la rivière ou le ruisseau, vous faites donc disparaître une somme de nourriture considérable, sans parler du frai que vous détruisez au moins en partie.

Voilà pour les eaux douces ; quant à la mer la dépopulation arrive de même ; la manière de procéder seule change, le résultat est identique. Voyez la Méditerranée autrefois si poissonneuse et qui aujourd'hui ne suffit plus à la consommation, puisque des poissons nous arrivent de l'Océan. Que sont devenus les Homards jadis si communs, maintenant introuvables à Marseille ?

Espérons qu'une législation sage et intelligente saura remédier à tous ces maux, mais il n'est que temps. En Provence il paraît prudent de courir au plus pressé ; au lieu de chercher par la pisciculture à introduire de nouvelles espèces, empressons-nous de conserver ce que nous possédons déjà.

### SALMONIDÉS DE LA RÉGION.

| | | |
|---|---|---|
| ? Salmo solar, *Lin*............ | Saumon commun. | Saumon. |
| Trutta fario, *Lin* ............. | Truite commune. | Truito, trucho, troucho. |
| ? — marina, *Duch* ......... | Truite saumonée. | Troucho. |
| Osmerus eperlanus, *Lacép*...... | Éperlan commun. | |
| Thymallus vulgaris, *Nils*...... | Ombre commune. | Oumbre. |
| Argentina sphyræna, *Lin* ...... | Argentine sphyrène. | Argentin, meléto, péis d'argent. |
| Microstoma rotundata, *Ris*...... | Microstome arrondi. | Yassou. |
| Chauliodus Sloani, *Bloch*.. ... | Chauliode de Sloane. | Masco. |
| Odontostomus Balbo, *Ris* ...... | Odontostome Balbo. | Maire d'amplovo. |
| Argyropelecus hemigymnus, *Cocco* | Argyropelecus demi-nu | |

| | | |
|---|---|---|
| Scopelus crocodilus, *Ris* ....... | Scopèle crocodile. | |
| — Humboldti, *Ris*........ | — de Humboldt. | Mafre d'amplovo. |
| — Bonapartii, *C. et V.*.... | — de Bonaparte. | |
| Maurolicus amethystino-puncta-tus, *Cocco*... ... ....... . | Maurolicus améthyste | |
| Saurus fasciatus, *Ris*.......... | Saurus à bandes. | Aguïo, lambert. |
| Aulopus filamentosus, *Bloch*.... | Aulope filamenteux. | Limbert, lambert. |
| Paralepis coregonoides. *Ris*..... | Paralepis corégonoïde.. | Lussioun. |
| — sphyrænoides, *Ris*.... | — sphyrénoïde. | Lussioun, pichoun bechet. |

Quatorze genres :

1. { Seconde dorsale adipeuse...... ....... .......  2
   { Seconde dorsale soutenue par quelques rayons.....·  7

2. { Maxillaire supérieur allant, ϛ . arrière, plus loin que
   {     le prolongement du diamètre vertical de l'œil.....  3
   { Non.. .................. ...........  5

3. { Mâchoire supérieure aussi ou plus avancée que l'infé-
   {     rieure, 1·ᵉ dorsale commençant en avant de l'inser-
   {     tion des ventrales... ... ..... ...........  4
   { Mâchoire supérieure moins avancée que l'inférieure,
   {     1ʳᵉ dorsale commençant au-dessus ou en arrière de
   {     l'insertion des ventrales...... ........... Osmerus.

4. { Des dents sur le chevron du vomer seulement... Salmo.
   { Des dents sur le chevron du vomer et sur le
   {     corps de cet os......................... Trutta.

5. { 1ʳᵉ dorsale commençant en avant de l'insertion des
   {     ventrales............ ........... ...... .. 6
   { 1ʳᵉ dorsale commençant en arrière de l'insertion des
   {     ventrales.................... .... Microstoma.

6. { Dents distinctes partout ....... ........ Thymallus.
   { Dents nulles aux mâchoires............. Argentina.

7. { 1ʳᵉ dorsale commençant sur la 1ʳᵉ moitié de la lon-
   {     gueur totale. ...... ........... ...........  8
   { 1ʳᵉ dorsale commençant sur la 2ᵉ moitié de la lon-
   {     gueur totale.............. ......... Paralepis.

*Genre SALMO,* Artédi.

Une espèce :

? Salmo salar, *Lin.* Saumon commun.

N. P. : *Sàumoun.*

Encore une espèce dont l'existence n'est pas entièrement démontrée en Provence. M. Maurin en parle dans son catalogue. La statistique des B.-du-Rh. assure « que le Saumon proprement dit se pêche quelquefois dans le Rhône, et même dans l'étang de Berre. M. Toulouzan a vu un Saumon, de 4 à 5 livres, qui fut pris dans cet étang le 31 mai 1820, et qu'il reconnut être le *Salmo salar.* M. Henry, capitaine des ports aux Martigues, l'assura qu'il ne se passait guère d'années qu'on ne prît de vrais Saumons, mais que ces poissons étaient en petit nombre. Ils ne sont pas non plus très-communs dans le Rhône ». Crespon, qui était bon observateur, ne le mentionne pas dans sa faune. Il serait à désirer que lorsqu'on capture un type dont l'existence pour la région n'est pas suffisamment prouvée, on le conservât religieusement dans nos musées. Ce serait un moyen simple et facile de clore des discussions interminables.

### Genre *TRUTTA*, Nilsson.

Deux espèces :

Onze rayons branchiostèges ; longueur de la tête comprise moins de cinq fois dans la longueur totale...... T. FARIO.

De dix à douze rayons branchiostèges ; longueur de la tête comprise cinq fois au moins dans la longueur totale........................ .............. .... T. MARINA.

**116**. TRUTTA FARIO, *Lin*. Truite commune.

N. P. : *Troucio, truito, trucho, troucho.*— Sa chair est très-estimée ; le plus souvent elle est blanche, mais parfois elle est rouge ou saumonée. La truite habite les eaux claires et vives ; sa grande voracité est cause qu'on la prend souvent, car elle s'élance comme un trait sur l'appât qu'on lui présente au-dessus de l'eau. « Elle est rare dans le Rhône et dans la Durance : on en trouve d'excellentes dans l'Huveaune, surtout dans les terroirs d'Auriol et de Roquevaire; mais l'espèce en est bien diminuée, parce qu'on ne prend pas assez de soin de défendre la pêche au printemps », (St. des B.-du-Rh.). Ajoutons que la Truite mérite une mention toute spéciale, car c'est sur elle que furent tentées les premières expériences de fécondation et d'incubation artificielles par Joseph Rémy, pêcheur de La Bresse.

? TRUTTA MARINA, *Duham*. Truite saumonée.

N. P. : *Troucho.*— Existence douteuse pour notre faune, quoique M. F. Maurin cite cette espèce comme se trouvant dans plusieurs petites rivières du Var et que la statistique des B.-du-Rh. dise « fréquente les eaux du Rhône au-dessous d'Arles. »

*Genre OSMERUS,* Artédi.

Une espèce :

**117**. Osmerus eperlanus, *Lacép.* Éperlan commun.

Marcel de Serres comprend cette espèce parmi les poissons de notre mer ; Crespon assure que l'Eperlan se trouve dans le Rhône près de son embouchure et qu'il vit dans la Méditerranée. Enfin MM. Gal frères, naturalistes-préparateurs à Nice, m'écrivent que ce poisson est vendu quelquefois sur le marché de cette ville, mais qu'il leur arrive des côtes de Provence.

*Genre THYMALLUS,* Cuvier.

Une espèce :

**118**. Thymallus vulgaris, *Nilsson.* Ombre commune.

N. P. : *Oumbro.* — (Vit dans le Gardon, l'Hérault et les eaux de Vaucluse, ainsi que dans plusieurs rivières des montagnes de nos contrées, Crespon.) M. de Boussaud, vice-président de la Société d'agriculture et d'horticulture du canton de Saint-Rémy (Bouches-du-Rhône), a élevé à son château des Truites et des Ombres qui ont parfaitement réussi (Note de M. Gauthier).

*Genre ARGENTINA,* Artédi.

Une espèce :

**119**. Argentina sphyræna, *Lin.* Argentine sphyrène.

N. P. : *Argentin, meléto, pèis d'argènt.* — Commune sur tous nos marchés. Chair peu estimée. La vessie natatoire de ce poisson renferme une couche de pigment qui, tout comme les écailles des Ablettes, sert à préparer des fausses perles.

### Genre *MICROSTOMA*, Cuvier.

Une espèce :

**120**. Microstoma rotundata, *Ris*. Microstome arrondi.

N. P. : *Yassou*. — Excessivement rare : Nice.

### Genre *CHAULIODUS*, Schneider.

Une espèce :

**121**. Chauliodus Sloani, *Bloch*. Chauliode de Sloane.

N. P. : *Masco*.— Très-rare : Nice.

### Genre *ODONTOSTOMUS*, Cocco.

Une espèce :

**122**. Odontostomus Balbo, *Ris*. Odontostome Balbo.

N. P. : *Maïre d'amplovo*. — Excessivement rare : Nice.

### Genre *ARGYROPELECUS*, Cocco.

Une espèce :

**123**. Argyropelecus hemigymnus, *Cocco*. Argyropelecus demi-nu. Excessivement rare : Nice. Agassiz considère ce poisson comme étant le jeune âge du *Zeus faber*. « Tous les Ichthyologistes, dit cet auteur, connaissent les caractères génériques de la Dorée ou poisson de Saint Pierre (Zeus faber, Linné) et les particularités d'observation qui rattachent ce poisson à la famille des Scombéroïdes. Un autre poisson moins connu, mais des plus curieux, qui habite également la Méditerranée, connu sous le nom d'Argyropelecus hemygymnus, a été généralement rapporté à la famille des salmonidés. Les auteurs systématiques ont généralement considéré les scombéridés et les salmonidés comme des poissons très-différents, les premiers étant rapportés à l'ordre des acanthoptérygiens et les seconds à l'ordre des malacop-térygiens : eh bien ! l'*Argyropelecus hemigymnus* n'est cependant pas autre chose que le jeune âge du *Zeus faber*. » Ajoutons que la manière de voir du naturaliste Suisse n'a pas été acceptée.

### Genre *SCOPELUS*, Cuvier.

Trois espèces :

1. { Sourcil armé d'une épine dirigée en avant. S. Bonapartii.
   { Non ...................................................... 2

2. { Diamètre de l'œil faisant au plus le quart de la lon-
   {    gueur de la tête.. ................... S. crocodilus.
   { Diamètre de l'œil égal au tiers au moins de la longueur
   {    de la tête......................... S. Humboldti.

**124.**—1. Scopelus crocodilus, *Ris*. Scopèle crocodile.

Assez rare : Nice. La chair des Scopèles est molle et sans saveur. On les prend depuis le mois de mai jusqu'en septembre.

**125.**—2. Scopelus Humboldti, *Ris*. Scopèle de Humboldt.

N. P. : *Maïre d'amplovo.*— Assez rare : Hyères, Nice.

**126.**—3. Scopelus Bonapartii, *C. et V.* Scopèle de Bonaparte.

Rare : Nice.

### Genre *MAUROLICUS*, Cocco.

Une espèce :

**127.** Maurolicus amethystino-punctatus , *Cocco*. Mauro-licus améthyste.

Excessivement rare : Nice.

### Genre *SAURUS*, Cuvier.

Une espèce :

**128.** Saurus fasciatus, *Ris*. Saurus à bandes.

N. P. : *Aguio, lambert.*— Très-rare : Marseille, Toulon, Nice.

### Genre *AULOPUS*, Cuvier.

Une espèce :

**129**. Aulopus filamentosus, *Bloch*. Aulope filamenteux.

N. P. : *Limbert, lambert.* — Rare : Nice, Marseille. Plusieurs spécimens qui figurent dans le Muséum d'histoire naturelle de notre ville, ont été capturés dans le golfe.

### Genre *PARALEPIS* (1), Cuvier.

Deux espèces :

1re dorsale commençant au-dessus des ven-
trales.................................... P. COREGONOIDES.

1re dorsale commençant en arrière des ventrales.......... ...... ..... ..... ..... P. SPHYRÆNOIDES.

**130 —1**. Paralepis coregonoides , *Ris.* Paralepis corégo-
noïde.

N. P. : *Lussioun.* — Très-rare : Nice.

**131.—2**. Paralepis sphyrænoides , *Ris.* Paralepis sphyré-
noïde.

N. P. : *Lussioun, pichoun bechet.* — Rare : Nice.


Avant de passer aux poissons osseux , je crois devoir signaler la capture effectuée à Nice d'un Physiculus Dalwigkii, Kaup, espèce de Gadidés très-rare qu'on prend accidentellement du côté de Villefranche , à une profondeur de plus de 200 mètres. Pour la description, voir le catalogue de Günther, vol. IV, p. 348.

---

(1) Paralepis, de *para*, autour, sur les côtés, et *lepis*, écaille.

## IV — ACANTHOPTÉRYGIENS.

La dénomination d'ACANTHOPTÉRYGIENS (*acantha*, épine; *ptérygion*, petite aile, nageoire) a été créée par Artédi pour caractériser un des ordres les plus importants de la classe des Poissons, puisqu'il renferme environ les trois quarts des Poissons connus; seulement les espèces marines l'emportent de beaucoup sur celles qui habitent les eaux douces, et l'on peut dire que, sous ce dernier rapport, les Acanthoptérygiens fournissent moins de représentants fluviatiles que les Malacoptérygiens.

Les Acanthoptérygiens sont des Poissons à squelette osseux, leur mâchoire supérieure complète est mobile; leurs branchies sont constituées par un ensemble de lames accolées comme les dents d'un peigne; enfin leur caractère ordinal consiste en ceci : que la première portion de leur nageoire dorsale ou leur première dorsale tout entière, quand il y en a deux, est soutenue par des rayons osseux ou épineux. Il y en a également quelques uns à la nageoire anale et au moins un aux ventrales.

La division des Acanthoptérygiens en familles, ne laisse pas que d'être fort difficile, car, ainsi que l'avait dit Cuvier, « ils ne constituent en réalité qu'une seule et immense famille ». D'ailleurs, il ne faut pas perdre de vue que de tous les Vertébrés, les poissons sont de beaucoup les moins connus ; leur anatomie n'est point suffisamment faite, et pourtant seule elle doit être appelée à nous fournir les éléments d'une classification rationnelle.

Des essais nombreux ont été tentés ; ils ne sauraient être

exposés ici. En 1844, le savant naturaliste Müller a donné une nouvelle division des poissons en familles, qui est bien préférable à celle qui l'ont précédée. Il devait en être ainsi, car sur le terrain de l'observation, le travail qui succède est supérieur à celui dont il s'éclaire et qu'il corrige. Elle n'est pourtant pas irréprochable ; aussi des objections sérieuses lui ont été faites ; plusieurs ordres ne sont nullement naturels, ne serait-ce que celui des Pharyngognathes. Je ne la suivrai pas, me contentant de renvoyer le lecteur désireux de la connaître, au mémoire de Müller (1) et je m'en tiendrai à la classification de G. Cuvier, publiée d'abord dans le *Règne animal*, puis modifiée en 1828 dans l'*Histoire naturelle des Poissons*.

G. Cuvier divise les Acanthoptérygiens en seize familles qui toutes sont représentées dans la faune provençale, à l'exception pourtant de deux *(Anabasidés* et *Teuthydés)*.

TABLE DICHOTOMIQUE DES FAMILLES.

| | | |
|---|---|---|
| 1. | Os pharyngiens inférieurs soudés......... LABROÏDÉS. | |
| | Non............................................ | 2 |
| 2. | Pectorales portées par un pédicule.......... LOPHIIDÉS. | |
| | Non........................................... | 3 |
| 3. | Museau prolongé en tube.......... .... FISTULARIDÉS. | |
| | Non........................................... | 4 |
| 4. | Ventrales placées en avant des pectorales.. ....... | 5 |
| | Non........................................... | 7 |

(1) Müller, Johannes : *Mémoire sur les Ganoïdes et sur la classification des Poissons.* Ju à l'Académie des sciences de Berlin, le 12 décembre 1844 et traduit par C Vogt, dans les *Annales des sciences naturelles*, Paris, 1845, t. IV, p. 5-53.

<table>
<tr><td>5.</td><td>Préopercule avec un prolongement postérieur en forme d'éperon..... (genre Callionymus). GOBIOÏDÉS.<br>Non.. ............................... 6</td></tr>
<tr><td>6.</td><td>Ventrales à six rayons............(partie). PERCOÏDÉS.<br>Ventrales à moins de six rayons... (partie). GOBIOÏDÉS.</td></tr>
<tr><td>7.</td><td>Ventrales situées au-dessous des pectorales ....... 8<br>Ventrales situées en arrière des pectorales........ 20</td></tr>
<tr><td>8.</td><td>Ventrales soudées et formant ventouses............. ...........................(partie). GOBIOÏDÉS.<br>Non.............................. 9</td></tr>
<tr><td>9.</td><td>Deux barbillons articulés sous le menton........... .. ...............(Genre Mullus). PERCOÏDÉS.<br>Non............................... 10</td></tr>
<tr><td>10.</td><td>Sous-orbitaire articulé avec le préopercule.... ........ ..................(partie). TRIGLIDÉS.<br>Non.............................. 11</td></tr>
<tr><td>11.</td><td>Opercule épineux. . ................... 12<br>Non.......................... 14</td></tr>
<tr><td>12.</td><td>Plus de six rayons aux ventrales.................. .............. .....(Genre Hoplostethus). TRIGLIDÉS.<br>Six rayons seulement.................. 13</td></tr>
<tr><td>13.</td><td>Vomer denté; dorsale unique......(partie). PERCOÏDÉS.<br>Vomer non denté; deux dorsales.. ........ SCIÆNIDÉS.</td></tr>
<tr><td>14.</td><td>Dorsale double.............. (partie). SCOMBÉROÏDÉS.<br>Dorsale unique............................ 15</td></tr>
<tr><td>15.</td><td>Les rayons de la dorsale sont à peu près semblables. 16<br>Les rayons de la dorsale sont dissemblables, il y a des aiguillons et des rayons mous........ ...... 19</td></tr>
<tr><td>16.</td><td>Corps de forme ordinaire... ........ ........... 17<br>Corps très-allongé....... .................. 18</td></tr>
</table>

17. Dorsale commençant au-dessus ou en arrière de l'ouverture des ouies; dents sur plusieurs rangées. ... ............................... CHÆTODONIDÉS.
Non........................ (partie). SCOMBÉROÏDÉS.

18. Ventrales nulles ou réduites à une écaille . .. ......... ...........................(partie). SCOMBÉROÏDÉS.
Ventrales plus ou moins longues... ....... TÆNIOÏDÉS.

19. Bouche très-protractile............. MÉNIDÉS.
Bouche peu ou point protractile............ SPARIDÉS.

20. Caudale libre.................... ...... 21
Caudale nulle ou unie à l'anale ........... ...............(Genre *Notocanthus*). SCOMBÉROÏDÉS.

21. 1re dorsale formée d'épines libres............ ................. (Genre *Gasterosteus*). TRIGLIDÉS
Les épines de la 1re dorsale sont réunies par une membrane.................. . ........... 22

22. Tronçon de la queue à carènes latérales.............. ...............(Genre *Tetragonurus*) MUGILIDÉS.
Pas de carène latérale............... ....... .. 23

23. 1re dorsale à quatre rayons....... (partie). MUGILIDÉS.
1re dorsale à plus de quatre rayons ............. 24

24. Des dents très-petites aux mâchoires..... ATHÉRINIDÉS.
Des dents inégales, quelques-unes très-fortes aux mâchoires.. ....... (Genre *Sphyræna*). PERCOÏDÉS.


## FAMILLE DES PERCOÏDES.


1e Famille, PERCOÏDÉS, à corps oblong couvert d'écailles dures dont le bord libre est dentelé; bouche grande; mâchoire inférieure, intermaxillaire, vomer et palatin pourvus de dents en velours ou en carde; ouïes largement fendues; pas de barbillons, sauf dans le genre *mullus ;* sept nageoires au moins, et parfois huit; ventrales sous les pectorales, les couvrant, ou en arrière.

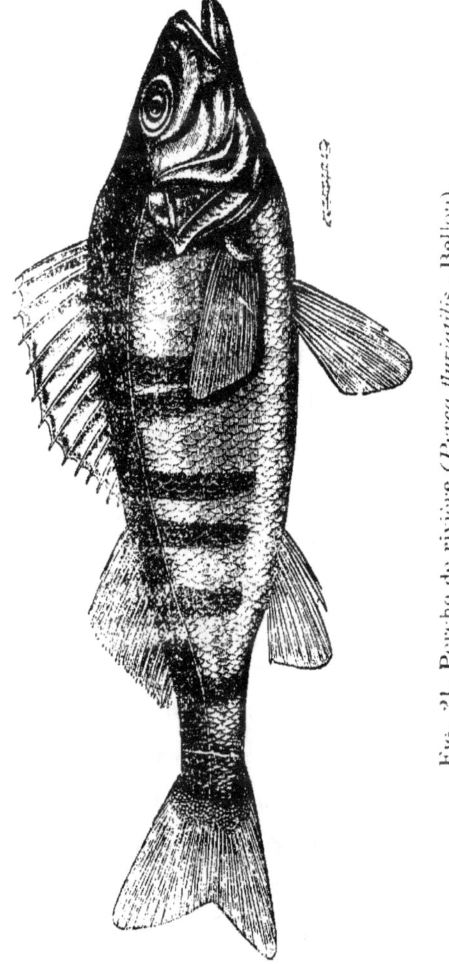

Fig. 21. Perche de rivière (*Perca fluviatilis*, Bellou).

Parmi les espèces les plus connues de notre région, on peut citer : la Perche à chair ferme, blanche, de facile digestion, aussi ce poisson est-il considéré comme un des meilleurs de nos eaux douces ; le Bar, le Barbier, les Serrans, le Cernier, les Vives, dont les aiguillons de la première dorsale piquent souvent l'imprudent qui veut les saisir, mais ces blessures n'offrent rien de sérieux, ce qui explique pourquoi certaines pratiques insignifiantes ont passé et passent encore pour un très bon moyen de les guérir ; l'Uranoscope avec sa tête cubique, ses yeux dirigés vers le ciel et ses sous-opercules munis d'une longue pointe dangereuse à l'instar de l'armure des Vives, ses proches parentes ; les Mulles (Surmulet et Roi Rouget). Ce dernier était en haute estime chez les anciens, aussi était-il compté parmi les Poissons les plus chers. « On le cherchait au loin ; aucuns frais ne paraissaient trop grands pour s'en procurer. Leur valeur augmentait surtout avec le poids ; celui de deux livres était, selon Pline, le plus élevé qu'ils atteignissent communément, et même alors ils étaient déjà une sorte de magnificence ; on regardait un Mulle de trois livres comme un objet d'admiration, et Martial représente un Mulle de quatre livres comme un mets ruineux. Sénèque raconte l'histoire d'un Mulle pesant quatre livres et demie, présenté à Tibère ; ce dernier l'ayant envoyé au marché, Apicius et Octavius se le disputèrent, et Octavius l'emporta au prix de cinq mille sesterces (974 fr.) ; Juvénal en cite un qui fut vendu six mille sesterces (1,168 fr.), et pesait près de six livres ; enfin Suétone rapporte que trois furent payés dix mille sesterces (5,844 fr.), ce qui engagea Tibère à rendre des lois somptuaires et à faire taxer les vivres apportés au marché. Ces grands Mulles venaient de la mer et peut-être de parages éloignés ; et Pline dit qu'ils ne grandissaient pas dans des viviers et des piscines, quoique les Romains les y élevassent. Leur éducation exigeait des soins et des dépenses extraordinaires. Une des jouissances du luxe des Romains était de faire venir, dans de petites rigoles, ces Poissons jusque sous les tables où l'on mangeait, et de les voir mourir dans des vases de verre pour observer tous les changements que leurs brillantes couleurs éprouvaient pendant leur longue agonie. Cicéron et Sénèque déplorent tristement cet amusement barbare et l'inertie que pouvaient inspirer aux riches romains des goûts si puérils. Galien dit que le foie du Mulle, avec lequel on lui préparait une sauce, passait, chez les gourmets, pour en être la partie la plus délicieuse, et qu'on le broyait avec du vin pour assaisonner le Poisson; après le foie c'était la tête qu'on estimait le plus; mais, au total, il passait pour le meilleur de tous les Poissons. Cette passion pour les Mulles avait fort diminué dans les derniers temps de l'empire romain. Aujourd'hui, sans être un objet aussi recherché que chez les Romains, les Mulles sont encore mis avec raison au nombre des meilleurs comme des plus beaux Poissons de mer; leur chair est blanche, ferme, friable, agréable au goût, un peu piquante : elle se digère facilement parce qu'elle n'est pas grasse (Chenu). »

C'est également parmi les Percoïdés qu'il faut placer le POMATOMUS TELESCOPIUM, Risso, espèce rarissime rencontrée deux fois en trente ans dans la mer de Nice.

PERCOÏDÉS DE LA RÉGION.

| | | |
|---|---|---|
| Perca fluviatilis , *Bel*............ | Perche de rivière. | Perco, pergo. |
| Labrax lupus , *Cuv*............ .. | Bar commun. | Loup, loubas. |
| — punctatus , *Capello*..... | — tacheté. | Carousso, loubassoun. |
| Aspro vulgaris , *Cuv*.. .... ... | Apron commun. | Anadèlo. |
| Apogon imberbis , *Günth*........ | Apogon commun. | Rei di roujet, sarpauanso. |

| | | |
|---|---|---|
| Pomatomus telescopium , *Ris*.... | Pomatome télescope. | L'liasson. |
| Acerina cernua , *Blanch.* ....... | Gremille commune | Grimou , goujoun-perchat. |
| Polyprion cernium , *Valenc*...... | Cernier brun. | Cernio , lernio, etc. |
| Serranus scriba , *C. et V*...... | Serran écriture. | Perco , serran. |
| — cabrilla, *Ris.* ......... | — cabrille. | Serran. |
| — hepatus , *Ris*......... | — hépate. | Pétaïre, serran, tambour. |
| Epinephelus gigas , *Brian* ..... | Mé.ou brun. | Anfousou, merou, etc. |
| Anthias sacer , *Bloch*......... | Le Barbier. | Sarpananso. |
| Callanthias peloritanus , *Cocco*.. | Callanthias peloritain. | |
| Mullus barbatus , *Willugh* ..... | Le Rouget. | Roujet de tartano, estreio ou striglio de fango. |
| — surmuletus , *Lin*......... | Le Surmulet. | Roujet de roco, estreio de roco. |
| — fuscatus , *Rafin*......... | Mulle brun. | Estriglo du fango. |
| Trachinus draco , *Lin*... ... ... | Vive commune. | Vivo. |
| — vipera , *C. et V*...... | — petite. | |
| — araneus , *Cuv*... .... | — araignée. | Aragno, etc. |
| — radiatus , *Cuv*........ | — à tête rayonnée. | |
| Uranoscopus scaber , *Lin*.. ..... | Uranoscope vulgaire. | Rascasso blanco, etc. |
| Sphyrena spet , *Lacep*......... | Le Spet. | Bechet de mar, espet  etc. |

Quinze genres :

1. Opercule ou préopercule, et souvent tous les deux, à bords dentelés ou épineux ; mâchoires, devant du vomer, et presque toujours les palatins couverts de dents ; corps revêtu d'écailles dures ou âpres.     2

Corps et opercule couverts d'écailles larges et tombant facilement ; préopercule sans dentelures ; bouche faiblement armée de dents ; deux longs barbillons sous la symphyse de la mâchoire inférieure ........................ Mullus.

2. Ventrales attachées sous les pectorales...........     3
Non......................................     13

3. Deux dorsales ou une dorsale échancrées jusqu'à la base....................................     4
Une seule dorsale plus ou moins échancrée, mais jamais entièrement........................     8

4. Yeux énormes mesurant près de la moitié de la tête.................... .... ........ Pomatomus.
Yeux ordinaires........................     5

5. { Langue rugueuse, couverte de pointes en râpe; oper-
    cule à deux épines........ ............... LABRAX.
    Langue lisse; opercule dentelé ........• ........... 6

6. { Bords de l'opercule solides, épineux............... 7
    Bords minces et plats; à l'angle postérieur de l'oper-
    cule se trouve une épine dirigée en arrière... PERCA.

7. { Bouche terminale...... ............ ,....... APOGON.
    Bouche en dessous; museau bombé........ ... ASPRO.

8. { Dents semblables et égales.. .... .......... .. . 9
    Dents inégales. ............................... 10

9. { Tête nue et creusée de fossettes......., ..... ACERINA.
    Tête écailleuse................... ,....... POLYPRION.

10. { Bord du préopercule lisse....... ..... • CALLANTHIAS.
    Bord du préopercule dentelé........... ......... 11

11. { Ventrales ordinaires..........................•..... 12
    Ventrales très-longues............ ....... . ANTHIAS.

12. { Mâchoire inférieure nue..... .......... . SERRANUS.
    Mâchoire inférieure écailleuse.......... ... EPINEPHELUS.

13. { Ventrales insérées en avant des pectorales......... 14
    Ventrales insérées en arrière des pectorales. SPHYRÆNA.

14. { Tête cubique; opercule dépourvu d'épine. URANOSCOPUS.
    Tête comprimée; une forte épine à l'opercule. TRACHINUS.

*Genre PERCA , CUVIER.*

Une espèce :

**1. PERCA FLUVIATILIS,** *Bel.* Perche de rivière.

N. P. : *Perco, pergo.*—Assez commune dans nos eaux douces;
elle paraît manquer aux environs de Nice et même dans toute
la partie des Alpes-Maritimes située à l'est du Var; elle est devenue rare à Saint-Remy-de-Provence, Maussane, Fontvieille,
etc. La chair, si appréciée des Anciens, est blanche, savoureuse

et de facile digestion; on la considère comme la meilleure des poissons de nos eaux douces.

Plusieurs beaux spécimens de PERCA BEAUMONTI, Agassiz — espèce fossile trouvée dans les gypses d'Aix — figurent au Muséum d'histoire naturelle de Marseille dans la riche collection des fossiles de Provence rassemblés par le zèle éclairé du nouveau directeur.

### Genre *LABRAX*, CUVIER.

Deux espèces :

Des dents sur le chevron du vomer seulement..... L. LUPUS.

Des dents sur le chevron et sur le corps du vomer.

...................................... L. PUNCTATUS.

**2.**—1. LABRAX LUPUS, *Cuv.* Bar commun.

N. P. : *Loup, loubas, loubas negre.*—Commun. Remonte parfois les rivières et les fleuves (Var, Roïa, Huveaune, Rhône, etc.). Chair assez estimée, toutefois Rondelet considère comme insalubre la chair des Bars capturés dans le port de Marseille ou aux environs d'Arles.

**3.**—2. LABRAS PUNCTATUS, *Br. Capello.* Bar tacheté.

N. P. : *Carousso, loubassoun.* — Espèce assez commune à Gênes et qui n'est point encore signalée sur nos côtes où on la confond probablement avec l'espèce précédente ; est à rechercher.

### Genre *ASPRO*, CUVIER.

Une espèce :

**4.** ASPRO VULGARIS, *Cuv.* Apron commun.

N. P. : *Anadèlo.* — Rhône et embouchures de ses affluents. Chair agréable et estimée.

*Genre APOGON*, Lacépède.

Une espèce :

**5**. Apogon imberbis, *Günth.* Apogon commun.

N. P. : *Rei di roujet, sarpananso.*—Méditerranée, assez rare :
Nice, Marseille. Sa chair colorée et délicate est très-estimée.

*Genre POMATOMUS* (1), Lacépède.

Une espèce :

**6**. Pomatomus telescopus, *Risso.* Pomatome télescope.

N. P. : *Uliassou.*— Excessivement rare : Nice. Vit dans les
grandes profondeurs de la mer. Chair d'un goût délicieux.

*Genre ACERINA*, Cuvier.

Une espèce :

**7**. Acerina cernua, *Blanch.* Gremille commune.

N. P. : *Grimou, goujoun-perchat.*—Vit dans les eaux douces ;
parait peu commune chez nous. Crespon en parle. M. H. Fabre
a capturé cette espèce dans le Rhône à Avignon. En 1875, elle a
été prise pour la première fois à Saint-Gilles, dans le canal de
Beaucaire à Aigues-Mortes (D^r E. Moreau). Il semblerait, comme
le fait judicieusement observer M. Blanchard, que la Gremille
descend peu à peu vers le sud et se montre dans des régions
où on ne la voyait pas auparavant. Sa chair est d'un goût agréable.

_______

(1) Pomatomus , de *poma*, opercule et *tomé*, section , à cause de son opercule dont le
bord postérieur est concave.

### Genre *POLYPRION* (1), Cuvier.

Une espèce :

**8**. Polyprion cernium, *Valenc.* Cernier brun.

N. P. : *Cernié, cernio, lernio, escourpeno.* — Assez rare : Nice, Marseille. Chair blanche et savoureuse.

### Genre *SERRANUS*, Cuvier.

Trois espèces :

1. { Bord inférieur du préopercule dentelé sur toute sa longueur........................ S. hepatus.
     Bord inférieur du préopercule dentelé sur sa moitié postérieure...... ............................. 2

2. { Des traits irréguliers sur le museau et la joue. S. scriba.
     Non..................................... S. cabrilla.

**9**.—1. Serranus scriba, *Cuv. et V.* Serran écriture.

N. P. : *Perco de mar, serran.* — Assez commun : Martigues, Marseille, Toulon, Nice, etc. Chair très-estimée. Le temps du frai pour cette espèce, dure depuis la fin de juin jusqu'à la mi-septembre. Les êtres qui forment le genre Serran sont hermaphrodites. Aristote avait reconnu ce fait ; le moyen-âge n'ajouta rien aux recherches du naturaliste de la Macédoine et il faut franchir toute la période qui sépare de la fin du siècle dernier, pour voir Cavolini venir confirmer les idées d'Aristote. Malgré cela, l'évidence du fait ne s'imposait pas à tous les zoologistes. C'est pour dissiper le moindre doute que le docteur Dufossé entreprit, à la Ciotat et à Marseille, une série d'observations qui

---

(1) Polyprion, de *paulus*, beaucoup et *prion*, dentelure en scie, à cause des crénelures de la tête et des préopercule, sous-opercule, interopercule dentelés.

montrèrent l'exactitude des assertions émises par Aristote et vérifiées par Cavolini. Les Serrans sont réellement hermaphrodites et chaque individu des trois espèces que ce genre renferme, « produit des œufs qu'il féconde dès qu'il les a pondus (1) ».

**10.**—2. SERRANUS CABRILLA, *Risso*. Serran cabrille.

N. P. : *Sarran.* — Commun sur nos côtes. Parmi les représentants de cette espèce, les uns fraient d'avril en juin, et les autres de juillet en septembre.

**11.**—3. SERRANUS HEPATUS, *Risso*. Serran hépate.

N. P. : *Petaïre, serran, tambour.* — Très-commun sur tout notre littoral. Ce poisson est peu recherché pour l'alimentation, à cause de la petitesse de sa taille. Il fraie d'avril au mois d'août.

### Genre *EPINEPHELUS*, BLOCH.

Une espèce :

**12.** EPINEPHELUS GIGAS, *Brünn.*— Mérou brun.

N. P. : *Anfonsou, meron, meroun, sarran.* — Rare : Nice, Marseille. Chair estimée; elle a un goût aromatique surtout en automne.

### Genre *ANTHIAS*, BLOCH.

Une espèce :

**13.** ANTHIAS SACER, *Bloch*. Le Barbier.

N. P. : *Sarpananso.* — Ce poisson, l'un des plus beaux de la Méditerranée, habite les endroits rocailleux et se tient dans les grands fonds. Il est assez commun à Nice et me paraît moins abondant à Marseille.

---

(1) Dufossé, *De l'hermaphroditisme chez certains vertébrés*, in *Ann. des Sc. nat.* 1856, t. V. p. 295-330.

### Genre *CALLANTHIAS*, Lowe.

Une espèce :

**14**. Callanthias peloritanus, *Cocco*. Callanthias peloritain.
Excessivement rare : Nice.

### Genre *MULLUS*, Linné.

Trois espèces :

1. {
Extrémité postérieure de la mâchoire supérieure, atteignant et même dépassant l'aplomb du bord antérieur de l'orbite................ ...... M. barbatus.
Non. ............................ ............... 2

2. {
Longueur de la tête plus grande que la hauteur du corps. ........................ M. surmuletus.
Longueur de la tête égale à la hauteur du corps............................ M. fuscatus.

**15**.—1. Mullus barbatus, *Willugh*. Mulle rouget.

N. P. : *Estreio de fango, imbriaco, roujet de tartano, striglio de fango.* — Commun : Nice, Saint-Tropez, Toulon, Marseille, etc. Ce poisson est célèbre par son bon goût et le plaisir que prenaient les Romains à contempler sur leurs tables, les changements de couleur que revêtait cet animal en macérant dans l'eau chaude qui le cuisait (de la Blanchère). Les Rougets de Toulon sont particulièrement estimés.

**16**.—2. Mullus surmuletus, *Lin*. Le Surmulet.

N. P. : *Estreio de roco, roujet de roco, striglio, striglio de roco.* — Assez commun sur tout notre littoral. Sa chair, quoique recherchée, l'est moins que celle de l'espèce précédente qui est le vrai rouget. Ce n'est pourtant point l'opinion émise dans la statistique des Bouches-du-Rhône, car il y est dit :« on distingue

le Rouget de tartane qu'on pêche en pleine mer , du Rouget de
roche qu'on prend dans les fonds rocailleux. Ce dernier est le
plus estimé et passe pour le meilleur poisson de nos mers (1). »

**17.**—3. Mullus fuscatus , *Rafin*. Mulle brun.

N. P. : *Estreio* ou *striglio de fango*.— Espèce confondue pendant longtemps avec le *Mullus barbatus* et que Rafinesque en a
séparé. Le Mulle brun est assez commun sur nos côtes, surtout
à Nice. Chair délicate.

### Genre *TRACHINUS* , Artédi.

Quatre espèces :

| | | |
|---|---|---|
| 1. | Une épine sur le bord antérieur du sourcil......... | 2 |
| | Non ; 2ᵉ dorsale à 24 rayons..... ........ | T. vipera. |
| 2. | 6 rayons à la 1ʳᵉ dorsale...... . ................. | 3 |
| | 7 rayons à la 1ʳᵉ dorsale ; 28 à la 2ᵉ ..... | T. araneus. |
| 3. | Des taches ocellées sur le corps ; 25 ou 26 rayons à la 2ᵉ dorsale......... ............. | T. radiatus. |
| | Non ; 30 rayons à la 2ᵉ dorsale........ ..... | T. draco. |

**18.**—1. Trachinus draco , *Linné*. Vive commune.

N. P. : *Vivo, aragno*. — Très-commune sur tout notre littoral. Chair blanche, ferme, feuilletée, d'une saveur excellente et
de facile digestion.

**19.**—2. Trachinus vipera , *C. et V.* Petite Vive.

Assez commune à Nice.

**20.**—3. Trachinus araneus , *Cuv.* Vive araignée.

N. P. : *Aragno, aragnado de mar , aranjo , vivo-aragno*. —
Assez rare sur nos côtes. Se tient ordinairement dans les pro-

(1) Villeneuve (comte de) : *Statistique du département des Bouches-du-Rhône*, Marseille
1821-1829, t. I, p. 800.

fondeurs, et sa chair est plus savoureuse et plus estimée que celle de la Vive commune.

**21**.—4. TRACHINUS RADIATUS, *Cur.* Vive à tête rayonnée. Rare sur notre littoral.

### Genre URANOSCOPUS, LINNÉ.

Une espèce :

**22**. URANOSCOPUS SCABER, *Lin.* Uranoscope vulgaire.

N. P. : *Biou, miou, rascasso-blanco, responsadou, rape-coun, tapecoun.* — Assez commun dans les fonds vaseux qui avoisinent les côtes de notre région. La chair blanche est peu estimée, à cause de son mauvais goût ; pourtant sur le littoral méditerranéen on la mange en bouille-abaisse.

### Genre SPHYRÆNA, KLEIN.

Une espèce :

**23**. SPHYRÆNA SPET, *Lacép.* Le Spet.

N. P. : *Bechet de mar, espet, lussi, pèis-cariho, pèis-escode, pèis-escàumo, spet.* —MM. Gervais et Boulard le donnent comme très-commun dans la Méditerranée ; cependant il est, de l'avis de M. Armand, patron-pêcheur attaché à la Faculté des Sciences, assez rare à Marseille. Chair très-délicate.

Avant de quitter les Percoïdés rappelons que plusieurs espèces fossiles, ayant appartenu à cette famille ont été trouvées en Provence et figurent dans les vitrines du Muséum de Marseille, ce sont :

1° SMERDIS MACROURUS, *Agassis*, du miocène inférieur : (Bonnieux près d'Apt (Vaucluse), Véve (Basses-Alpes) ;

2° SMERDIS MINUTUS, *Agassis*, (gypse d'Aix) ;

3° SMERDIS . . . . (*indéterminé*) du miocène inférieur Ceyreste .
(Basses-Alpes).


## FAMILLE DES TRIGLIDÉS.


2° Famille, JOUES-CUIRASSÉES ou TRIGLIDÉS , à tête hérissée
d'épines ou de plaques tranchantes, à sous-opercules plus ou
moins étendus sur la joue et s'articulant en arrière avec le préopercule, ce qui a valu à ces poissons le nom de Joues-cuirassées.
Ce caractère les différencie des Percoïdés avec lesquels ils ont
une grande analogie de formes.

Ce sont des Poissons fluviatiles ou marins, de taille généralement petite ; leur tête est diversement armée d'épines ou de plaques tranchantes qui donnent aux Triglidés une physionomie
désagréable, hideuse, et leur a valu les surnoms de Crapauds ,
Diables, Scorpions, Chauves-souris de mer. Leurs nageoires
pectorales sont quelquefois tellement dévoloppées (Dactyloptères),
qu'elles ressemblent à des ailes et peuvent en remplir quelque
peu les fonctions. La plupart des espèces vivent en troupes nombreuses et ne s'éloignent pas beaucoup des côtes ; elles font entendre, quand on les saisit, un bruit plus ou moins fort qui démontre toute la fausseté du proverbe : muet comme un poisson.

Les Épinoches (genre *Gasterosteus* , Artédi) méritent une mention toute spéciale. Les mœurs de ces animaux sont aujourd'hui
bien connues ; on sait qu'à l'époque du frai, le mâle construit un
petit nid fort coquet et placé, suivant les espèces, au fond de
l'eau ou suspendu aux tiges des plantes aquatiques. Quand le nid
est terminé, le mâle s'élance au milieu des femelles, en général

de beaucoup plus nombreuses, il s'efforce d'attirer l'attention de

Fig. 22. Épinoche aiguillonnée (*Gasterosteus aculeatus*, Linné)
et son nid.

celle qui semble être la mieux en situation de pondre. « Celle-ci s'empresse à son tour; on supposerait volontiers de la coquetterie de sa part. Alors, le mâle, comme s'il avait saisi une intention manifestée de le suivre, se précipite vers son nid, en élargit l'ouverture de façon à ce que l'accès en soit rendu plus facile. La femelle qui ne l'a pas quitté, ne tarde pas à s'enfoncer dans l'intérieur du tube, où elle disparaît en entier, ne montrant plus au dehors que l'extrémité de sa queue. Elle y demeure deux ou trois minutes, témoignant par ses mouvements saccadés qu'elle fait des efforts pour pondre. Après avoir déposé quelques œufs, elle s'échappe par l'ouverture opposée à celle qui lui a servi d'entrée, pratiquant quelquefois elle-même cette ouverture par un effort violent, si l'extrémité du nid est restée fermée. Alors, pâle, décolorée, elle semble avoir éprouvé une souffrance ou un affaiblissement qui réclame un repos.

« Pendant que la femelle occupe l'intérieur du nid, le mâle parait plus agité, plus animé que jamais, il remue, il frétille, il touche fréquemment sa femelle avec son museau, et à peine celle-ci est-elle partie, qu'il entre précipitamment à son tour et se met à frotter comme avec délices son ventre sur les œufs.

« Mais le nid, objet de tant de soins et de fatigues, n'a pas été construit pour recevoir une seule ponte. Le mâle s'efforce sans relâche d'y attirer successivement d'autres femelles. Il recommence près d'elles les mêmes agaceries, et continue le même manége plusieurs jours de suite; la même femelle est quelquefois ramenée au nid à diverses reprises. Les pontes s'accumulent ainsi dans la petite construction, formant une quantité plus ou moins considérable de tas, qui, réunis, deviennent une masse considérable. Ces habitudes de polygamie de l'Épinoche mâle suffiraient à montrer que parmi ces Poissons, les femelles sont beaucoup plus abondantes que les mâles, si l'inspection d'un grand nombre d'individus pris dans une foule de localités, n'avait fait constater à cet égard une disproportion très-marquée.

« Lorsque les nids sont remplis d'œufs, lorsque les pontes sont achevées, la mission du mâle n'est pas arrivée à son terme. Ce mâle va avoir pour premier soin de fermer l'ouverture du nid qui a été le passage de sortie pour les femelles; ensuite il veillera sur le berceau de sa postérité, avec une persévérance et une sollicitude dont les Oiseaux n'offrent pas d'exemple plus parfait. Ne voulant rien laisser approcher de son nid, il donne la chasse et poursuit avec fureur les insectes et les Poissons attirés par la présence de ces magasins d'œufs, si séduisants pour les voraces habitants des eaux. S'il a affaire à des ennemis trop nombreux ou trop puissants, il doit naturellement succomber malgré sa vaillance; mais, en pareille circonstance, avec le sentiment de sa faiblesse relative, il sait avoir recours à la ruse. Il s'éloigne de son nid, il fuit pour détourner l'attention de l'ennemi, sans toujours y parvenir. Les œufs sont quelquefois mangés, l'édifice bouleversé et tout est à recommencer pour l'Épinoche qui ne se décourage pas si la saison est peu avancée.

« Pendant dix à douze jours, s'écoulant entre le moment de la ponte et celui de l'éclosion des jeunes, on voit fréquemment ce mâle venir, le museau placé vers l'entrée de son nid, agiter ses nageoires avec force, pour déterminer des courants sur les œufs. C'est le moyen de les bien laver et d'empêcher qu'aucune végétation ne puisse se développer à la surface.

« Le moment de l'éclosion arrive, et les jeunes Épinoches

commencent à s'agiter, portant, comme tous les Poissons nouveaux-nés, leur énorme vésicule ombilicale appendue à leur ventre. Jusqu'au temps où ils auront à pourvoir à leur subsistance, où ils seront devenus assez agiles pour se soustraire à la poursuite des espèces carnassières, le mâle ne les perd pas de vue, il ne leur permet point de s'écarter, il les protège toujours avec l'ardeur qu'on lui a vu déployer dans les autres phases de son existence laborieuse.

« C'est en général depuis les derniers jours du mois de mai jusqu'à la fin de juillet, que les Épinoches se livrent à leurs travaux, ou s'occupent des soins de la reproduction de leur espèce. Le mois de juin surtout est l'époque où tout ce petit monde des ruisseaux est en pleine activité, mais il y a quelquefois des individus précoces, d'autres retardataires. Ces Poissons ont, relativement à leur taille, des œufs d'une grosseur remarquable ; j'ai compté, d'ordinaire, de cent à cent vingt œufs mûrs chez les femelles qui, alourdies par cette énorme masse, avaient les flancs le plus distendus (1). »

### TRIGLIDÉS DE LA RÉGION.

| | | |
|---|---|---|
| Trigla pini, *Bloch*............ | Trigle pin. | Caraman, kalineto. |
| — lineata, *Walb*......  ...... | — camard | Bregoto, breguoto, belagau, ibrougno. |
| — cuculus, *Riss*............ | — grondin. | Orghe. |
| — milvus, *Riss*............ | — milan. | Garamàudo, granau, grano. |
| — gunardus, *Lin*. ........ | — gournaud | Gournàu, grugnou. |
| — cavillone, *Lacep*.. ...... | — cavillone. | Caviho, cavihoun. |

(1) Blanchard, Em. : *loc. citat*. p. 198-200.

| | | |
|---|---|---|
| — lyra, *Lin*................ | — lyre. | Pinàu, galino. |
| — corax, *Bonap*.......... | — corbeau. | Andoureto, galineto. |
| Peristedion cataphractum, *Bonap*. | Le Malarmat. | Marlarmat, pougnard, etc. |
| Dactylopterus volitans, *Lin*..... | Dactyloptère volant. | Galino, roundoulo, rato-pena-do, etc. |
| Cottus gobio, *Lin*............... | Chabot de rivière. | Asé, boto, cabot, testo d'asé, etc. |
| Scorpæna scrofa, *Lin*........... | Grande scorpène. | Badasco, capoun, capoun jaûne, escourpèno, etc. |
| — porcus, *Lin*......... | Scorpène brune. | Rascasso. |
| Sebastes dactylopterus, *Günth*... | Sébaste dactyloptère. | Courdounièro, escourpo. |
| Gasterosteus aculeatus, *Lin*..... | Épinoche aiguillonnée. | Crebo-varlet, espigno-bè, estran-glo-cat. |

Sept genres :

1.  { Des épines isolées tiennent lieu de première dorsale...... ..................... GASTEROSTEUS.
     Non .............................................. 2

2.  { Pectorales divisées en plusieurs parties.......... . 3
     Non ............................................ 5

3.  { Les doigts ou portion antérieure de la pectorale sont réunis par une membrane....... ... DACTYLOPTERUS.
     Non ............................................ 4

4.  { Les doigts libres sont au nombre de deux.. PERISTEDION.
     De trois......... ................... TRIGLA.

5.  { Deux dorsales... ................. COTTUS.
     Une seule dorsale. . .................... 6

6.  { Tête épineuse, portant des lambeaux cutanés. SCORPÆNA.
     Tête écailleuse, sans lambeaux cutanés...... SEBASTES.

### Genre *TRIGLA*, ARTÉDI.

Huit espèces :

1.  { Des stries transversales sur le corps........ ....... 2
     Non .......................................... 3

2. { Les stries s'étendent sur les côtés seulement. .. T. PINI.<br>
Elles forment des cercles plus ou moins complets ....... .... .............. .. T. LINEATA.

3. { 2ᵉ rayon de la 1ʳᵉ dorsale filamenteux, très-allongé.................. ............. ... T. CUCULUS.<br>
2ᵉ rayon pointu.................... ..... .. ...... 4

4. { Ligne latérale formée de grosses écailles à crête médiane denticulée. ...................... 5<br>
Pas de crête médiane aux écailles de la ligne latérale. 6

5. { Dos et flancs rouges ou violets foncés...... ... T. MILVUS.<br>
Dos et flancs grisâtres ou bleuâtres....... ... T. GUNARDUS.

6. { Un sillon transversal bien marqué et profond existe en arrière de l'orbite....... .......... T. CAVILLONE.<br>
Non.................. ..... ...............…... 7

7. { Museau très-échancré ; épine coracoïdienne fort longue........ ............ .............… T. LYRA.<br>
Museau peu échancré ; épine coracoïdienne assez courte. ....................... ....... T. CORAX.

**24.**—1. TRIGLA PINI, *Bloch.* Trigle pin.

N. P. : *Caraman, galineto.* — Assez commun sur notre littoral.

**25.**—2. TRIGLA LINEATA, *Walbaum.* Trigle camard.

N. P. : *Bregoto, bregnoto, belugan, embriago, ibrougno.* — Commun.

**26.**—3. TRIGLA CUCULUS, *Risso.* Trigle grondin.

N. P. : *Orghe.* — Assez commun.

**27.**—4. TRIGLA MILVUS, *Risso.* Trigle milan.

N. P. : *Garamàudo, granàu, grano.* — Très-commun sur toutes nos côtes.

**28.**—5. TRIGLA GUNARDUS, *Lin.* Le gournaud.

N. P. : *Gournàu, grugnàu.* — Assez commun. Si l'on en croit le dictionnaire de médecine, chirurgie, pharmacie, etc., de Littré et Robin à certaines époques la chair de cette espèce serait vénéneuse ; on la mange à Marseille et je ne sache pas que son usage cause le moindre dérangement ; elle est assez agréable, mais le *Gournau* n'est pas estimé à cause de sa taille le plus souvent exiguë.

**29.**—6. TRIGLA CAVILLONE, *Lacép*. Trigle cavillone.

N. P. : *Caviho, cavihoun*. — Peu commun. Dans ma région, à Arles, on mange ce poisson à l'*aigo-sau*. Voici, autant que mes souvenirs d'enfance permettent de me le rappeler, comment on prépare ce mets un peu primitif. Dans un poêlon on verse de l'eau, puis on ajoute du sel, des pommes de terre coupées par tranches, de l'oignon, de l'ail, une tomate. Quand tout cela est cuit on y jette son poisson avec un brout de sauge destiné à parfumer le tout. Puis on verse dans un plat et on achève de garnir avec de l'huile, du vinaigre, du poivre, etc.

**30.**—7. TRIGLA LYRA, *Lin*. Trigle lyre.

N. P. : *Pinau, galino*. — Commun : Nice, Marseille, Toulon, etc.

**31.**—8. TRIGLA CORAX, *Bonap*. Trigle corbeau.

N. P. : *Andoureto, galineto*. — Assez commun. Chair tendre et ferme, aussi est-elle estimée.

### Genre *PERISTEDION*, Lacépède.

Une espèce :

**32.** PERISTEDION CATAPHRACTUM, *Bonap*. Le Malarmat.

N. P. : *Malarmat, mararmat, pèis furca* ou *fuorca, pougnard, marco-temps*. — Assez commun sur tout le littoral méditerranéen. Chair peu estimée. Dans le Languedoc, le peuple a l'habitude de faire sécher le Malarmat, puis de le suspendre au plafond au moyen d'une ficelle et de s'en servir comme d'un baromètre primitif ; d'où le nom de *marco-temps* donné à ce poisson.

Dernièrement (12 mars 1881), M. Jourdan a adressé à l'Académie des Sciences une note sur les organes du goût des poissons osseux. C'est surtout le Malarmat qui avec ses nombreux barbillons à la mâchoire inférieure, a servi de base à cette étude de laquelle il résulte que parmi les terminaisons nerveuses des poissons décrites par M. Jobert, sous le nom d'organes du toucher, on doit distinguer ceux qui possèdent des corps cyatiformes et ceux qui en sont dépourvus ; il considère ces corps comme des boutons gustatifs parce que leur structure et leur situation dans l'épiderme les éloignent complètement des corpuscules du toucher, tels qu'on les étudie habituellement chez les mammifères ou les oiseaux.

### Genre *DACTYLOPTERUS*. Lacépède.

Une espèce :

**33**. DACTYLOPTERUS VOLITANS, *Lin.* Dactyloptère volant

N. P. : *Aroundelo, galino, roundoulo, roundino, rato-penado.* — Peu commun : Nice. Chair médiocrement estimée. « Suivant Rondelet, le Dactyloptère vole hors de l'eau pour n'être pas la proie des plus grands poissons. Peine inutile ! si, comme l'écrit de Lacépède, cet animal qui semble avoir un double asile, ne trouve de sûreté nulle part ; il n'échappe aux périls de la mer que pour être exposé à ceux de l'atmosphère, il n'évite la dent des habitants des eaux que pour être saisi par le redoutable bec des oiseaux marins. L'espace parcouru dans l'air par les poissons volants est très-diversement évalué ; il est d'une trentaine de mètres selon certains observateurs ; selon d'autres, il peut être de 180 à 200 mètres. L'obstacle, qui empêche le Dactyloptère de soutenir un vol plus étendu, est, d'après de Lacépède, le prompt dessèchement de ses ailes (Dr Em. Moreau). »

Genre COTTUS, ARTÉDI.

**34.** COTTUS GOBIO, Lin. Chabot de rivière.

N. P. : Chabàu, ainèu, ase, boto, cabot, testo-d'ase. Ce poisson est fort commun dans les eaux de toutes les rivières à courant rapide. Excessivement vorace il est toujours en quête de quelque proie à dévorer : mollusques, larves d'insectes, poissons presque aussi gros que lui, tout lui est bon. Quand la femelle a pondu ses œufs, elle les délaisse, mais le mâle est là pour les recueillir et veiller sur eux ; le fait avait déjà attiré l'attention de Linné, ainsi que le prouvent les paroles de cet illustre naturaliste : « Nidum in fundo format, oris incubat prius vitam deserturus, quam nidum ». D'après M. de Soland (1), quand les œufs sont éclos, ce qui a lieu au bout de quatre semaines, le Chabot n'abandonne pas sa progéniture ; il nage de concert avec elle, jusqu'à ce que les petits aient atteint à peu près la grosseur des individus qui caractérisent son espèce.

« Comme celle du Saumon, la chair du Chabot devient rouge par la cuisson ; elle est tendre et a une saveur fort agréable ; elle constitue un aliment très-facile à digérer et sain, spécialement depuis le mois de décembre jusqu'en février et en avril. Il faut

(1) Soland, (Aimé de) : Étude sur les Poissons de l'Anjou, dans Ann. de la Soc. Linnéenne du Maine-et-Loire, Angers, 1869, p. 189-275.

remarquer encore que la laitance du Chabot est enveloppée dans une membrane d'un fort beau noir, teinte qu'elle partage d'ailleurs avec le péritoine. C'est une particularité dont il est bon

Fig. 23. Chabot de rivière (*Cottus gobio*, Linné).

d'être prévenu au moment où on le sert sur les tables, car cette laitance, de même que le foie du poisson, est fort délicate. Ce dernier est volumineux en outre, et les œufs de la femelle, loin d'être malfaisants, comme celle du Barbeau et du Brochet, méritent d'être recherchés, à cause de leur saveur douce et de la mollesse de leur tissu (1) ».

Le genre Cottus montre en Provence des espèces fossiles telles que :

1° COTTUS ARIES, *Agassiz* (gypse d'Aix);

2° COTTUS..... *(indéterminé)* trouvé dans les calcaires marneux lacustres (oligocène) du bassin de carénage de Marseille.

Genre SCORPÆNA, LINNÉ.

Deux espèces :

1. { Des lambeaux cutanés sous la mâchoire inférieure ............................... S. SCROFA.
   { Non.................................. ..... S. PORCUS.

**35.**—1. SCORPÆNA SCROFA, *Lin.* Scorpène truie.

N. P. : *Badasco, capoun, capoun jaune, escourpeno, escourpi, escourpioun, grando-rascasso, rascasso-roujo.* « C'est un des poissons les plus abondants dans nos marchés , et quoiqu'il soit rempli d'arêtes on ne le recherche pas moins à cause de son goût de roche qui est très-prononcé (St. des B.-du-Rh.) ». Sur notre littoral les Scorpènes sont employées de préférence pour faire la fameuse bouille-abaisse si estimée des Marseillais.

La Scorpène truie présente plusieurs belles variétés : une rouge-carmin, une noire, et une troisième jaune-safran ; cette dernière a même été considérée comme formant une espèce distincte et décrite par Risso sous le nom de *Scorpæna lutea.* Mais aucune particularité anatomique ne la distingue du *Scorpæna*

---

(1) Cloquet, H. : *Faune des médecins*, Paris 1823, T. IV, p. 12.

*scrofa*, ainsi que j'ai pu m'en assurer par de nombreuses dissections et par une comparaison attentive des différents types qui sont au Muséum de Marseille (1), et on en est réduit à chercher des caractères différentiels seulement dans le système de coloration. Or, en acceptant une pareille manière d'interpréter la notion de l'espèce, on pourrait en augmenter le nombre d'une façon indéfinie ce qui, à mon avis, ne constituerait pas précisément un progrès : les deux cents espèces de *Draba verna*, Linné, créées par M. Jordan, pourraient avoir plus d'un pendant.

**36.**—2. Scorpæna porcus, *Lin*. Scorpène brune.

N. P. : *Rascasso, rascassouiro*. — Commune. La chair de ce poisson sert aux mêmes usages que celle de l'espèce précédente. Les Scorpènes ont la vie dure et vivent très-longtemps après avoir été sorties de l'eau ; elles ont, comme les anguilles, assez de vitalité pour remuer encore quand elles sont coupées en morceaux.

Genre SEBASTES, Cuvier.

Une espèce :

**37.** Sebastes dactylopterus, *Günth*. Sébaste dactyloptère.

N. P. : *Courdounièro, escourpo*. — Commune. Chair médiocrement estimée.

Genre GASTEROSTEUS, Linné.

Une espèce :

---

(1) Le genre Scorpæna est un des mieux représentés dans le Muséum de notre ville où, il est triste de l'avouer, la plupart des poissons de notre golfe ne brillent que par leur absence. Quel contraste si on compare les collections de ce groupe des vertébrés avec celles des oiseaux ou des mammifères !

**38**. GASTEROSTEUS ACULEATUS, *Lin*. Épinoche aiguillonnée.

N. P. : *Crebo-carlet, espino-bé, estranglo-cat, sabatié*. —
Chair peu estimée à cause de la taille exiguë de ce poisson
(5 centimètres environ) et de ses nombreuses arêtes et épines.
L'Épinoche est excessivement commune dans tous les petits
cours d'eau — je l'ai trouvée à Fontvieille dans le *ralla de Kéli*
qui va du quartier du paty à Castellet — pourtant Crespon, Risso,
Blanchard sont les seuls auteurs qui en parlent pour la Provence.

Existe-t-il en Europe plusieurs espèces d'Épinoches ? Cette
question a été différemment résolue par les Ichthyologistes.
Pourtant à l'heure actuelle on est à peu près d'accord pour admettre une seule espèce (GASTEROSTEUS ACULEATUS, Linné) autour de laquelle viennent se ranger comme simples variétés les
formes un peu différentes et connues — pour me borner à la région — sous les noms de : GASTEROSTEUS QUADRISPINOSA et *G.*
NEMAUSENSIS, Crespon (environs de Nimes), GASTEROSTEUS AR-
GENTATISSIMUS, Blanchard (Avignon).


### FAMILLE DES SCIÆNIDÉS.

3ᵉ Famille, SCIÆNIDÉS, sans dents vomériennes et palatines ;
à bouche peu protractile ; à os crâniens comme caverneux ; à
vessie natatoire munie de nombreux petits diverticulums, quand
elle existe. Cette famille offre une parenté assez grande avec
celle des Percoïdés ; toutefois elle en diffère, outre les caractères
principaux énumérés ci-dessus, par un museau ordinairement
plus convexe. A l'instar des Triglidés et autres familles, les

Sciænidés ont des musiciens parmi leurs représentants; tel est par exemple le POGONIAS CHROMIS, Linné, des côtes de l'Amérique septentrionale, qui fait entendre sous l'eau ou quand on le saisit, un bruit semblable à un roulement de tambour.

La famille des Sciænidés est constituée par une quarantaine de genres renfermant environ trois cents espèces propres à toutes les mers ou à quelques eaux douces. Trois sont seules chargées de la représenter dans notre faune : la Maigre, le Corb et l'Ombrine; mais elles semblent vouloir racheter cette pauvreté numérique par la délicatesse de leur chair et par leur taille en général assez grande, puisque la Maigre atteint parfois deux mètres de longueur et que l'Ombrine pèse souvent 15 kilogrammes.

| | | |
|---|---|---|
| Umbrina vulgaris, *Cuv et Val* | Ombrine commune. | Caino, chràu, daino, oumbrino, rabanenco. |
| Sciæna aquila, *Cuv* | La Maigre. | Figoun, loumbrino, roujeto. |
| Corvina nigra, *Cuv* | Corb noir. | Cuorb, durdo, verdu. |

Trois genres :

1.
- Un barbillon court et gros sous la symphyse de la mâchoire inférieure...................... UMBRINA.
- Non............................................ 2

2.
- Anale à 2<sup>e</sup> aiguillon grêle................ SCIÆNA.
- Anale à 2<sup>e</sup> aiguillon très-développé.......... CORVINA.

### Genre *UMBRINA*, CUVIER.

Une espèce :

**39.** UMBRINA VULGARIS, *Cuv. et Val.* Ombrine commune.

N. P. : *Caino, chràu, daino, oumbrino, rabanenco.* — Commune.

Genre SCIÆNA, Linné.

Une espèce :

**40**. Sciæna aquila, *Cuv.* Sciène aigle ou Maigre.

N. P. : *Figoun, loumbrino, roujeto.* — Assez commune : Nice, Marseille, Toulon, etc.

Genre CORVINA, Cuvier.

Une espèce :

**41**. Corvina nigra, *Cuv.* Corb noir.

N. P. : *Durdo, cuorb, verdo.* — Assez commun : Nice, Marseille, etc.

Famille des SPARIDÉS.

4e Famille, Sparidés. Corps ovalaire, couvert de grandes écailles cténoïdes très-finement dentelées ; une double nageoire dorsale indivise, dont la portion épineuse est à peu près de la même longueur que la partie molle ; nageoire anale munie de trois rayons épineux ; nageoires ventrales placées au-dessous des pectorales et munies d'une épine et de cinq rayons mous ; vessie natatoire souvent divisée en arrière.

Près de deux cents espèces, réparties dans une quinzaine de genres, dont neuf appartiennent à notre faune. Ce sont des Poissons marins ; quelques-uns pénètrent dans les étangs (Daurade). La plupart habitent la haute mer où ils vivent en petites troupes, et se rapprochent des côtes vers le printemps pour y rester quelquefois jusqu'à l'hiver. De petites coquilles, des Crustacés, des Moules composent le fonds de leur nourriture ; mais plusieurs ont aussi un régime herbivore. Leur chair est généralement estimée.

| | | |
|---|---|---|
| Sargus vulgaris, *G. St. H*...... | Sargue ordinaire. | Sar, pataclet, sargueto, etc. |
| — Rondeletii, *C. et V*..... | — de Rondelet. | Sargou, etc. |
| — vetula, *C. et V*......... | — vieille. | |
| — annularis, *Lin*.......... | — annulaire. | Mourre-pounchu, pèis-coi, etc. |
| Charax puntazzo, *C. et V*...... | Charax puntazzo. | Mourre-agut. |
| Box boops, *Bonap*.. .......... | Bogue commun. | Bògou, bògo, bugo. |
| — salpa, *C. et V*............ | La Saupe | Sàupo, vergadelo, etc. |
| Oblada melanura, *Bonap*....... | Oblade ordinaire. | Aublado, blado, etc. |
| Pagrus vulgaris, *C. et V*......,. | Pagre ordinaire. | Pagre, padre. |
| — orphus, *C. et V*......... | — orphe. | Pagèu-testas. |
| Chrysophrys aurata, *C. et V*.... | Daurade vulgaire. | Aurado, dàurado, etc. |
| — crassirostris, *C. et V* | » à museau renflé. | |
| Cantharus vulgaris, *C. et V*..... | Canthère commun. | Canto, canteno, tanudo, etc. |
| ? — brama, *C. et V*....... | — brême. | |
| ? — orbicularis, *C. et V*... | — orbiculaire. | |
| Dentex vulgaris, *Cuv*.......... | Denté ordinaire. | Denti, lenté, etc. |
| — macrophthalmus, *C. et V*. | — aux gros yeux. | Rouco-roujo, gros-uèi. |
| Pagellus erythrinus, *C. et V*.... | Pagel commun. | Pagèu, pagel. |
| — breviceps, *C. et V*..... | — à museau court. | |
| — bogaraveo, *C. et V*.... | — bogueravel...... | Bogo-ravelo, bougrabéu. |
| — mormyrus, *C. et V*..... | — mormyre. | Mourme, tenihié, etc. |
| — centrodontus, *Bonap*... | — à dents aiguës. | Besugo, bel-uèi, etc. |
| — acarne, *C. et V*........ | — acarne. | Gieudo, pagèu de plano. |

Neuf genres :

1. { Dents incisives tranchantes........................ 2
{ Incisives coniques............................... 5

2. { Dents latérales mousses, arrondies.............. 3
{ Dents latérales coupantes...... .............. .... 4

3. { Molaires grosses, inégales et disposées sur plusieurs
{ rangées....................................... SARGUS.
{ Molaires petites, grenues, placées sur une seule
{ rangée.................................... CHARAX.

4. { Une rangée de dents petites, grenues en arrière des
{ incisives................................... OBLADA.
{ Non........................................... BOX.

5. { Dents latérales, arrondies ou mousses............. 6
{ Dents latérales pointues......................... 8

6. { Dents antérieures en velours ou en cardes fines. ............................................ PAGELLUS
Dents antérieures fortes, coniques, au nombre de 4 ou 6............................................ 7

7. { Grosses molaires de la mâchoire supérieure sur deux rangs. ...................................... PAGRUS.
Sur plus de deux rangs..... .......... CHRYSOPHRYS.

8. { Incisives à peu près égales.. .. .......... CANTHARUS.
Incisives inégales, 4 à 6 grandes canines...... DENTEX.

### Genre *SARGUS*, Cuvier,

Quatre espèces :

1. { Une bande noirâtre sur le tronçon de la queue seulement. ....................................... 2
La bande noirâtre se continue sur les rayons de la dorsale............................ S. VULGARIS.

2. { Ventrales noirâtres.............................. 3
Ventrales jaunâtres. .. .......... ... . S. ANNULARIS.

3. { Sept ou huit bandes brunâtres verticales sur le corps........................... S. RONDELETII.
Pas de bandes brunâtres verticales sur le corps S. VETULA.

**42.**—1. SARGUS VULGARIS, *G. St. Hil.*— Sargue ordinaire.

N. P. : *Sar, pataclet, sargueto, sargou-rascas, sarguet-negre.*
— Assez commun. Chair très-estimée.

**43.**—2. SARGUS RONDELETII, *C. et V.* —Sargue de Rondelet.

N. P. : *Sarget, sargou, sàuchet, sarguet.* — Très-commun.
Chair assez estimée.

**44.**—3. SARGUS VETULA, *C. et V.*— Sargue vieille.
Excessivement rare : Martigues.

**45.**—4. SARGUS ANNULARIS, *Lin.*— Sargue annulaire.

N. P. : *Esperlin, mourre-pounchu, pataclet, pèis-coi, spa-*

*railloun* , *sparlin*.—Très-commun sur tout le littoral, où il habite les rochers submergés ; pénètre aussi dans les étangs salés.

### Genre *CHARAX*, Risso.

Une espèce :

**46**. Charax puntazzo, *C. et V.*— Charax puntazzo.

N. P. : *Mourre-agut.* — Assez commun à Nice.

### Genre *BOX*, Cuvier.

Deux espèces :

1. { Une tache noire bien marquée à la base de la pectorale.. ......... ......... ............ B. boops.
   Non. ....... ............... ...... ...... B. salpa.

**47**.—1. Box boops, *Bonap.*— Bogue commun.

N. P. : *Bogou, bogo, bugo.* — Très-commun. Chair recherchée. On trouve souvent dans l'arrière bouche de ce poisson, un crustacé parasite paraissant appartenir au genre Cymothoé. Sur cinquante Bogues que j'ai examinés à Marseille, sept seulement n'hébergeaient pas ce parasite, mais il convient d'ajouter que quatre en portaient deux, et un trois.

Valenciennes dit que les Provençaux croient rendre la pêche meilleure en suspendant à leur navire une figure argentée de Bogue.

Honorat donne au mot *bogo* l'étymologie suivante : « de *boops*, fait de *bous*, bœuf, et de *ops*, œil de bœuf, à cause des gros yeux qui distinguent ce poisson ; ou, selon le P. Puget, de *boax* , parce que ce poisson beugle quelquefois comme un bœuf ». La première manière de voir me parait de beaucoup la plus exacte.

**48**.—2. Box salpa , *C. et V.* La Saupe.

N. P. : *Mangeo-merdo , sarpo, sopi, sàupo, vergadelo.*—Fort commune. Chair peu estimée.

### Genre *OBLADA*, Cuvier.

Une espèce :

**49**. Oblada melanura, *Bonap*. Oblade ordinaire.

N. P. : *Aublado, blado, iblado, neblado, negrouno, oblado.*—
Commune. La chair de ce poisson par sa saveur et sa qualité,
rappelle assez bien celle de la Daurade.

### Genre *PAGRUS*, Cuvier.

Deux espèces :

Espace interorbitaire de teinte uniforme....... P. vulgaris.
Espace interorbitaire marqué d'un croissant bleuâtre.................................................. P. orphus.

**50**.—1. Pagrus vulgaris, *C. et V*. Pagre ordinaire.

N. P. : *Pagre, padre*. — Assez rare. Chair estimée, ferme,
blanche et solide ; elle n'a aucun goût désagréable quand le poisson vient d'un bon fond, ce qui arrive d'ailleurs le plus souvent.

**51**.—2. Pagrus orphus, *C. et V*. Pagre orphe.

N. P. : *Pagèu testas*.— Très-rare. La chair, à certaines époques, serait vénéneuse.

### Genre *CHRYSOPHRYS*, Cuvier.

Deux espèces :

Une bande longitudinale brunâtre sur la dorsale. C. aurata.
Non...................................... C. crassirostris.

**52**.—1. Chrysophrys aurata, *C. et V*. Daurade vulgaire.

N. P. : *Aurado, dàurado, mejano, sauquesme, sauqueno, sou-
bre-dàurado*. — Commune. Chair très-estimée surtout quand ce
poisson a séjourné quelque temps dans l'eau douce ; « nous esti-
mons fort, dit Rondelet, celles de l'estang de Martegue, é de

Lates, de l'estang près du cap de Sete. Aujourd'hui encore les Daurades de l'estang de Thau sont très-recherchées. » Ajoutons que ce poisson était en grande estime chez les anciens; l'histoire romaine nous apprend qu'un certain Sergius attachait une sorte d'honneur à se faire surnommer *Aurata*, à cause de son goût extravagant pour l'habitant des eaux dont nous parlons. Enfin, pour terminer, mentionnons l'emploi des grosses dents de Daurades — connues sous le nom de Crapaudines — que les Dames du moyen-âge portaient enchassées dans des métaux précieux et qu'elles considéraient comme un remède souverain pour tous les maux.

**53.**—2. CHRYSOPHRYS CRASSIROSTRIS, *C. et V.* Daurade à museau renflé. Excessivement rare : Nice.

### Genre *CANTHARUS*, CUVIER.

Trois espèces :

1. { Sous-orbitaires antérieurs échancrés..... C. VULGARIS.
   { Non............................................... 2

2. { Hauteur du corps mesurant plus du tiers de la lon-
   {     gueur................................ C. BRAMA.
   { Hauteur mesurant moins du tiers de la lon-
   {     gueur.......................... C. ORBICULARIS.

**54.**—1. CANTHARUS VULGARIS, *Cuv. et Val.* Canthère commun.

N. P. : *Canto, canteno, cantarèlo, sarg, tanudo.* — Assez commun. Chair peu recherchée, car ce poisson « se plaît surtout dans les ports, aux embouchures des rivières et dans le voisinage des rivages, aux endroits où les flots apportent du limon et où les fleuves et les eaux de la pluie entrainent de la vase. Il en résulte que sa chair contracte le plus souvent une saveur désagréable, et qu'elle est généralement peu estimée, quoique quelquefois cependant elle soit fort bonne et mérite véritablement d'être recherchée : c'est ce qui a lieu à Nice en particulier où on la mange avec plaisir (H. Cloquet) ».

?.—2. CANTHARUS BRAMA, *Cuv. et Val.* Canthère brème.

Espèce excessivement rare pour la Méditerranée et dont la présence dans notre région n'a pas été bien constatée.

?.—3. CANTHARUS ORBICULARIS, *C. et V.* Canthère orbiculaire.

Doumet cite cette espèce comme se trouvant à Cette; Günther l'a reçue des côtes de Corse. Je ne la connais pas de Marseille. Est à rechercher sur notre littoral.

### Genre *DENTEX*, CUVIER.

Deux espèces :

Diamètre de l'œil plus petit que l'espace préorbitaire.

............................................ D. VULGARIS.

Diamètre de l'œil plus grand........ D. MACROPHTHALMUS.

**55.**—1. DENTEX VULGARIS, *Cuv.* Denté ordinaire.

N. P. : *Daino, lente, denti, daismo.*— Assez commun : Nice, Marseille, Toulon, etc. Chair assez estimée.

**56.**—2. DENTEX MACROPHTHALMUS, *C. et V.* Denté aux gros yeux.

N. P. : *Bouco-roujo, gros-uèi.*— Très-rare sur notre littoral; aussi est-ce avec raison que Bélon a dit de cette espèce : « *nostro littori admodum rarus, aut eo nomine ignotus* ».

### Genre *PAGELLUS*, CUVIER.

Six espèces :

1. { Une tache foncée sur l'épaule ou à la base de la pectorale..................................... 2
{ Non................................................ 3

2. { La tache est surtout marquée à l'origine de la ligne latérale................ ........... P. CENTRODONTUS.
Elle est bien marquée à la base et à l'aisselle de la pectorale........... ............... P. ACARNE.

3. { Sur le corps 10 à 12 bandes verticales noirâtres plus ou moins longues.................. P. MORMYRUS.
Non....... ............................•......... 4

4. { Diamètre de l'œil plus petit que l'espace préorbitaire ...................•.......... P. ERYTHRINUS.
Diamètre de l'œil plus grand que l'espace préorbitaire.  5

5. { Pectorale atteignant l'anale. ........... P. BREVICEPS.
Non............................... P. BOGARAVEO.

**57.**—1. PAGELLUS ERYTHRINUS, *C. et V.* Pagel commun.

N. P. : *Pagèu, pàgel.* — Commun. Chair blanche, grasse, d'une saveur agréable ; elle est surtout estimée en automne.

**58.**—2. PAGELLUS BREVICEPS, *C. et V.* Pagel à museau court.

Très-rare : Marseille, Nice.

**59.**—3. PAGELLUS BOGARAVEO, *C. et V.* Pagel bogueravel.

N. P. : *Bogo-ravelo, bougrabèu, bogo-ravèu.*— Assez rare

**60.**—4. PAGELLUS MORMYRUS, *C. et V.* Pagel mormyre.

N. P. : *Mourme, mourmeno, mouret, tenihié, mourmero.* — Peu commun.

**61.**—5. PAGELLUS CENTRODONTUS, *Bonap.* Pagel à dents aiguës.

N. P. : *Besugo de la redo, belugo, roussèu, bel-uèi.* — Commun. L'automne est le moment où ce poisson est de meilleure qualité.

**62.**—6. PAGELLUS ACARNE, *C. et V.* Pagel acarne.

N. P. : *Gieudo, pagèu de plano.* — Assez commun. M. Maurin cite cette espèce comme se trouvant dans la rivière d'Argens.

### Famille des MÆNIDÉS.

5e Famille, MÆNIDÉS. Bouche très-protractile ; dents en velours aux deux mâchoires ; quelquefois deux ou quatre petites dents canines ; il peut aussi exister des dents palatines et de petites dents vomériennes ; corps écailleux ; nageoires ventrales placées sous les pectorales.

Une cinquantaine d'espèces ubiquistes. Deux genres sont représentés dans notre mer par des espèces assez nombreuses et que l'on capture communément : ce sont les Mendoles et les Picarels ; mais leur chair maigre, coriace, d'une saveur âcre, n'est guère estimée qu'à l'époque de la ponte.

| | | |
|---|---|---|
| Mæna vulgaris, *C. et V*......... | Mendole commune. | Amendoule, cazarelo, etc. |
| — osbeckii, *C. et V*......... | — d'Osbeck. | Goro, besugo. |
| — jusculum, *C. et V*....... | — juscle. | |
| — vomerina, *C. et V*........ | — vomérine. | |
| Smaris vulgaris, *C. et V*.. . . | Picarel ordinaire. | Gavaroun, gerre, etc. |
| — alcedo, *C. et V*......... | — martin-pêcheur. | Biavié, varlet de villo, etc. |
| — chryselis, *C. et V*....... | — chrysèle. | |
| ? — Maurii, **Bonap**......... | — de Mauri. | |

Deux genres :

Des dents sur le vomer .. ..................... MÆNA.

Non.. ...................................... SMARIS.

### Genre *MÆNA*, Cuvier.

Quatre espèces :

1 { Dents sur le vomer en bande longitudinale.......... 2
{ Dents sur le vomer en groupe, sur le chevron seulement............................. M. VOMERINA.

2. { Canines de la mandibule assez grandes........... 3
{ Canines de la mandibule nulles ou fort courtes.
...... ...................... M. JUSCULUM.

3. 
{ Écaille axillaire externe de la ventrale faisant moins
de la moitié de la longueur de la nageoire M. VULGARIS.
Écaille..... faisant plus de la moitié de la longueur
de la nageoire ........ ............ M. OSBECKII.

**63.**—1. MÆNA VULGARIS, *C. et V.* Mendole commune.

N. P. : *Amendoulo, mendoulo , cagarèlo.* — Assez commune.
Le nom de *cagarèlo* que ce poisson portait du temps de Rondelet
est significatif et rappelle que **sa** chair peut dans certains cas
produire de la superpurgation.

**64.**—2. MÆNA OSBECKII, *C. et V.* Mendolo d'Osbeck.

N. P. : *Goro, besugo.*— Assez commune.

**65.**—3. MÆNA JUSCULUM, *C. et V.* Mendole juscle.

Peu commune sur les côtes de Provence.

**66.**—4. MÆNA VOMERINA , *Cuv. et Val.* Mendole vomérine.

Assez commune : Nice, Marseille.

### Genre *SMARIS*, CUVIER.

Quatre espèces :

1. 
{ Longueur totale mesurant cinq fois et plus la hauteur
du tronc......... .. ..... .......... S. MAURII.
Longueur totale mesurant moins de cinq fois la hauteur du tronc.................. ............. 2

2. 
{ Plus de 80 écailles à la ligne latérale...... S. VULGARIS.
Moins ............................... 3

1. 
{ Une tache noire sur le 1er espace intraradiaire de la
dorsale........ .... ........... ... S. ALCEDO.
Non................................ S. CHRYSELIS.

**67.**—1. SMARIS VULGARIS, *C. et V.* Picarel ordinaire.

N. P. : *Gararoun, gerre, jarret, pataclet.* — Très-commun.
Chair d'une saveur âcre, peu estimée , ainsi du reste que celle
des **autres** espèces.

**68**.—2. Smaris alcedo, *C. et V.* Picarel martin-pécheur.

N. P. : *Blavié, gerle-blavié, varlet-de-villo.*—Assez commun.

**69**.—3. Smaris chryselis, *C. et V.* Picarel chrysèle.

Assez commun.

?.—4. Smaris maurii, *Bonap.* Picarel de Mauri.

Espèce de la Méditerranée, assez rare à Cette; est à rechercher sur nos côtes provençales.


### Famille des CHÆTODONIDÉS.


6ᵉ Famille, Chætodonidés ou Squammipennes, à nageoires dorsale et anale tellement couvertes d'écailles, au moins dans leur partie molle, qu'on voit à peine leur séparation d'avec le corps; celui-ci comprimé, plus ou moins plat et large; dents en forme de brosse ou de cardes.

Ces Poissons, de petite taille, très-nombreux en espèces, et qui ont donné lieu à la création d'un assez grand nombre de genres, habitent, en général, l'Océan indien et celui des Antilles; un groupe seulement, celui des Castagnoles, se rencontre dans nos mers européennes et surtout dans la Méditerranée; ils se tiennent habituellement près de la côte et entre les rochers où il y a peu d'eau. La forme comprimée de leur corps et leur longueur totale qui semble moins grande qu'à l'ordinaire en raison de leur largeur plus considérable, permettent de reconnaître facilement ces Acanthoptérygiens, que la disposition des écailles des nageoires différencie aisément de ceux qui ont le même aspect qu'eux; en outre, ces poissons sont revêtus des plus belles couleurs et des ornements les plus propres à plaire à la vue : le rose, le rouge vif, le bleu clair, l'azur, le noir velouté, sont répartis à la surface du corps en raies, en bandes, en anneaux, en taches ocellées sur des fonds dorés et argentés ou nuancés de toutes les couleurs de l'iris (Chenu).

La Castagnole ordinaire est le seul représentant pour la faune provençale, de cette intéressante famille des Squammipennes.

**70**. Brama raii, *Bloch*. Castagnole ordinaire.

N. P. : *Castagnolo, castagnolo-di-grand founs, castagnolo-di-grosso*. — Assez rare : Marseille, Nice. En juin 1881, sept

Fig. 24. Castagnole ordinaire (*Brama Raii*, Bloch).

individus de cette espèce ont été capturés près du Frioul; ils étaient excessivement phosphorescents (Note de M. Siepi, naturaliste-préparateur au Muséum d'hist. nat. de Marseille).

Les caractères les plus extérieurs sont : mâchoire inférieure plus avancée que la supérieure; couleur bleu-foncé du dos s'éclaircissant à mesure que l'on s'avance vers les flancs qui sont grisâtres, et devient jaune-clair sous le ventre; gorge à reflets métalliques rougeâtres. Certains individus ont le corps sillonné de bandes onduleuses brunes. Sa hauteur est presque égale à sa longueur; celle-ci varie de 0^m,70 à 0^m,80. Son poids atteint souvent 5 kilogrammes et sa chair est assez estimée.

Parmi les Squammipennes exotiques je me bornerai à citer les Chétodons, dont une espèce, le Chætodon capistratus, Bloch, aurait été capturée une fois à Nice, et les Archers; tous types qui pour se procurer leur proie, utilisent les principes de la balistique avec une précision admirable, ainsi qu'on peut en juger du reste par la relation suivante empruntée à M. H. de la Blanchère (*L'esprit des Poissons* page 87).

« En 1763, le docteur Schlosser présenta à la société royale un spécimen des espèces chœtodoniennes de l'Inde, connu maintenant sous le nom de Chelmon rostratus, Linné, un des membres de cette nombreuse famille chez laquelle le museau se projette en un tube long et étroit. Ce Poisson fréquente les rivages de la mer et les bords de rivières où il cherche de la nourriture. Quand il avise une mouche posée sur les plantes qui croissent dans ces eaux peu profondes, il s'en approche en nageant, et cela, à la distance de quatre, cinq ou six pieds; puis, avec une dextérité surprenante, il lance hors de sa bouche tubulaire une goutte d'eau qui ne manque jamais de frapper la mouche et de l'abattre dans la mer, où elle devient bientôt la proie de son ennemi.

« Le récit d'un trait de mœurs si peu commun éveilla la curiosité du gouverneur de l'hôpital de Batavia, dans l'île de Java. Le fait était attesté par des témoins dignes de foi, mais le gouverneur voulut se convaincre par ses propres yeux de l'authenticité de pareils rapports. A cette fin, il fit remplir d'eau de mer un large bocal et, ayant plusieurs de ces Poissons sous la main, il les mit dans le bocal dont il renouvelait l'eau tous les jours. En peu de temps ils se montrèrent réconciliés avec leur état de captivité, et le gouverneur résolut alors de commencer ses expériences.

« Il prit un mince baguette, au bout de laquelle il piqua une mouche avec une épingle; puis il plaça cette baguette sur les bords du vaisseau de manière que les poissons pussent apercevoir l'insecte. Ce ne fut point sans un certain mouvement d'inexprimable joie qu'il vit, — et cela tous les jours, — ces Poissons exercer leur adresse en tirant à la mouche avec une vélocité merveilleuse; ils ne manquaient jamais leur but.

« Ce fait a été observé, depuis lors, par M. Reinwardt, qui admira, lui aussi, l'adresse et l'habileté de ces chasseurs. Selon lui, les Chinois qui habitent l'île de Java aiment à entretenir ces petits poissons dans des vases de verre ou de porcelaine. Ils s'amusent souvent à suspendre un insecte par un fil et à le présenter aux hôtes de l'aquarium qui ne manquent jamais de l'asperger.

« Le *Chelmon à bec* n'est pas le seul artilleur qui sache bombarder sa proie. Un autre encore de la même famille, l'Archer sagittaire (TOXOTES JACULATOR, Schaw) de Java, n'est pas moins adroit. Son museau est court et déprimé, ce qui ne l'empêche pas de lancer, parfois à un mètre ou un mètre et demi, des gouttes d'eau sur les insectes qui se cramponnent aux plantes aquatiques. Il les manque rarement, et les fait ainsi tomber dans le milieu qu'il habite, et où il les saisit aussitôt. »

## Famille des ANABASIDÉS.

Bien qu'entièrement exotique, la 7ᵉ famille (Anabasidés ou pharyngiens labyrinthiformes) mérite d'arrêter un instant notre attention.

Elle renferme des êtres dont les os pharyngiens supérieurs sont divisés en petits feuillets nombreux irréguliers, interceptant des cellules dans lesquelles il peut rester de l'eau qui découle sur les branchies et les humecte quand l'animal est à sec, ce qui permet à ces poissons de se rendre à terre et d'y ramper à une distance souvent considérable des ruisseaux et des étangs qu'ils habitent dans l'Inde et dans l'Afrique méridionale. Cette disposition — outre qu'elle rend possible la capture d'une proie même hors de l'eau — leur est indispensable car, destinés à peupler des marais dans lesquels la sécheresse peut tarir l'eau d'un moment à l'autre, il leur fallait bien un moyen d'échapper à la mort. Ils l'ont reçu et grâce à cette disposition anatomique, ils peuvent vivre cinq ou six jours au moins hors de leur élément.

Il y aurait plus : l'un d'eux—et le plus connu, l'Anabas sennal, (Anabas scandens, Cuvier)—jouirait de la singulière faculté nonseulement de quitter l'eau, mais encore de monter aux arbres jusqu'à une hauteur de deux mètres pour trouver, à l'aisselle des feuilles, l'eau qui lui est nécessaire pendant les jours de sécheresse. Il exécuterait cette ascension en s'accrochant à l'écorce alternativement avec les épines de son opercule et celles de sa dorsale. Ce poisson saurait même se suspendre aux branches d'arbres pendant sur les eaux, pour éviter d'être emporté lors des inondations. Cependant un certain nombre d'observateurs, notamment : MM. Reinwardt, Kuhl, Van Hasselt, Boié, Mucklot, Leschenault, Dussumier, etc., qui ont étudié l'Anabas dans son pays natal, déclarent n'avoir rien vu de semblable.

Enfin terminons par un trait de mœurs qui rapprocherait certains labyrinthiformes des Épinoches. M. Carbonnier, membre distingué de la Société d'acclimatation, reçut de Chine une vingtaine de petits poissons dont l'espèce n'est pas parfaitement déterminée, mais qui appartiennent à la famille des Labyrinthiformes. « Or, dit l'auteur de *L'esprit des poissons*, au bout d'un certain temps les poissons de M. Carbonnier étaient si bien habitués à la domesticité qu'ils se mirent à frayer et l'observateur put constater des faits absolument inattendus. La ponte s'opère d'une façon tout à fait spéciale pour la femelle que le mâle aide en cette importante circonstance ; recourbant la partie postérieure de son corps en cercle, il se place comme une sorte d'anneau autour de la femelle et, produisant ainsi une pression, il aide à l'expulsion des œufs qui, une fois libres et n'étant munis d'aucun enduit adhérent, se séparent et flottent au hasard dans le liquide.

« Ces mœurs sont déjà fort curieuses ; mais voici où le merveilleux commence. Lorsque les œufs sont pondus, le mâle hume à la surface un globule d'air, et rejette une petite bulle qui monte et ne crève point, consolidée probablement par un mucus insoluble sécrété par la bouche du poisson. Continuant sans trève cette manœuvre, le petit travailleur forme sur l'eau une sorte de plafond d'écume, épais quelquefois d'un centimètre. Pendant dix jours, sans prendre d'aliments, notre père de famille modèle surveille son nid aérien. Dès qu'un vide se fait, il le comble à l'aide d'une nouvelle bulle dont la matière est toujours prête. Il retire les œufs qui lui paraissent en trop grand nombre et les porte dans les endroits dégarnis : à coup de tête, il disperse les œufs trop serrés les uns contre les autres. Les petits éclos, il les surveille, les garde et les défend, puis..., les fuyards augmentant peu à peu avec les jours, le pauvre père reste seul, abandonné de ceux que la reconnaissance devait lui attacher. Ah ! Nadaud l'a bien trouvé, quand il a dit :

> L'affection, comme les fleuves,
> Descend et ne remonte pas. »


## Famille des SCOMBEROIDÉS.

8ᵉ famille, Scombéroïdés, à corps de forme variable mais le plus souvent allongé, couvert de très-petites écailles lisses, quelquefois tuberculeuses, plus ou moins rudes ; tête plus ou moins développée ; dentition généralement faible, parfois nulle ; ouïes bien fendues, ordinairement sept rayons aux branchies ; pièces operculaires sans épines ni dentelures ; cœcums pyloriques généralement nombreux. Nageoire dorsale simple ou double, pouvant subir certaines modifications dont la plus curieuse est la transformation de la 1ʳᵉ dorsale des Échénéis en une sorte de ventouse qui permet à l'animal de se fixer aux corps solides ; anale souvent précédée de quelques épines paraissant constituer une première nageoire ; en arrière de la dorsale et de l'anale, il y a, dans certaines espèces, des rayons détachés appelés pinnules ou fausses nageoires ; ventrales placées au-dessous des pectorales (elles sont en avant chez les *Astrodermus*, et en arrière dans les *Notacanthus*), plus ou moins développées, parfois très-réduites, et même manquant (genre *Xiphias*).

Cette famille est composée de poissons exclusivement marins, propres à toutes les mers; plusieurs d'entre eux vivent en bandes nombreuses et sont fort utiles à l'homme par le goût agréable de leur chair, par leur volume et par leur inépuisable reproduction qui les ramène périodiquement vers les mêmes parages et en fait l'objet des plus grandes pêches.

### SCOMBÉROÏDÉS DE LA RÉGION.

| | | |
|---|---|---|
| Scomber scombrus, *Lacép* | Scombre maquereau. | Auriol, auruòu, etc. |
| — colias, *Lin* | — colias. | Aurnèu-bias, cavaluco. |
| Auxis vulgaris, *C. et V.* | Auxide commune. | Bounicou, bounitou. |
| Thynnus alalonga, id. | Le Germon. | Alo-longo, toun-blanc, etc. |
| — pelamys, id. | Bonite à ventre rayé... | Palamido. |
| — thunnina, id. | La Thonine. | Tounino, touna. |
| — vulgaris, id. | Thon commun. | Toun. |
| — brachypterus, id. | — à pectorales courtes | |
| Pelamys sarda, *Willugh* | Pélamide commune. | Boussicou, bounitou, palamido. |
| — Bonaparte, *Fil. et Ver.* | — de Bonaparte. | |
| Trachurus trachurus, *Günther* | Le Saurel. | Suverèu, macarèu, etc. |
| Caranx luna, *G. St. Hil.* | Caranx lune. | Pèis-suvarèu. |
| — fusus, *G. St. Hil.* | — fuseau. | |
| — suareus, *Risso* | — suaréou. | |
| Naucrates ductor, *C. et V.* | Le Pilote. | Fanfre, piloto. |
| Lichia vadigo, *Risso* | Liche vadigo. | Leccio. |
| — glaucus, *C. et V.* | — glaycos. | — |
| — amia, id. | — amie. | — |
| Seriola Dumerilii, *Risso.* | Sériole de Duméril. | Seriolo. |
| Zeus faber, *Lin* | Zée forgeron. | Pèis sant Peïre, gal, etc. |
| — pungio, *C. et V.* | — à épaule armée. | Pèis sant Peïre. |
| Capros aper, *Lacép* | Capros sanglier. | Pèis-porc, verrat. |

| | | |
|---|---|---|
| Cubiceps gracilis , *Günth*... . . | Cubiceps grêle. | |
| Lampris luna , *Ris*.... ... .... | Lampris lune. | Pèis d'Africo. |
| Centrolophus pompilius , *Ris*.... | Centrolophe pompile. | Fanfre d'Americo. |
| — Valenciennesi, *Em. M.* | — de Valenciennes. | |
| — ovalis , *C. et V*... .. | — ovale. | |
| — crassus , id, | — épais. | |
| — liparis , *Ris*......... | — liparis. | |
| Schedophilus medusophagus, *Co.* | Schédophile méduso-phage. | |
| Stromateus fiatola , *Lin*......... | Stromatée fiatole. | Fiatolo, lampugo. |
| — microchirus, *Bonap.* | — sésorin. | |
| Luvarus imperialis , *Rafin*... ... | Louvareou impérial. | Pèis-barbaresco. |
| Astrodermus elegans, *C et V*... | Astroderme élégant. | Pèis d'Americo. |
| Coryphæna hippurus , *Lin*...... | Coryphène hippurus. | Daurado , fera, pèis-fouran. |
| Xiphias gladius , *Lin* .......... | Espadon. | Emperadour , emperour, etc. |
| Tetrapturus belone , *Rafin*...... | Tétrapture aiguille. | |
| Echeneis remora , *Lin*..,..... . | Échéneis rémore. | Sucet, suço-pego , mangeo-pego. |
| — naucrates , *Lin*...... | — naucrate. | |
| Lepidopus argenteus, *Bonnat*.... | Lépidope argenté. | Argentin-denta, pèis-d'argent. |
| Notacanthus Rissoanus , *F. et V.* | Notacanthe de Risso. | |
| — mediterraneus, id. | — de la Méditerranée. | |
| — Bonaparte , *Ris* ...... | — de Bonaparte. | |

Vingt-quatre genres :

1. { Sur la tête un disque ovale, composé de lamelles
osseuses......... ................. ECHENEIS.
{ Non............. .......................... 2

2. { Museau prolongé en une pointe osseuse... ....... 4
{ Non........................... ............... 3

3. { Ventrales situées au-dessous des pectorales....... 5
{ Ventrales situées en arrière des pectorales. NOTACANTHUS.

4. { Ventrales ayant un ou plusieurs rayons.. TETRAPTURUS.
{ Ventrales manquant..................... XIPHIAS.

5. { Dorsale double..... ..................... .. 6
{ Dorsale unique....................... 17

6. — Plusieurs fausses nageoires après la 2ᵉ dorsale et l'anale...... 7
— Une seule fausse nageoire après la 2ᵉ dorsale, ou point..... 10

7. — Dorsales éloignées l'une de l'autre...... 8
— Dorsales rapprochées...... 9

8. — Carène latérale distincte sur le côté de la queue.. Auxis.
— Pas de carène...... Scomber.

9. — Dents égales, serrées, rondes, pointues...... Thynnus.
— Dents inégales, séparées, très-longues...... Pelamys.

10. — Anale double...... 11
— Anale simple...... 16

11. — Ligne latérale cuirassée...... 12
— Ligne latérale ordinaire...... 13

12. — Ligne latérale ayant des boucliers sur toute sa longueur...... Trachurus.
— Ligne latérale n'ayant pas de boucliers sur la partie antérieure ou courbée...... Caranx.

13. — Des écussons osseux de chaque côté de la 2ᵉ dorsale et de la 2ᵉ anale...... Zeus.
— Non...... 14

14. — Une carène latérale sur le tronçon de la queue. Naucrates.
— Non...... 15

15. — Les épines de la 1ʳᵉ dorsale sont libres en partie. Lichia.
— Les épines de la 1ʳᵉ dorsale sont réunies par une membrane intraradiaire développée...... Seriola.

16. — Caudale carrée...... Capros.
— Caudale fourchue...... Cubiceps.

17. — Ventrale réduite à une écaille...... Lepidopus.
— Non...... 18

18. — Ventrale ayant au moins 14 rayons...... Lampris.
— Ventrale ayant moins de 9 rayons...... 19

<table>
<tr><td rowspan="2">19.</td><td>Dorsale commençant sur la tête.</td><td>20</td></tr>
<tr><td>Dorsale commençant au-dessus ou en arrière de l'ouverture des ouies</td><td>21</td></tr>
<tr><td rowspan="2">20.</td><td>Carène latérale sur le tronçon de la queue. ASTRODERMUS.</td><td></td></tr>
<tr><td>Non. CORYPHÆNA.</td><td></td></tr>
<tr><td rowspan="2">21.</td><td>Carène latérale sur le tronçon de la queue. LUVARUS.</td><td></td></tr>
<tr><td>Non</td><td>22</td></tr>
<tr><td rowspan="2">22.</td><td>Ventrales assez grandes</td><td>23</td></tr>
<tr><td>Ventrales manquant ou fort courtes. STROMATEUS.</td><td></td></tr>
<tr><td rowspan="2">23.</td><td>Ventrales insérées au-dessous des pectorales. CENTROLOPHUS.</td><td></td></tr>
<tr><td>Ventrales insérées en avant des pectorales. SCHEDOPHILUS.</td><td></td></tr>
</table>

*Genre SCOMBER*, ARTÉDI.

Deux espèces :

Espace interorbitaire de teinte foncée, non transparent. . . . S. SCOMBRUS.

Espace interorbitaire blanchâtre, plus ou moins transparent. . . . . S. COLIAS.

**71.**—1. SCOMBER SCOMBRUS, *Lacép.* Scombre maquereau.

N. P. : *Auriol, auruou, aurièu, aurnèu, auruou-blanc, grièu, suverèu, veirat.* — Commun surtout à certaines époques, le Maquereau voyage par troupes.

« La question de l'apparition et de la disparition annuelle et régulière de ce poisson est encore non résolue. Duhamel du Monceau, Anderson et beaucoup d'autres, prétendent que les Maquereaux passent l'hiver dans les mers du Nord et se mettent en route au printemps, côtoyant dans l'Océan Atlantique, l'Islande d'abord, puis le Jutland, l'Écosse et l'Irlande. Une partie pénètre dans la Manche pour y gagner la mer du Nord et la Baltique, où d'autres ont dû arriver du Jutland déjà, tandis qu'une autre partie de la grande migration longe les côtes de France, d'Espagne, de Portugal, se divise au détroit de Gibraltar pour entrer dans la Méditerranée, où elle longe les côtes d'Afrique. En automne toutes les colonnes éparses se réunissent pour regagner les parages des pôles.

« Pléville-le-Pelay, au contraire, affirme avoir vu, en plein hiver, sur les bas-fonds vaseux, des myriades de Maquereaux serrés les uns contre les autres et à moitié enfoncés dans la vase où ils restaient pendant la mauvaise saison. Puis, le printemps venu, ils secouent leur torpeur, apparaissent comme à jour fixe toujours dans les mêmes parages à la surface des eaux, et s'accouplent dans les endroits favorables pour déposer leur frai.

« Cette théorie rapproche le Maquereau de beaucoup d'autres poissons sédentaires qui passent l'hiver au fond des mers et s'engourdissent par le froid dans une espèce de léthargie, et explique au reste pourquoi, en octobre, on pêche des jeunes Maquereaux de 0ᵐ, 10 à 0ᵐ, 15 de long, et comment en hiver on en prend de gros, mais pas à la ligne, aux filets traînants qui ont ramassé ceux qui ne s'étaient pas enfouis assez avant dans la vase ou le sable (1) ».

Chair généralement assez estimée, mais dont la qualité varie suivant l'âge de l'animal, le sexe, l'époque de la capture, etc.

**72.**—2. SCOMBER COLIAS, *Lin.* Scombre colias.

N. P. : *Aurnèu-bias, cacaluco.*—Assez commun sur nos côtes

(1) De la Blanchère, H., *Nouveau Dictionnaire des Pêches*, Paris 1868, page 484.

où il se montre depuis le mois de mars jusqu'en novembre. Chair moins estimée que celle de l'espèce précédente.

### Genre *AUXIS*, Cuvier.

Une espèce :

**73**. Auxis vulgaris, *Cuv. et Val.* Auxide commune.

N. P. : *Bounicou, bounitou.* — Assez rare : Nice. Apparait sur la côte de Nice au printemps, en été et en automne. La femelle est plus grosse que le mâle ; elle pond en août des œufs blanchâtres, liés par un gluten roussâtre. Chair peu estimée.

### Genre *THYNNUS*, Cuvier.

Cinq espèces :

1. Pectorales atteignant et dépassant la 2e dorsale.
   ............................................. T. ALALONGA.
   Non ............................................ 2
2. 1re dorsale falciforme............................. 3
   1re dorsale triangulaire........................... 4
3. Quatre ou cinq bandes noires longitudinales au-dessous de la ligne latérale............. T. PELAMYS.
   Pas de bandes....................... T. THUNNINA.
4. Corselet se prolongeant en dessous plus en arrière que les ventrales................ T. VULGARIS.
   Corselet finissant avant les ventrales. T. BRACHYPTERUS.

**74**.—1. Thynnus alalonga, *Cuv. et Val.* Le Germon.

N. P. : *Alo-longo, aro-longo, can, toun-blanc.* — Cette espèce, facilement reconnaissable grâce à ses grandes pectorales, voyage en troupes et se montre dans notre mer en mai-juin ; elle est relativement rare. Sa chair, plus blanche que celle du Thon commun, est aussi plus estimée. Longueur variant de 0$^m$,70 à 1$^m$ ; poids de 20 à 30 kilog.

**75.**—2. Thynnus pelamys, *Cuv. et Val.* Bonite à ventre rayé.

N. P.: *Palamido.* — Espèce des mers de la zone torride qui ne se montre qu'accidentellement dans la Méditerranée. Ainsi que le fait judicieusement remarquer mon savant maître en Ichthyologie M. le Dr Em. Moreau, le *Thynnus pelamys*, Thon pélamide, Risso, *Hist. nat.* III, 415, n'est pas la Bonite à ventre rayé, mais la Pélamide sarde.

**76.**—3. Thynnus thunnina, *Cuv. et Val.* La Thonine.

N. P, : *Tounino, touna.* — Peu commune sur notre littoral. La Thonine apparaît de mai en octobre. Ce poisson ressemble assez au Thon commun, quoique de taille plus petite, mais il en diffère par plusieurs caractères dont voici les principaux : museau plus court, première dorsale plus haute, dos parcouru par des lignes onduleuses d'un brun très-foncé, presque noir; flancs ayant çà et là des reflets dorés ; ventre tacheté de gris, etc. Chair estimée à l'égal de celle du Thon.

**77.**—4. Thynnus vulgaris, *Cuv. et Val.* Thon commun.

N. P.: *Toun.* — Très-abondant dans la Méditerranée, ce poisson se montre par bandes depuis avril jusqu'au mois d'octobre ; il constitue pour les pêcheurs de notre littoral un commerce assez lucratif. Chair grasse, délicate et estimée ; celle des jeunes, plus ferme, est conservée dans l'huile et livrée à la consommation sous le nom de thon mariné. Taille de 0,70 à 2 mètres, poids pouvant égaler de 200 à 300 kilogram. Il semblerait que contrairement à ce qui se remarque dans les autres poissons, le mâle arrive à une taille plus grande que la femelle.

On emploie deux procédés principaux pour prendre les Thons: la Madrague et la Thonaire.

« La Madrague est une sorte de parc fixe en filets, soutenu non par des palots, vu la profondeur de l'eau où on l'établit, mais supporté par des aussières frappées à des ancres. Une telle installation ne peut donc avoir lieu que dans une mer qui n'a pas de marée, sans cela le tout serait bouleversé deux fois par jour. Quoique les madragues soient établies dans la Méditerranée, depuis l'Italie jusqu'en Espagne, leur nombre est cependant assez restreint, car une telle installation est très-dispendieuse. Les filets sont plongés dans l'eau depuis le mois de

Fig. 25. Madrague vue à vol d'oiseau.

février jusqu'au milieu de l'automne, ils sont par conséquent sujets à de nombreuses avaries. L'entretien de ces filets et les travaux de la pêche nécessitent un personnel nombreux : aussi les madragues ne s'établissent-elles que par association. Elles sont construites en fil de sparterie et non de chanvre, comme les filets ordinaires.

« Pour établir cet engin, on fait choix d'un endroit sableux dont la pente, du rivage à la haute mer, est la plus régulière possible et où il n'y ait pas de courant, puis on commence par fixer la direction de la madrague et on assujettit fortement le filet, car il ne faut pas qu'il obéisse à l'action des vagues. La direction se fixe au moyen de très-gros câbles, et la stabilité s'obtient à l'aide d'une vingtaine d'ancres accrochées aux câbles directeurs et mouillés au fond de la mer. La madrague ne s'établit guère sur des endroits qui aient une profondeur supérieure à 40 mètres et elle doit être reliée à la terre par une pièce de filet verticale et tendue en droite ligne. Ce barrage immense porte le nom de *queue de la Madrague*, et il n'est pas rare d'en rencontrer qui atteignent un kilomètre et plus. Ce filet est formé de mailles de $0^m, 20$ environ, et sa direction naturelle est du Nord au Sud, de sorte que la queue de la madrague a la forme d'un triangle très-allongé, dont la pointe est attachée sur la plage par une ancre de forte dimension. La partie inférieure porte au fond de l'eau, grâce à un lest de plomb ou de pierres, tandis que la partie supérieure est soutenue par de gros liéges et même par de petits barils goudronnés. Cette queue est fixée invariablement à l'aide de six cordes — trois de chaque côté — frappées chacune à sa grosse ancre.

« La base du triangle de la queue se joint à la seconde partie de la madrague — le filet proprement dit — à peu près vers le milieu de celui-ci, et le tout forme ainsi, depuis le rivage, une sorte de haie qui arrêtera les Thons.

« Le corps de la madrague est formé d'un filet parallèle à la côte, de l'Est à l'Ouest, d'une longueur d'environ un kilomètre, formant un parallélogramme allongé. Ce parallélogramme se rétrécit dans sa partie Ouest, depuis l'endroit où elle se joint avec la queue, et forme ainsi une sorte de poche que l'on divise en quatre compartiments par des pièces de filet dont le bas est lesté avec du plomb ou de grosses pierres, et dont la partie supérieure est retenue sur l'eau par des liéges ou de petits barils. Le tout est assujetti avec de grosses ancres mouillées au loin, de manière à lui donner la force nécessaire pour résister, au besoin, à une forte houle. Les trois premiers compartiments ont 25 à 30 mètres de largeur; le quatrième est une poche construite avec des cordes de la grosseur du pouce et une extrémité est maintenue sur l'eau au moyen de trois batelets où elle est attachée. C'est le *Corpou* ou la *mort*, elle est garnie de filets, non seulement sur les côtés, mais encore au fond.

« La seconde chambre porte le nom d'*Izolette*; elle a trois ouvertures. La première est située à l'endroit où la queue se réunit au corps de la madrague et s'ouvre sur la mer. La seconde fait communiquer l'Izolette avec la chambre qui précède la *mort*. Celle-ci peut se fermer rapidement à l'aide d'un filet qui repose sur le fond et qu'on peut remonter tout à coup. A cette ouverture stationne dans un bateau un guetteur qui, par des signaux, en agitant un drapeau, etc., avertit les pêcheurs que la porte est fermée et que la bande des Thons est prisonnière.

« Les Thons arrivés devant la queue de la madrague se mettent à côtoyer cet obstacle, et entrent dans l'*Izolette* où ils se précipitent. En ce moment le filet-porte est levé, les Thons s'élancent dans le compartiment suivant, et de là dans la *mort*. Les pêcheurs accourent alors relèvent le filet de fond, la poche se rétrécit et la bataille commence, pendant laquelle il est très-imprudent d'agir sans précaution, surtout quand les Thons sont gros. On peut pêcher ainsi jusqu'à 20,000 francs de Thons dans une journée.

« La Thonaire est un filet qui sert dans la Méditerranée à prendre les Thons. Quand on le tient sédentaire, on le nomme *Thonaire de poste*. Quand on le laisse dériver, on le nomme *Courantille*. L'un et l'autre ont quelques rapports avec les *Folles*.

« Cet engin se compose de trois pièces de filet de quatre-vingts brasses chacune de longueur. La chute ordinaire est de six brasses que l'on peut doubler au besoin, en mettant deux pièces l'une au-dessus de l'autre. Ces filets sont fabriqués avec de gros fils de chanvre; le bas de la nappe est garni de pierres, tandis que des flottes de liége soutiennent la partie supérieure.

« Une des extrémités du filet est attachée à un pieu fixé sur le rivage, l'autre se porte à la mer, d'abord en ligne droite, puis, en revenant sur lui-même, on lui fait décrire un long circuit et les pêcheurs reviennent au point d'où ils sont partis. Comme les Thons suivent ordinairement les côtes, lorsqu'ils rencontrent ce filet, ils se trouvent arrêtés, puis entourés, ils s'effarouchent, s'agitent et se débattent, mais ils ne peuvent franchir la barrière; les pêcheurs tirent le filet à terre et les prennent avec d'autres gros poissons. Il est fait mention de la Thonaire dans une charte de Réné, comte de Provence, accordée aux pêcheurs de Marseille, en 1447 (1) ».

**78.**—5. THYNNUS BRACHYPTERUS, *Cuv. et Val.* Thon à pectorales courtes.

Assez commun sur nos côtes.

(1) **De la Blanchère, H. :** *Dict. gén. des pêches.*

### Genre *PELAMYS*, Cuvier.

Deux espèces :

Plus de vingt rayons à la 1<sup>re</sup> dorsale............. P. sarda.

Moins de quinze rayons    »    ........ P. Bonaparte.

**79.**—1. Pelamys sarda, *Willugh.* Pélamide commune.

N. P. : *Boussicou, bounitou, palamido.*—Assez commune sur nos côtes depuis le mois d'avril jusqu'en décembre. Chair estimée. La taille de ce poisson est inférieure à celle du Thon commun, car elle dépasse rarement 0<sup>m</sup>,50. On la pêche de la même manière.

**80.**—2. Pelamys Bonaparte, *Fil. et Ver.* Pélamide de Bonaparte.

Excessivement rare : Nice. Cinq spécimens en quinze ans (Note de MM. Gal, naturalistes à Nice).

### Genre *TRACHURUS*, Cuvier.

Une espèce :

**81.** Trachurus trachurus, *Günther.* Le Saurel.

N. P. : *Suverèu, estranglo-bello-mèro, gascoun, macarèu, pisso-vin, sièurel, suc-cagnenc.*—Commun sur tout notre littoral ; le Saurel voyage par troupes et ne s'approche du rivage que pour frayer. Chair molasse et médiocrement estimée.

### Genre *CARANX*, Cuvier.

Trois espèces :

1. { Une fausse nageoire après la 2<sup>e</sup> dorsale.... C. suareus.
   { Non.......... ................................ 2

2. { Moins de trente boucliers à la ligne latérale... C. luna.
   { Plus de quarante boucliers................. C. fusus.

**82.**—1. CARANX LUNA, *G. St. Hil.* Caranx lune.

N. P. : *Pèis-suvarèu.*— Rare : Nice. Se montre en mai, juin.

**83.**—2. CARANX FUSUS, *G. St. Hil.* Caranx fuseau.

Excessivement rare : Nice.

**84.**—3. CARANX SUAREUS, *Risso.* Le Suaréou.

Excessivement rare : Nice. « Risso paraît être le seul naturaliste qui ait vu le Suaréou. Il a fourni à Cuvier les documents à
l'aide desquels a été faite la description de cette espèce (1) ».

FIG. 26. Le Pilote, *Naucrates ductor*, C. et V.

### Genre *NAUCRATES*, RAFINESQUE.

Une espèce :

**85.** NAUCRATES DUCTOR, *Cuv. et Val.* Le Pilote.

N. P. : *Fanfre, piloto.*—Assez commun : Nice, Toulon, Marseille. Chair délicate. « Son nom de *Pilote* vient de ce que ce
poisson suit les vaisseaux pour s'emparer de tout ce qui en
tombe, et, comme le Requin a également cette habitude, quel-

(1) Cuvier et Valenciennes. *Histoire naturelle des Poissons*, Paris . 1828-1849, t. IX ,
p. 83.

ques voyageurs, les anciens surtout, on dit qu'il sert de guide au Requin. Bosc, qui a vu des centaines de ces Acanthoptérygiens, assure qu'ils se tiennent toujours à quelque distance du Requin, et qu'ils nagent assez vite dans les eaux pour être sûrs de l'éviter, et il ajoute que, si on leur jette quelque menue nourriture, comme des purées ou des bouillies, ils s'arrêtent pour s'en saisir et abandonnent le vaisseau et le Requin, ce qui ne peut laisser de doute sur l'objet qui les attirait (Chenu) ».

### Genre *LICHIA*, Cuvier.

Trois espèces :

1. { Dents des mâchoires sur une seule rangée.. L. VADIGO.
  { Sur plusieurs rangées......................... 2

2. { Maxillaire supérieur n'atteignant pas le prolongement du diamètre vertical de l'œil.......... L. GLAUCUS.
  { Maxillaire supérieur dépassant l'aplomb du bord postérieur de l'orbite....... ................. L. AMIA.

**86.**—1. LICHIA VADIGO, *Risso.* Liche vadigo.

N. P. : *Leccio.* — Très-rare : Nice. Chair estimée ainsi que celle des autres Liches.

**87.**—2. LICHIA GLAUCUS, *Cuv. et Val.* Liche glaycos.

N. P. : *Lica, lechio, leccio.* — Assez commune à Nice depuis mars jusqu'en septembre.

**88.**—3. LICHIA AMIA, *Cuv. et Val.* Liche amie.

N. P. : *Lechio.* — Assez rare : Nice, Marseille.

### Genre *SERIOLA*, Cuvier.

Une espèce :

**89.** SERIOLA DUMERILII, *Risso.* Sériole de Duméril.

N. P. : *Seriolo.* — Peu commune : Nice. Habite les grandes

profondeurs ou la haute mer vis-à-vis des côtes et n'approche du littoral que quand la faim la presse. Chair rougeâtre, saine et d'un goût exquis.

### Genre *ZEUS*, ARTÉDI.

Deux espèces :

Épine du scapulaire très-courte, à peine sensible. . Z. FABER.

Épine du scapulaire aussi longue, ou plus longue que le

diamètre de l'œil... ................. ..... Z. PUNGIO.

**90**.—1. ZEUS FABER, *Linné*. Zée forgeron.

N. P. : *Pèis-sant-Peire, gal, roto, trueso, trueto, truyo.*— Commun sur tout le littoral français. « Le Zée forgeron est un poisson qu'on trouve toute l'année dans nos marchés, et qui est préféré à tous les autres pour la sauce au vin appelée *Court-bouillon*. Le peuple a un préjugé au sujet de ce poisson : il croit que les os de la tête de cet animal représentent, par leurs formes singulières, tous les instruments de la Passion de J.-C.; et c'est à cause de cette circonstance, dit-on, que ce poisson a reçu le nom de *Pèis-sant-Peire*. Dans plusieurs famille de pécheurs on conserve religieusement ces os, et on les montre pièce à pièce, en y appliquant les noms des instruments de la Passion (St. des B. du Rh.). » Toutefois cette appellation aurait, pour d'autres auteurs, une origine différente. Elle aurait été donnée, comme le fait observer Valenciennes, d'après la supposition qui sans doute n'a jamais été sérieuse, que c'était un poisson de cette espèce que saint Pierre tira de la mer par ordre de J.-C. et dans la bouche duquel il trouva un denier pour payer le tribut : l'empreinte des doigts de l'apôtre serait demeurée, à toujours, à toute l'espèce sous la forme de cette tache noire qu'elle a sur chaque flanc.

Enfin les Arabes racontent que le Zée était au nombre des poissons que prit saint Pierre ; mais qu'ayant poussé un cri plaintif en sortant du filet, Pierre, touché de compassion, le prit entre les opercules et la nageoire dorsale et le remit en mer en lui disant : « Va rejoindre ta famille ». Ils croient que la trace de ses doigts est restée sur le poisson. D'ailleurs ils ignorent, ainsi que le fait observer avec raison M. de la Blanchère, qu'il n'y a pas de Zée dans la mer de Tibériade.

Fig. 27. Le Sanglier (*Capros aper*, Lacépède).

Chair délicate, analogue à celle du Turbot ; aussi ce poisson mériterait-il d'être plus estimé. Sa longueur atteint parfois 0^m,60.

**91.**—2. ZEUS PUNGIO, *Cuv. et Val.* Zée à épaule armée.

N. P. : *Pèis de sant Peire.*— Rare : Marseille. Après bien des recherches, j'ai fini par en trouver deux spécimens sur le marché de notre ville (août 1881). Perugia professe que le *Zeus pungio* est la forme jeune du *Zeus faber*, mais cette opinion ne soutient pas l'examen, car le Zée à épaule armée est spécial à la Méditerranée et ne se trouve ni dans la mer du Nord, ni dans la

Manche, ni dans la partie de l'Océan Atlantique qui baigne les côtes de France, où pourtant le Zée forgeron est commun.

### Genre *CAPROS*, Lacépède.

Une espèce :

**92**. Capros aper, *Lacép.* Capros sanglier.

N. P. : *Pèis-porc, verrat.*— Assez rare : Nice, Toulon, Marseille. Ce poisson, déjà rare dans la Méditerranée, l'est encore plus dans l'Océan. Chair délicate et de bon goût. Sa longueur ne dépasse guère 0$^m$, 20.

### Genre *CUBICEPS*, Lowe.

Une espèce :

**93**. Cubiceps gracilis, *Günther.* Cubiceps grêle.

Excessivement rare : Nice.

### Genre *LAMPRIS* (1), Retzius.

Une espèce :

**94**. Lampris luna, *Risso.* Lampris lune.

N. P. : *Pèis d'Africo.*— Très-rare : Marseille, Toulon, Nice.

### Genre *CENTROLOPHUS* (2), Lacépède.

Cinq espèces :

1. { 7 rayons aux ventrales. .................. C. liparis.  
   { 6 rayons aux ventrales...................  ..........  2

2. { Longueur totale mesurant quatre fois au moins la  
      hauteur du tronc..................... C. pompilus.  
   { Non. ..................................  3

---

(1) *Lampris,* de *lampros*, brillant, à cause de sa coloration magnifique.

(2) *Centrolophus*, de *Kentron*, aiguillon et *lophos* crête, à cause des rayons épineux qui commencent la dorsale.

3. { Plus de trente rayons à la dorsale................ 4
{ Moins de trente rayons à la dorsale   C. VALENCIENNESI.

4. { Des nombreux pores, très-distincts sur la tête. C. CRASSUS.
{ Non .............. ........... ....... C. OVALIS.

**95**.—1. CENTROLOPHUS POMPILUS, *Risso*. Centrolophe pompile.

N. P. : *Fanfre d'America.*— Assez commun : Nice.

**96**.—2. CENTROLOPHUS VALENCIENNESI, *Em. Moreau*. Centrolophe de Valenciennes.

Excessivement rare : Marseille.

**97**.—3. CENTROLOPHUS OVALIS, *C. et V*. Centrolophe ovale.

Excessivement rare : Nice.

**98**.—4. CENTROLOPHUS CRASSUS, *C. et V*. Centrolophe épais.

Très-rare : Nice

**99**.—5. CENTROLOPHUS LIPARIS, *Risso*. Centrolophe liparis.

Espèce mal déterminée et que l'on ne connait que par une description incomplète donnée par l'auteur niçois.

### Genre *SCHEDOPHILUS*, Cocco.

Une espèce :

**100**. SCHEDOPHILUS MEDUSOPHAGUS, *Cocco*. Schédophile médusophage.

Excessivement rare. Un beau spécimen a été capturé à Marseille (juillet 1877); M. le professeur Marion en a fait cadeau au Muséum d'histoire naturelle de Paris. Encore une espèce qui a manqué sa destination, car il y a également un Muséum à Marseille.

Genre *STROMATEUS* (1), Rondelet.

Deux espèces :

Des nageoires ventrales distinctes......... S. microchirus.

Pas de ventrales..................... .... S. fiatola.

**101.**—1. Stromateus fiatola , *Lin.* Stromatée fiatole.

N. P. : *Fiatolo , lampugo.*— Très-rare.

**102.**—2. Stromateus microchirus, *Bonap.* Stromatée séserin.

Très-rare : Martigues, Marseille, Nice.


Genre *LUVARUS*, Rafinesque.

Une espèce :

**103.** Luvarus imperialis, *Rafin.* Louvaréou impérial.

N. P. : *Pèis-barbaresco.*— Excessivement rare : Nice.


Genre *ASTRODERMUS* (2), Bonelli.

Une espèce :

**104.** Astrodermus elegans, *C. et V.* Astroderme élégant.

N. P. : *Pèis d'America.* — Excessivement rare : Marseille, Nice. Un beau spécimen de ce poisson figure au Muséum de notre ville; il a été capturé en 1879 et M. le professeur Marion en a fait don à cet établissement scientifique.


Genre *CORYPHLENA*, Artédi.

Une espèce :

(1) Stromateus, de *stroma*, tapis varié , à cause des taches et des bandes interrompues que présente le système de coloration.

(2) Astrodermus, de *derma*, peau et *aster*, étoile à cause des tubercules étoilés qui forment la dermosquelette.

**105.** Coryphæna hippurus, *Lin.* Coryphène hippurus.

N. P. : *Daurado, fera, pèis-fouran.* — Très-rare : Marseille, Nice, Toulon. La chair de ce poisson ferme, d'une saveur assez agréable, est assez estimée. Son poids peut atteindre 10 kilogr. Les anciens avaient consacré cette espèce à Vénus.

Genre *XIPHIAS*, Artédi.

Une espèce :

**106.** Xiphias gladius, *Linné.* L'Espadon.

N. P. : *Emperadour, amperour, emperatour, pèis-emperour, pèis-espaso.* — Assez commun : Nice; plus rare : Antibes, La Ciotat, Marseille, Martigues. Chair délicate, plus légère que celle du Thon, estimée; aussi les pêcheurs ne perdent-ils aucune occasion de prendre ce poisson. Sa taille est considérable : on a vu des individus dont la longueur dépassait 3 et même 4 mètres, le museau a alors plus de 1 mètre et constitue une arme redoutable avec laquelle il attaque, assure-t-on, les plus gros animaux marins.

Genre *TETRAPTURUS*, Rafinesque.

Une espèce :

**107.** Tetrapturus belone, *Rafin.* Tétrapture aiguille.

Excessivement rare; un individu péché à Nice en 1866 et préparé par MM. Gal, frères, figure dans le beau Musée d'histoire naturelle de cette ville.

Genre *ECHENEIS*, Artédi.

Deux espèces :

Au moins vingt lamelles paires au disque. .. E. naucrates.
Moins de vingt lamelles paires au disque.... .. E. remora.

**108.**—1. Echeneis remora, *Lin.* Échéneis rémore.

N. P. : *Sucet, suco-pego, mangeo-pego.* — Rare sur notre littoral. Grâce à une modification anatomique remarquable, ces êtres ont été de toute antiquité l'objet d'une attention particulière. Les Échénéides ont un disque céphalique formé d'un certain nombre de lames cartilagineuses transversales, obliquement dirigées en arrière, dentelées ou épineuses à leur bord postérieur

Fig. 28. L'Espadon (*Xiphias gladius,* Linné).

et mobiles. Ce disque sert à l'animal à se fixer aux différents corps : rochers, vaisseaux, poissons, etc... On a observé cette adaptation curieuse et, l'amour du merveilleux aidant, on a assuré que les Échénéides étaient capables d'arrêter subitement la course du navire le plus rapide. Ce n'était déjà pas mal pour des poissons qui mesurent à peine 0$^\mathrm{m}$,30 de longueur, mais on ne s'est point déclaré satisfait; aussi a-t-on accumulé sur l'ECHENEIS REMORA, Linné, espèce peu commune dans la Méditerranée, tout ce qu'une imagination en délire est capable d'enfanter. Il sera facile d'en juger par une seule citation empruntée à Pline.

« Ce petit poisson, assure ce naturaliste, accoutumé à vivre au milieu des rochers, qui s'attache à la carène des vaisseaux et en retarde la marche (d'où est venu son nom de *Remora*), qui sert à composer les poisons capables d'éteindre les feux de l'amour, qui, doué d'une puissance bien plus étonnante et agissant par une faculté morale, arrête l'action de la justice et la marche des tribunaux, et, d'un autre côté, délivre les femmes enceintes des accidents qui pourraient trop hâter la naissance de leurs enfants, et qui, conservé dans le sel, suffit, par son approche, pour retirer du fond des puits l'or qui peut y être tombé, » etc...

La science a fait justice de tous ces contes et nous a enseigné à voir dans le Rémore un simple poisson voyageur qui utilise, pour se transporter d'un lieu dans un autre sans grande fatigue, la propriété qu'a son disque céphalique d'adhérer aux corps étrangers; cette adhérence serait quelquefois assez considérable pour qu'un homme ne puisse pas détacher ce commensal du corps sur lequel il s'est fixé, à moins qu'il ne tire dans le sens des lames du disque. On utilise, assure-t-on, dans l'Inde, cet instinct qui pousse le Rémore à s'attacher sur d'autres animaux, par exemple sur les Tortues, pour faciliter la pêche de ces Reptiles. Les navigateurs veulent que quand un certain nombre de ces poissons s'accrochent à la carène d'un vaisseau, celui-ci glisse avec moins de facilité et ne présente plus la même vitesse. J'ai observé plusieurs fois des Rémores fixés sur des embarcations attachées dans le vieux port de Marseille et je n'ai jamais eu beaucoup de peine pour les détacher; mais plusieurs marins m'ont assuré que ces poissons perdaient beaucoup de leur vigueur en arrivant dans les eaux saumâtres de nos ports.

**109**.—2. Echeneis naucrates, *Lin.* Échénéis naucrate.

Très-rare : Nice.

### Genre *LEPIDOPUS*, Gouan.

Une espèce :

**110**. Lepidopus argenteus, *Bonnat.* Lépidope argenté.

N. P. : *Argentin-denta*, pèis d'argent. — Commun : Nice. Chair ferme et d'un bon goût.

### Genre *NOTACANTHUS*, Bloch.

Trois espèces :

1. Trente épines à la dorsale et même plus. N. Rissoanus.  
   Moins de trente épines. . . . . . . . . . . . . . . . . . . . .  2

2. 6 ou 7 épines à la dorsale. . . . . . . . N. mediterraneus.  
   9 épines. . . . . . . . . . . . . . . . . . . . . . . N. Bonaparte.

**111**.—1. Notacanthus Rissoanus, *Fil. et V.* Notacanthe de Risso.

Espèce assez mal connue, qui se trouve dans la collection Risso à Nice.

**112**.—2. Notacanthus mediterraneus, *Fil. et V.* Notacanthe de la Méditerranée.

Excessivement rare : Nice  On en connaît à peine trois spécimens.

**113**.—3. Notacanthus Bonaparte, *Risso.* Notacanthe de Bonaparte.

Excessivement rare : Nice.

### Famille des TÆNIOÏDÉS (1).

10ᵉ Famille, Tænioïdés, Cépolidés ou Poissons en ruban. Poissons propres à toutes les mers dans la profondeur desquelles ils se tiennent. Corps très-allongé, aplati en ruban, nu ou couvert de petites écailles brillant d'un éclat argenté; nageoires dorsales fort longues, souvent réunies avec la caudale, disposition également présentée par l'anale quand elle existe. Cette forme a fait comparer les êtres qui composent cette famille à des Vers intestinaux de gr.. de taille, et leur a valu le nom de *Tænioïdés* qui est significatif. Les genres bien qu'ubiquistes, sont peu nombreux, mais les belles couleurs qui ornent la plupart des espèces les laissent peu passer inaperçues. C'est ainsi que dans notre mer il est possible de citer la Cépole ruban dont la longueur varie entre 0ᵐ,35 et 0ᵐ,50, d'un beau rouge, traversé par de légères bandes foncées; dorsale d'un jaune safran, liseré de rose, et ornée à son origine d'une tache rougeâtre. Ce Poisson habite toute l'année la région des algues, non loin des côtes, et se nourrit de Crustacés et de Cœlentérés. Sa chair, ainsi que celle des autres représentants de cette famille, est peu estimée.

Il y aurait encore à parler des Lophotes, aux nageoires teintes en rose vif; des Trachyptères avec leur dos portant quelques taches noires; des Gymnètres dont le type, le Gymnètre épée, ressemble à un long ruban d'argent constellé d'opale, de deux à trois mètres, qui peut vivre assez longtemps hors de l'eau et

(1) La 9ᵉ famille, Teuthidoïdés, comprend une centaine d'espèces à régime herbivore qui sont toutes étrangères aux mers de l'Europe.

qui, quand on le saisit avec les mains, se rompt spontanément par les efforts qu'il fait pour s'en échapper.

Ces êtres, fort intéressants pour le naturaliste, ne servent point à l'alimentation, en exceptant toutefois la Cépole rougeâtre qui est mangée sur tout notre littoral.

| | | |
|---|---|---|
| Cepola rubescens, *Lin*.......... | Cépole rougeâtre. | Calignairis, courrajolo, roujolo. |
| Lophotes Cepedianus, *Giorn*.... | Lophote de Lacépède. | Argentin. |
| Gymnetrus gladius, *C. et V*..... | Gymnètre épée. | Argentin. |
|    — telium, *C. et V*...... |    — trait. | |
| Trachypterus cristatus, *Bonelli*. | Trachyptère à crête. | |
|    — Spinolæ, *C. et V*.... |    — de Spinola. | |
|    — leiopturus, id. |    — à rayons lisses. | |
|    — falx, id. |    — faux. | Gros-argentin. |
|    — iris, id. |    — iris. | Pèis-blanc. |

Quatre genres :

1.
{ Une nageoire anale..... ..................... 2
{ Non ...................................... 3

2.
( L'anale est longue ... ...... ........... CEPOLA.
) L'anale est très-courte et reculée près de la cau-
(    dale..... .................... LOPHOTES.

3.
( Ventrales réduites à un seul rayon fort al-
)    longé............................ GYMNETRUS.
( Ventrales à plusieurs rayons...... ... TRACHYPTERUS.

### Genre *CEPOLA*, Linné.

Une espèce :

**114**. CEPOLA RUBESCENS, *Lin*. Cépole rougeâtre.

N. P. : *Calignairis, calignairo, carigneiris, courrajolo, flamo, jarratièro, poutino, roujolo*.— Assez commune sur nos côtes. On me l'a vendue souvent à Marseille sous le nom de *jarratièro*. C'est, je crois, la seule espèce de Tænioïdés, qui, en Provence, serve à l'alimentation de l'homme. Chair peu estimée.

*Genre LOPHOTES* (1), Giorna.

Une espèce :

**115**. Lophotes Cepedianus , *Giorn.* Lophote de Lacépède.

N. P. : *Argentin.*— Excessivement rare : Nice.

*Genre GYMNETRUS* (2), Bloch.

Deux espèces :

L'anus s'ouvre après le quart antérieur du corps. G. gladius.

Il s'ouvre avant...................... .. ........... G. telum.

**116**.—1. Gymnetrus gladius, *C. et V.* Gymnètre épée.

N. P. : *Argentin.*— Excessivement rare : Nice.

**117**.—2. Gymnetrus telum , *C. et V.* Gymnètre trait.

Excessivement rare : Nice.

*Genre TRACHYPTERUS* (3), Gouan.

Cinq espèces :

1. { Profil inférieur du corps irrégulier, sinueux. T. cristatus.
{ Non...................... ........... . . 2

2. { Moins de 150 rayons à la dorsale.......... T. spinolæ.
{ Plus de 150 rayons à la dorsale.... ............. 3

3. { Les rayons de la dorsale sont lisses... T. leiopterus.
{ Ils sont rudes. ...................... 4

4. { Longueur du corps mesurant moins de six fois la
{     hauteur... ..................... ........ T. falx.
{ Mesurant plus de sept fois la hauteur.......... T. iris.

---

(1) Lophotes, de *lophos*, une crête, à cause de la crête triangulaire dont la tête est surmontée

(2) Gymnetrus, de *gumnos*, nu et *éteron* , bas-ventre.

(3) Trachypterus, de *trachus*, rudes et *ptera*, nageoires.

**118.**—1. Trachypterus cristatus, *Bonelli.* Trachyptère à crête.

Très-rare : Nice.

**119.**—2. Trachypterus Spinolæ, *C. et V.* Trachyptère de Spinola.

Rare : Nice.

**120.**—3. Trachypterus leiopterus, *C. et V.* Trachyptère à rayons lisses.

Très-rare : Nice.

**121.**—4. Trachypterus falx, *C. et V.* Trachyptère faux.

N. P. : *Gros-argentin, pèis-blanc.* — Rare : Nice, Toulon, Marseille.

**122.**—5. Trachypterus iris, *C. et V.* Trachyptère iris.

Assez-rare : Nice.

### Famille des ATHÉRINIDÉS.

11ᵉ Famille, Athérinidés, à corps allongé; bouche très-protractile, armée de dents menues; première nageoire dorsale tout à fait séparée de la deuxième; ventrales placées sous l'abdomen, c'est-à-dire en arrière des pectorales, elles ont une épine et cinq rayons mous; une bande argentée très-brillante s'étend le long des côtés. Une trentaine d'espèces, tant de l'Europe que des mers qui baignent le Cap, l'île de France, la Nouvelle-Hollande, et surtout l'Amérique.

Ces poissons vivent partout en troupes nombreuses, et, malgré leur petite taille, car ils n'atteignent guère que 0ᵐ,06, on les regarde comme un aliment délicat, et pour cela on les nomme parfois *faux Éperlans*. M. Risso décrit un ATHERINA MINUTA, — qui serait le plus petit poisson d'Europe — à corps transparent, de couleur jaune pâle, long d'environ 0^m,01. Günther pense que l'ATHERINA MINUTA de l'auteur niçois est une forme non adulte de ATHERINA HEPSETUS, Linné. Cette manière de voir n'est généralement pas acceptée, et aujourd'hui on considère cette espèce comme appartenant à la famille des Gobioïdés où elle forme le genre *Aphya*.

| | | |
|---|---|---|
| Atherina Risso, *C. et V..* ...... | Athérine de Risso. | |
| — hepsetus, *Lin.* . ..... | — hepset. | Céuclet, cabassoun, melet, meleto, saladino. |
| ? — presbyter, *C. et V.*..... | — prêtre. | |
| — Boyeri, *Risso.* ........ | — de Boyer. | Cabassu |
| — mochon, *C. et V.*,.. . | — mochon. | |

Un seul genre :

## Genre *ATHERINA*, ARTÉDI.

Quatre espèces dont l'existence est bien constatée et une fort douteuse pour la région :

1. { Opercule d'une teinte argentée uniforme, sans pointillé noirâtre...................... A. RISSO.
{ Opercule d'une teinte argentée avec un pointillé noirâtre.................................... 2

2. { Diamètre de l'œil mesurant le tiers, ou plus, de la longueur de la tête....................... 3
{ Diamètre de l'œil mesurant moins du tiers de la longueur de la tête..................... A. HEPSETUS.

3. { De 58 à 63 écailles à la ligne longitudinale.. A. PRESBYTER
{ Moins. .................................... 4

4. { De 50 à 55 écailles à la ligne longitudinale.. A. BOYERI.
{ De 43 à 45 seulement................. A. MOCHON.

**123**.—1. ATHERINA RISSO, *Cuv. et V.* Athérine de Risso.

Très-rare : Nice.

**124**.—2. ATHERINA HEPSETUS, *Lin.* Athérine hepset ou Sauclet.

N. P. : *Céuclet, cabassoun, melet, meleto, saladino.* — Espèce très-commune sur tout notre littoral, où on la trouve en toute saison sur nos marchés. Chair délicate et estimée.

? —3. ATHERINA PRESBYTER, *Cuv. et Val.* Athérine prêtre.

Espèce de la Manche et de l'Atlantique qui se trouve aussi, d'après Guichenot, sur les côtes de l'Algérie. A ce dernier titre elle est à rechercher sur notre littoral.

**125**.—4. ATHERINA BOYERI, *Risso.* Athérine de Boyer.

N. P. : *Cabassu.* — Assez commune dans notre mer. Cette espèce fraye deux fois par an, au dire de Risso.

**126**.—5. ATHERINA MOCHON, *Cuv. et Val.* Athérine mochon.

Rare : Marseille, où je l'ai trouvée deux fois sur le marché.


### FAMILLE DES MUGILIDÉS.


12ᵉ Famille, MUGILIDÉS, à corps presque cylindrique, couvert d'écailles grandes se prolongeant jusque sur le dessus de la tête; dents fines *(Tetragonurus)* ou nulles *(Mugil)* ; deux dorsales dont la première n'a que quatre épines fortes, pointues; ventrales placées en arrière des pectorales et sous l'abdomen ; elles possèdent une épine et cinq rayons mous.

Surtout méditerranéens, ces Poissons se nourrissent principalement de chair, aiment les eaux saumâtres et remontent souvent à plusieurs lieues de l'embouchure des fleuves ; on en pêche dans le Rhône jusqu'auprès d'Avignon. Les gros Muges peuvent atteindre une longueur de 0^m,50 à 0^m,70 et peser de 4 à 5 kilo-grammes. Leur chair est tendre, savoureuse ; toutefois celle du TETRAGONURUS CUVIERI, Risso, ne peut servir à l'alimentation car elle a, assure-t on, des propriétés nuisibles. Vers la fin de l'été on fabrique, avec les ovaires des Muges séchés et fumés, un mets recherché que l'on nomme *poutargo de mùjou*. Le MUGIL LABEO, C. et V. (MUGIL PROVINCIALIS, Risso) a l'habitude de sauter en l'air hors de l'eau, et il n'est pas rare, ainsi que le fait observer Crespon, de le voir tomber dans les petites embarca-tions *(barquet, nègo-chin)* dont on se sert sur nos cours d'eau.

| | | |
|---|---|---|
| Tetragonurus Cuvieri, *Risso*.... | Tétragonure de Cuvier | Courpatas. |
| Mugil cephalus, *Risso*.......... | Muge à grosse tête. | Carido, mùjou-faugous, etc. |
| — auratus, *Risso*.......... | — doré. | Mùjou-daurin, etc. |
| — eapito, *C. et V*.......... | — capiton. | Mùjou-ramado, etc. |
| — saliens, *Risso*... ........ | — sauteur. | Fluto, flavetoun |
| — labeo, *C. et V*.......... | — labéon. | Sabounìè. |
| — chelo, *Cuv*.......... .... | — à grosses lèvres. | Labru, canudo. |

Deux genres :

Deux crêtes saillantes de chaque côté de la

    queue ........................... TETRAGONURUS.

Non...... .................................... ... MUGIL.

Genre TETRAGONURUS, Risso.

Une espèce :

**127.** TETRAGONURUS CUVIERI, *Risso*. Tétragonure de Cuvier.

N. P. : *Courpatas.*— Très-rare : Nice, Toulon, Marseille. La chair de ce poisson est blanche et tendre ; mais, suivant Risso qui en a fait deux fois l'expérience, elle est pendant l'été d'un usage très-dangereux ; elle détermine une espèce d'empoisonnement, dont les principaux symptômes sont une chaleur pénible dans la gorge et l'œsophage, des vomissements. Il semble possible d'attribuer l'action malfaisante de la chair du Tétragonure à son genre d'alimentation dont des cœlentérés extrêmement âcres et caustiques forment le fond.

### Genre *MUGIL*, Artédi.

Six espèces :

| | | |
|---|---|---|
| 1. | Espace jugulaire ovale..................... | 2 |
| | Espace jugulaire presque nul................ | 5 |
| 2. | Paupière double, verticale............ M. CEPHALUS. | |
| | Paupière circulaire, étroite................ | 3 |
| 3. | Maxillaire supérieur caché par le sous-orbitaire..................... M. AURATUS. | |
| | Non..................... | 4 |
| 4. | Bord antérieur du sous-orbitaire droit...... M. CAPITO. | |
| | Echancré........................ M. SALIENS. | |
| 5. | Onze rayons mous à l'anale............. M. LABEO. | |
| | Neuf........................ M. CHELO. | |

**128.**—1. MUGIL CEPHALUS, *C. et V.* Muge à grosse tête.

N. P. : *Cabot, carido, mùjou* ou *mùge, mùge-fangous, testard, testu.*— « Abondant sur toutes les côtes de la Méditerranée, il figure fréquemment sur les tables dans les villes d'Italie. On le voit communément sur le marché de Marseille. Il fraye au mois de mai, et c'est alors qu'on le pêche à l'embouchure du Var et dans le cours inférieur du Rhône. Les pêcheurs d'Avignon le prennent surtout vers le mois de septembre, lorsque les eaux du fleuve sont limpides. Dès que les premiers froids se font sentir, les Muges retournent à la mer (Em. Blanchard, *loc. cit.* p. 252)».

**129.**—2. MUGIL AURATUS, *Risso.* Muge doré.

N. P. : *Aurin, daurin, mùge-daurin, gaùto-rousso.* — Assez commun dans toute la Méditerranée. De taille moindre que celle des autres espèces, sa chair est beaucoup plus estimée.

**130.**—3. MUGIL CAPITO, *C. et V.* Muge capiton.

N. P. : *Mùge* ou *mùjou* (Marseille), *ramado* (Nice), *uèi-négre* (Cette).— Très-commun sur tout notre littoral.

**131.**—4. MUGIL SALIENS, *Risso.* Muge sauteur.

N. P. : *Flu'o, flavetin, flavetoun, mùge-flavetoun.* — Assez commun : Nice. La forme grêle, allongée, de ce poisson lui a valu les noms de *flavetoun*, petite flûte. « Il saute avec une force extraordinaire, surtout lorsqu'il est enfermé dans un filet, et quoique aussi long que le Muge doré ou à peu près, il ne pèse guère plus d'une livre (Risso) ».

**132.**—5. MUGIL LABEO, *C. et V.* Muge labéon.

N. P. : *Sabounié, mùge.* — Assez rare à Nice; par contre il serait commun à Nîmes, car Crespon dit en parlant de cette espèce : « On la prend en quantité sur nos côtes; elle est aussi fort abondante dans tous nos étangs et nos marais. On l'apporte toute l'année en quantité sur nos marchés ».

**133.**—6. MUGIL CHELO, *Cuvier.* Muge à grosses lèvres.

N. P. : *Labru, canudo, mùge-labru.* — Commun sur toutes les côtes de France.

Mentionnons le MUGIL PRINCEPS, Agassiz, espèce fossile qui n'est pas très-rare dans les gypses d'Aix.

### Famille des GOBIOIDÉS.

13e Famille, Gobioïdés, à corps allongé, souvent comprimé, nu ou recouvert d'écailles peu développées, à l'exception pourtant des genres *Gobius* et *Aphya*; quand la peau est nue, elle est recouverte d'un enduit muqueux très-abondant qui a fait donner aux Blennies le nom de baveuses sous lequel on les connaît sur notre littoral. Nageoire dorsale ou unique ou double; dans le premier cas elle s'étend à peu près sur toute la longueur du dos et peut être divisée en deux ou trois parties; ventrales variables comme développement et comme position; elles sont placées en avant des pectorales ou au-dessous de ces nageoires, elles peuvent être libres ou soudées et formant ventouses. Tous ont à peu près l'appareil digestif construit sur le même plan : un canal intestinal égal, ample, sans dilatation, sans cœcums pyloriques; ils manquent de vessie natatoire, sauf le Gobie à gouttelettes qui en a une plus ou moins apparente. L'ovoviviparité a été observée chez certains *Clinus* et dans le *Zoarces viviparus*, Val., espèces du nord de l'Europe.

Cette famille renferme plus de trois cents espèces réparties dans une quarantaine de genres propres à presque toutes les mers où ces poissons vivent sur les plages rocheuses. Leur chair est blanche et de bon goût, mais leur taille exiguë fait qu'on les recherche peu pour la table.

| | | |
|---|---|---|
| Gobius jozo, *Linné* ..... ....... | Gobie à haute dorsale. | Gòbo-blanc, gòbo-variat. |
| — colonianus, *Risso*....... | » colonien. | |
| — limbatus, *Val*.......... | » bordé. | |
| — lota, id. ......... ... | » lote. | |

| | | |
|---|---|---|
| Gobius guttatus, *Val*............ | Gobie à gouttelettes. | |
| — capito, id. ..... .... | » céphalote. | Gòbo-testud. |
| — cruentatus, *Gmel*....... | » ensanglanté. | Gòbi-rouje. |
| — niger, *Lin*.............. | » noir. | Gòbi-négré, boulerèu-négré. |
| — paganellus, *Lin*....... | » paganel. | Gòbo. |
| — bicolor, *Gmel*.......... | » à deux teintes. | |
| — Lesueurii, *Risso*.. ....., | » de Lesueur. | Gòbo-raiat. |
| — auratus, *Risso*.......... | » doré. | Gòbo-jaune. |
| — geniporus, *Val*......... | » à joue poreuse. | |
| — reticulatus, id. ...... | » réticulé. | |
| — quadrimaculatus, id.... | » à quatre taches. | Gòbioun. |
| — minutus, id. ........ | » buhotte. | |
| — zebrus, *Risso*.......... | » zèbre. | Gòbioun-raiat. |
| — filamentosus, *Risso*..... | » à filament. | |
| Aphya pellucida . *Em. Mor*...... | Aphye pellucide. | Nonnat, nounat. |
| Callionymus belenus, *Ris*.. .... | Callionyme belène. | Lambert, limbert. |
| — dracunculus, *Bonap*. | » lacert. | Lambert, taranto. |
| — maculatus, *Rafin*... | » tacheté. | Mouleto, limbert. |
| — lyra, *Lin*........... | » lyre. | |
| Tripterygion nasus, *Risso*. ..... | Triptérygion nase. | Baveco d'augo. |
| Clinus argentatus, *Risso*....... | Clinus argenté. | Baveco. |
| Blennius pavo, *Risso*.......... | Blennie paon. | Baveuso, moustelo. |
| — Rouxi, *Cocco*......... | » de Roux. | »          » |
| — palmicornis, *C et V*.. | » palmicorne. | »          » |
| — cagnota, *Valenc*....... | » cagnette. | »          » |
| — gattorugine, *Brünn*.... | » gattorugine. | Bavarèlo. |
| — tentacularis, *Brünn*.... | » tentaculaire. | Lèbre-de-mar. |
| — graphicus, *Risso*...... | » graphique. | |
| ? — inæqualis, *Valenc*..... | » aux dorsales inégales. | |
| — ocellaris, *Lin*......... | » papillon. | Baveco, trauco-peiro. |
| — erythrocephalus, *Risso*. | » tête rouge. | |
| — sphinx, *Valenc*........ | » sphinx. | |
| — Montagui, *Flemm*..... | » de Montagu. | |
| — trigloides, *Valenc*..... | » trigloïde. | |
| — basiliscus, *Valenc*...... | » basilic. | |

Six genres :

1. { Ventrales placées au-dessous des pectorales........ 2
   { Ventrales placées en avant des pectorales......... 3

2. { Dents des mâchoires sur plusieurs rangées.. . Gobius.
   { Dents des mâchoires sur une seule rangée..... Aphya.

3. { Préopercule portant un prolongement postérieur en
   {     forme d'éperon ......... .......... Callionymus.
   { Préopercule ordinaire.. ......................... 4

4. { Corps écailleux, dorsale triple......... Tripterigion.
   { Corps sans écailles, dorsale unique ou double...... 5

5. { Tête sans crêtes ; dorsale double............. Clinus.
   { Tête garnie de crêtes ; dorsale unique...... Blennius.

### Genre *GOBIUS*, Artédi.

Seize espèces bien déterminées et deux mal connues :

1. { 1re dorsale beaucoup plus haute que la 2e.... ...... 2
   { Non..... .......... ........ ................. 3

2. { Rayons médians de la 1re dorsale plus allongés que
   {     les autres............................ G. jozo.
   { Tous les rayons de la 1re dorsale sont à peu près
   {     égaux........................ . G. colonianus.

3. { Six rayons à la 1re dorsale...................... 4
   { Sept..... .......... .......... .... G. limbatus.

4. { Diamètre vertical de l'œil plus grand que l'espace
   {     interorbitaire.. .............................. 7
   { Non.................................. .......... 5

5. { Ventrales à membrane antérieure courte, non
   {     lobée................... .......... G. lota.
   { Ventrales à lobe latéral développé.............. 6

6. { Base de la 1re dorsale plus longue que l'espace post-
   {     orbitaire...................... G. guttatus.
   { Non..... ....................... G. capito.

<table>
<tr><td rowspan="2">7.</td><td>Des taches rouges sur les lèvres et le corps. ................................. G. CRUENTATUS.</td></tr>
<tr><td>Non.................................................... 8</td></tr>
<tr><td rowspan="2">8.</td><td>Six ou sept rayons supérieurs de la pectorale prolongés en forme de crins.......................... 9</td></tr>
<tr><td>Non..................................................... 11</td></tr>
<tr><td rowspan="2">9.</td><td>Plus de 42 écailles à la ligne latérale................. 10</td></tr>
<tr><td>Non. ........................................... G. NIGER.</td></tr>
<tr><td rowspan="2">10.</td><td>1<sup>re</sup> dorsale bordée de jaune, nageoires tachetées ...................................... G. PAGANELLUS.</td></tr>
<tr><td>1<sup>re</sup> dorsale bordée de blanc, nageoires noirâtres. ...................................... G. BICOLOR.</td></tr>
<tr><td rowspan="2">11.</td><td>Au moins 13 rayons à la 2<sup>e</sup> dorsale................. 12</td></tr>
<tr><td>Dix ou douze rayons......................... 14</td></tr>
<tr><td rowspan="2">12.</td><td>Nageoire caudale lancéolée, à peu près aussi longue que la tête.... ................... G. LESCŒURII.</td></tr>
<tr><td>Nageoire caudale arrondie.................... 13</td></tr>
<tr><td rowspan="2">13.</td><td>Hauteur du tronc comprise cinq fois dans la longueur totale... ........................... G. AURATUS.</td></tr>
<tr><td>Sept fois ........................... G. GENIPORUS.</td></tr>
<tr><td rowspan="2">14.</td><td>Ventrales plus longues que la tête..... G. RETICULATUS.</td></tr>
<tr><td>Non .................................... 15</td></tr>
<tr><td rowspan="2">15.</td><td>Quatre taches isolées sur les flancs. G. QUADRIMACULATUS.</td></tr>
<tr><td>Non.................................. G. MINUTUS.</td></tr>
</table>

**134.**—1. GOBIUS JOZO, *Linné.* Gobie à haute dorsale.

N. P. : *Gòbo-blanc, gòbo-variat, gòbou.* — Assez commun : Marseille, Nice, Toulon.

**135.**—2. GOBIUS COLONIANUS, *Risso.* Gobie colonien.

Assez rare : Nice.

**136.**—3. GOBIUS LIMBATUS, *Valenc.* Gobie bordé.

Très-rare : Nice.

**137.**—4. Gobius lota, *Valenc.* Gobie lote.

Commun : Martigues. Chair très-recherchée. Le mâle, suivant le naturaliste italien Canestrini, construit, au mois de mars, un nid dans lequel les femelles déposent les œufs qu'il défend après les avoir fécondés ; plus tard il garde sa progéniture. Valenciennes assure « que ce poisson habite à la fois les eaux douces et celles de la mer ». Cette assertion parait inexacte à beaucoup d'ichthyologistes.

**138.**—5. Gobius guttatus, *Valenc.* Gobie à gouttelettes.

Très-rare : Nice.

**139.**—6. Gobius capito, *Valenc.* Gobie céphalote.

N. P. : *Gòbo-testud.*— Assez commun : Nice, Toulon, Martigues. C'est le plus grand des Gobies européens.

**140.**—7. Gobius cruentatus, *Gmelin.* Gobie ensanglanté.

N. P. : *Gòbi-rouje, gòbo-rouge.* — Assez commun sur tout notre littoral.

**141.**—8. Gobius niger, *Linné.* Gobie noir.

N. P. : *Gòbi, gòbi-nègre, boulerèu-nègre.* — Commun sur toutes nos côtes. « Il aime les endroits rocheux et les pierres auxquelles il s'attache au moyen de ses deux nageoires réunies en espèce de disque. Au mois de mai, ce petit poisson creuse dans la vase ou dans l'argile, au pied des rochers, des trous dans lesquels il construit son nid qui communique ainsi avec la mer. Il y amasse des débris d'algues et de zostères, et le mâle, comme celui de l'Épinoche, ayant fait seul tout ce travail, se tient aux environs de son terrier, guettant les femelles prêtes à pondre. Quand il en aperçoit une, il la force à entrer dans le nid pour déposer ses œufs. Il passe dessus en frétillant, et commence à en prendre soin, à les veiller, jusqu'à ce que les petits soient éclos. Quand ceux-ci sont sortis de l'œuf, il les défend avec un grand courage et les nourrit jusqu'au moment où ils peuvent se passer de lui, ce qui conduit jusqu'au milieu de l'été. Aussi voit-on le vieux mâle, d'un noir complet, conduire la troupe d'enfants, plus pâles que lui, à la pâture dans les prairies d'algues où il leur montre à s'emparer des insectes et des petits crustacés dont tous font leur nourriture (1) ».

**142.**—9. Gobius paganellus, *Linne*. Gobie paganel.

N. P. : *Gòbo.*— Assez commun : Nice, Toulon, Marseille.

**143.**—10. Gobius bicolor, *Gmelin*. Gobie à deux teintes.

Est considéré par plusieurs ichthyologistes comme n'étant qu'une simple variété de l'espèce précédente.

**144.**—11. Gobius Lesueurii, *Risso*. Gobie de Lesueur.

N. P. : *Gòbo-raiat.*— Assez rare : Nice.

**145.**—12. Gobius auratus, *Risso*. Gobie doré.

N. P. : *Gòbo-jàune.* — Assez commun dans la Méditerranée. Apparaît à Nice en février, juillet, septembre. Se tient parmi les rochers profonds. Chair fort appréciée.

**146.**—13. Gobius geniporus, *Valenc*. Gobie à joue poreuse.

Excessivement rare. M. le Dr Em. Moreau ne l'a observé qu'une seule fois parmi des poissons qui lui étaient envoyés de Nice.

**147.**—14. Gobius reticulatus, *Valenc*. Gobie réticulé.

Rare : Nice.

---

1. De la Blanchère, H. : *Les trois règnes de la Nature*, n° 65, 25 mars 1865.

**148.**—15. Gobius quadrimaculatus, *Valenc.* Gobie à quatre taches.

N. P. : *Gôbioun.*— Assez commun sur notre littoral.

**149.**—16. Gobius minutus, *Valenc.* Gobie buhotte.

Se trouve sur toutes nos côtes où il est plus ou moins commun. M. d'Orbigny, qui a étudié les mœurs de ce poisson, assure que dans les réservoirs des marais des environs de la Rochelle, il établit sa demeure sous une coquille, autour de laquelle il trace dans la vase des routes en rayons divergents, et où il se tient en sentinelle pour guetter les petits animaux qui tombent dans ces sillons. Sitôt qu'il en aperçoit un, il fond à l'instant sur lui, avançant par un mouvement anguilliforme de la queue, latéralement agitée, et emporte sa proie dans sa petite caverne. Il se nourrit surtout de crevettes dont il a l'estomac toujours plein.

? —17. Gobius zebrus, *Risso.* Gobie zèbre.

N. P. : *Gôbioun-raiat.* — Espèce mal déterminée et dont les descriptions, données par Risso d'une part et par Canestrini d'autre part, ne s'accordent guère.

? —18. Gobius filamentosus, *Risso.* Gobie filamenteux.

Espèce créée par l'auteur niçois et sur laquelle il est difficile de se prononcer, car lui seul l'a vue.

*Genre APHYA,* Risso.

Une espèce :

**150.** Aphya pellucida, *Em. Moreau.* Aphye pellucide.

N. P. : *Nonnat, nounat.* — Excessivement commun d'Antibes à Menton. « Cette espèce est, dans les Alpes-Maritimes, l'objet d'une pêche spéciale qui se fait à diverses époques de l'année, et qui est principalement abondante au printemps. Je me rappelle les quantités énormes de petits poissons qui, au mois de mars, sont portés, une partie de la journée, dans les rues de Nice et criés : *Nonnats, Nonnats.* Pour capturer ces animaux, les pêcheurs nizzards se servent d'un filet à mailles nécessairement très-serrées auquel ils donnent le nom de *Tartanoun.* Si la pêche se bornait à la prise des Nonnats, elle ne produirait aucun mauvais résultat puisqu'elle n'apporterait que des poissons ayant atteint leur complet développement, mais elle enlève une masse prodigieuse de Clupes à peine éclos, des Sardines, des Anchois, et détermine l'appauvrissement d'une partie de la côte, surtout d'Antibes à Nice. Les Nonnats sont apprêtés de deux façons, tantôt ils sont jetés dans du lait bouillant et donnent un mets très-recherché de certaines personnes, tantôt ils sont frits et vraiment, ainsi préparés, ils sont d'une grande délicatesse (Em. Moreau) ».

### Genre *CALLIONYMUS*, Linné.

Quatre espèces :

| | | |
|---|---|---|
| 1. { | 4 rayons à la 1<sup>re</sup> dorsale...................... | 2 |
| | 3 rayons seulement...... ............ .. | C. belenus. |
| 2. { | 9 ou 10 rayons à la 2<sup>e</sup> dorsale.................... | 3 |
| | 6 ou 7 rayons seulement........ .... .... | C. dracunculus. |
| 3. { | Sur le corps des taches argentées plus ou moins nombreuses ............... ..... | C. maculatus. |
| | Pas de taches........ ........ ............ ... | C. lyra. |

**151.**—1. Callionymus belenus, *Risso.* Callionyme belène.

N. P. : *Lambert* ou *limbert.* — Assez commun à Nice. Chair blanche, légère et de bon goût ; mais elle n'est guère — ainsi que celle des autres espèces — utilisée pour l'alimentation, à cause de la taille toujours petite des Callionymes.

**152**.—2. CALLIONYMUS DRACUNCULUS, *Bonap.* Callionyme lacert.

N. P. : *Lambert, limbert, taranto.* — Assez rare sur notre littoral. On le trouve à Nice, au printemps et dans l'été, sur les plages de galets et les régions sablonneuses.

**153**.—3. CALLIONYMUS MACULATUS, *Rafin.* Callionyme tacheté.

N. P. : *Mouleto, lambert, limbert.* — Assez commun : Marseille, Nice.

**154**.—4. CALLIONYMUS LYRA, *Lin.* Callionyme lyre.

Espèce commune dans la Manche et l'Océan Atlantique, mais

FIG. 29. Callionyme lyre, femelle (*Callionymus lyra*, Linné).

qui paraît très-rare pour notre mer. Ne pas confondre le CALLIONYMUS LYRA, Linné, avec le CALLIONYMUS LYRA, Risso, car ces deux espèces ne sont pas synonymes et cette dernière est tout simplement le CALLIONYMUS MACULATUS de Rafinesque.

*Genre TRIPTERYGION*, Risso.

Une espèce :

**155**.— TRIPTERYGION NASUS, *Risso.* Triptérygion nase.

N. P. : *Baveco d'augo.*— Assez commun : Marseille, Toulon, Nice.

### Genre *CLINUS*, Cuvier.

Une espèce :

**156**. CLINUS ARGENTATUS, *Risso*. Clinus argenté.

N. P. : *Baveco.*— Assez rare : Nice, Toulon.

### Genre *BLENNIUS*, Artédi.

Quatorze espèces, dont une douteuse pour la Provence :

1. { Un petit tentacule sur le sourcil.. ................. 2
   { Non ........................................... 12

2. { Dorsale à peu près égale..................... 3
   { Dorsale fort inégale........................ 9

3. { Tempe ornée d'une grande tache ovale, noirâtre,
   {     cerclée de blanc-lilas ou de bleu.......... B. PAVO.
   { Non ......................................... 4

4. { Tentacule du sourcil pas plus long que le diamètre de
   {     l'œil..... ........................... 5
   { Tentacule beaucoup plus long.................. 7

5. { Insertion de l'anale commençant après la fin de la
   {     pectorale............................ 6
   { Insertion de l'anale sous le tiers postérieur de la
   {     pectorale...................... B. ROUXI.

6. { A la mâchoire supérieure canine nulle ou peu dis-
   {     tincte..... ......... ............ B. PALMICORNIS.
   { A la mâchoire supérieure canine forte, bien dis-
   {     tincte.............................. B. CAGNOTA.

7. { La distance qui sépare la dorsale du bord postérieur
   {     de l'orbite est égale à l'espace préorbitaire.
   {     .... .................... B. GATTORUGINE.
   { Elle est beaucoup plus grande................. 8

8. { Ventrales à deux rayons.......... B. TENTACULARIS.
   { Ventrales à trois rayons, le médian étant plus
   {     allongé que les deux autres......... B. GRAPHICUS.

9. {
La partie antérieure de la dorsale est la plus élevée.   10
La partie postérieure ou région molle est la plus élevée........ ..................... B. INÆQUALIS.
}

10 {
Une tache ovale noirâtre sur les 6ᵉ et 7ᵉ rayons épineux de la dorsale.......... .... B. OCELLARIS.
Non........ ...... ...................... 11
}

11. {
Les 2ᵉ, 3ᵉ ou 4ᵉ premiers rayons de la dorsale dépassant le suivant... ........... B. ERYTHROCEPHALUS.
Non.. .. .................... ......... B. SPHINX.
}

12. {
Des filaments sétacés sur le milieu de la tête. .............................. .... B. MONTAGUI.
Non..... .................................. 13
}

13. {
Un petit tentacule frangé à la narine. .. B. TRIGLOIDES.
Non.... ...... .................... B. BASILISCUS.
}

**157.**—1. BLENNIUS PAVO, *Risso*. Blennie paon.

N. P. : *Baveco, baveuso, moustelo.* — Très-commun sur tout le littoral.

?   — 2. BLENNIUS ROUXI, *Cocco*. Blennie de Roux.

Espèce de la Méditerranée, trouvée à Cette, et qui est à rechercher sur nos côtes provençales.

**158.**—3. BLENNIUS PALMICORNIS, *C. et V.* Blennie palmicorne.

N. P. : *Badoua, badova, baveuso, moustelo.* — Assez commun : Nice (avril et mai).

**159.**—4. BLENNIUS CAGNOTA, *Valenc.* Blennie cagnette.

N. P. : *Baveco.* — C'est le seul Blennie qui vive dans les eaux douces. Risso l'a trouvé (1810) pour notre région dans le Var et ses affluents Des observations postérieures ont démontré l'existence de cette espèce dans la plupart des départements méridionaux, depuis le Tarn-et-Garonne jusqu'aux Alpes-Maritimes.

**160.**—5. BLENNIUS GATTORUGINE, *Brün.* Blennie gattorugine.

N. P. : *Bavarèlo.*— Assez commun : Marseille, Toulon, Nice.

**161**.—6. BLENNIUS TENTACULARIS, *Brün*. Blennie tentaculaire.

N. P. : *Baveco, bavoua, lèbre de mar.* — Assez commun : Nice, Marseille. D'après Honorat, le nom de *lèbre* lui a été

FIG. 30. Blennie cagnette (*Blennius cagnota,* Valenc.).

donné à cause de sa grosse tête munie de deux appendices, ressemblant un peu à celle d'un lièvre.

**162**.—7. BLENNIUS GRAPHICUS, *Risso*. Blennie graphique.

N. P. : *Baveco.* — Très-rare : Nice. On est assez porté à ne voir dans le Blennie graphique qu'une simple variété de l'espèce précédente.

? — 8. Blennius inæqualis, *Valenc.* Blennie aux dorsales inégales.

Je le connais de Cette, où il est très-rare. Malgré toutes mes recherches, je n'ai point encore réussi à le trouver parmi les nombreux Blennies qu'on vend sur nos marchés.

**163.**—9. Blennius ocellaris, *Linné.* Blennie papillon.

N. P. : *Baveco, baveuso, tràuco-pèiro.* — Commun dans toute la Méditerranée. Se montre près des côtes depuis avril jusqu'en juillet. Chair peu estimée.

**164.**— 10. Blennius erythrocephalus , *Risso.* Blennie tête rouge.

N. P. : *Baveco.* — Rare : Nice, Toulon. Se montre depuis le mois de mars jusqu'en septembre.

**165.**—11. Blennius sphinx, *Valenc.* Blennie sphinx.

Très-rare : Nice.

**166.**—12. Blennius Montagui, *Flemm.* Blennie de Montagu.

N. P. : *Baveco.*— Très-rare : Nice.

**167.**—13. Blennius trigloides , *Valenc.* Blennie trigloïde.

Très-rare : Nice.

**168.**—14. Blennius basiliscus , *Valenc.* Blennie basilic.

Très-rare : Toulon.


### Famille des LOPHIIDÉS.


14ᵉ Famille, Lophiidés ou Acanthoptérygiens a pectorales pédiculées; à corps nu, — les écailles étant remplacées par une peau assez rude — gros , ramassé, dont la partie antérieure élargie se termine par une tête énorme, aplatie et divisée en deux par une large bouche, laissant voir des dents robustes, pointues, implantées sur les mâchoires. La tête porte tantôt de courts piquants, tantôt de longs filaments mobiles , qui sont des rayons détachés de la 1<sup>re</sup> dorsale *(Lophius)*, ou se prolonge en forme de corne *(Malthe);* deux nageoires dorsales ; les pectorales sont portées par une sorte d'avant-bras formé par l'allongement de deux os du carpe, disposition anatomique qui permet à ces poissons de ramper et suffit pour caractériser cette famille ; ventrales situées en avant des pectorales. Ouverture branchiale étroite , voisine de la nageoire pectorale ; lames respiratoires sur trois arcs branchiaux seulement, six rayons branchiostèges. Yeux placés sur la tête ; pas de sous-orbitaires ; organe olfactif porte sur un pédoncule. Estomac très-grand, intestin court, deux appendices pyloriques, péritoine noirâtre ; vessie natatoire nulle.

Cette famille renferme peu d'espèces, réparties dans trois genres principaux : *Malthe* (côtes atlantiques de l'Amérique du Sud) ; *Chironectus* (mers tropicales ; d'après Agassiz , ces poissons construisent un nid); *Lophius,* celui-ci étant seul chargé de représenter les Acanthoptérygiens à pectorales pédiculées sur les côtes de l'Europe.

*Genre LOPHIUS ,* Artédi.

Deux espèces :

Épine coracoïdienne mesurant la moitié de la distance qui la sépare de la pointe supérieure du coracoïdien. L. piscatorius.

Épine coracoïdienne égale à la distance qui la sépare de la pointe supérieure du coracoïdien............. L. budegassa.

**169**.—1. Lophius piscatorius, *Lin*. Baudroie commune.

N. P.: *Boudroi, baudroi, boudruei, galango*. — Très-commune sur toutes les côtes de la France. Chair assez estimée, bien que mucilagineuse et d'un goût fade. Ce poisson peut atteindre une taille considérable, car il mesure quelquefois deux mètres de longueur.

Fig. 31. Baudroie commune (*Lophius piscatorius*, Linné).

« Les Baudroies nagent difficilement par suite de la forme de leur corps ; leurs petits moignons de bras terminés en nageoires, leur caudale peu développée, sont des outils incapables de pousser en avant une tête énorme et lourde. Aussi ces poissons se tiennent-ils le plus habituellement sur le sable, cachés dans la vase et là, laissant les filets de leur nez flotter librement au-dessus d'eux, ils semblent présenter cet appât aux autres poissons, sur lesquels ils se précipitent lorsque ceux-ci sont à leur portée, et ils les engloutissent dans leur énorme bouche. Les anciens naturalistes, historiens et poètes, aussi bien que certains auteurs modernes, se sont plu à rapporter de fabuleux détails sur la manière dont les Baudroies savent attirer leur proie et s'en emparer; mais c'est très-probablement à ce que nous venons de rapporter que se borne l'industrie de la hideuse Grenouille de mer. La force de ces animaux est très-grande et l'on rapporte qu'ils vivent longtemps hors de l'eau sans périr, ce qui peut s'expliquer par la petitesse de leurs ouïes. Rondelet affirme qu'une Baudroie, abandonnée pendant deux jours parmi les herbes du rivage, saisit à la patte un jeune renard et qu'elle le retint longtemps, ce qui prouverait la force de ses mâchoires et des dents courbées qui y sont implantées, en même temps que la possibilité pour ces animaux de vivre quelque temps hors de l'eau, au moins dans un endroit légèrement humide. Valenciennes rapporte qu'il n'a jamais vu la Baudroie des côtes de l'Océan avoir la vie tenace et qu'il en a vu mourir très-peu de temps après qu'on les avait sorties de l'eau, ayant la vie moins dure que les Spares, les Trigles et autres poissons avec lesquels on les prenait.

« La Baudroie a été le poisson le plus célèbre chez les anciens naturalistes. Par sa forme singulière, par l'énorme disproportion de sa tête avec son corps, par les tentacules et les filets nombreux que supporte sa tête et qui lui donnent un aspect singulier et dégoûtant, par la position de ses yeux, situés au milieu de la face supérieure et surtout par les ruses assez singulières qu'ils lui prêtaient, elle présentait les anomalies les plus étranges.

D'après eux, la Baudroie pêchait à la ligne, à la nasse, et, non contente d'attirer le poisson par l'appât de ses tentacules, elle les prenait également dans les vastes sacs qui entourent ses branchies. On a aujourd'hui, nous le répétons, réduit au possible ces contes merveilleux et on sait que ce poisson se borne à attirer les animaux dont il fait sa proie en agitant les tentacules que porte sa tête et que, quand ils sont près de lui, il s'en empare en ouvrant sa large gueule.

« La fécondité de ces poissons est prodigieuse. En février 1862, un beau spécimen de Baudroie montra un abdomen au trois quarts rempli d'une substance colorée en rouge ; celle-ci se répandit en sortant du ventre sous la forme d'un long ruban qui n'était que le frai de l'animal, c'est-à-dire une masse de véritables œufs. Déployé, ce singulier frai n'avait pas moins de 7 mètres de longueur sur une largeur de $0^m,17$, les œufs y étant serrés les uns contre les autres, comme dans un gâteau de riz se croisent les grains de cette céréale. Se figurer les millions et les billions de petites Baudroies que cette mère seule pouvait mettre au monde est impossible (1) ».

**170.**—2. Lophius budegassa, *Spinola*. Baudroie budegassa.

N. P. : *Bugadesso, gianèli* ou *janèli.* — Commune sur tout le littoral de la Provence. La chair de cette espèce est plus estimée que celle de la Baudroie commune.

(1) De la Blanchère : *L'Esprit des Poissons*, p. 95, *et Dict. gén. des pêches.*

### Famille des LABROÏDÉS.

15e Famille, Labroïdés, à corps ovale plus ou moins allongé, revêtu d'écailles cycloïdes; mâchoires couvertes par des lèvres grosses, charnues, proéminentes, plissées; les os pharyngiens sont au nombre de trois, deux supérieurs appuyés au crâne, un inférieur grand, soudé avec celui du côté opposé de façon à ne former qu'une seule plaque, munis les uns et les autres de dents, tantôt en pavé, tantôt en pointes ou en lames, mais généralement fortes; la langue et le palais sont lisses. Une seule nageoire dorsale soutenue en avant par des épines, garnies chacune, le plus habituellement, d'un lambeau membraneux; anale ayant de trois à six épines; ventrales placées sous les pectorales et composées d'une épine et de cinq rayons mous. La vessie natatoire est fort développée, elle manque de conduit extérieur.

Cette famille renferme une vingtaine de genres, dont huit sont représentés dans la faune provençale par des espèces de taille moyenne ou petite, ornées le plus souvent des plus vives couleurs, ce qui justifie les noms de Merles, Tourds, Perroquets, etc., donnés à ces acanthoptérygiens. Ce sont des poissons saxatiles et, comme tels, ils fréquentent surtout les endroits peu profonds, garnis de roches et de varechs; leur nourriture se compose de crustacés et d'échinodermes; leur chair fade et molle est assez peu recherchée.

Mon excellent maître Z. Gerbe, du Collège de France, a le premier attiré l'attention des ichthyologistes sur la nidification des Labroïdés et il est actuellement acquis à la science que les Crénilabres paon et massa, ainsi que le Labre vieille (Labrus

BERGYLTA, Ascanius (1) — espèce de l'ouest de la France — construisent un abri pour leur progéniture.

| | | |
|---|---|---|
| Chromis mediterranea, *Cuv*..... | Chromis castagnau. | Castagnolo. |
| Labrus saxorum, *C et V*...... | Labre des roches. | |
| — lineolatus, id. ...... | — linéolé. | Tourdou. |
| — turdus, *Lin*.. ......... | — tourd. | Tourdourèu, parouquet, etc. |
| — merula, *Lin*,....... | — merle. | Roucha, tourdou d'aigo, etc. |
| — festivus, *Risso*......... | — paré. | Sero. |
| — luscus, *Lin*............ | — louche. | Sero. |
| — mixtus, *F. et Eks*...... | — varié. | Cléioun, cleisoun, limbert, etc. |
| — viridis, *Lin*.... ...... | — vert. | Rouquié, sero. |
| Crenilabrus ocellatus, *Forsk*.. | Crénilabre ocellé. | Vaquelo. |
| — Roissali, *Risso*. ... | — Roissal | Langanèu. |
| — tigrinus, id. ..... | — tigré. | Rouquié. |
| — melops, id. .... | — mélope. | Roucàu, rouquié. |
| — tinca, id ...... | — petite tanche. | Roucàu, rouqueiroun. |
| — arcuatus, id. .... | — arqué. | Rouquié. |
| — chlorosochrus, *Risso* | — vert tendre. | Langanèu. |
| — massa, *Risso*.. .... | — massa. | Canadelo, fournié. |
| — pavo, *C. e' V*...... | — paon. | Blavié, rouquié, roucàu. |
| — chrysophrys, *Risso* | — sourcil doré. | Rouquié. |
| — mediterraneus, id... | — méditerranéen. | Rouquié-négré. |
| — melanocercus, id... | — queue noire. | Roucàu, rouquié. |
| — cœruleus, id.... | — bleu. | id. |
| Coricus rostratus, *C. et V*...... | Sublet groin. | Siblaire, sublaire. |
| Ctenolabrus rupestris, *C et V*.. | Cténolabre des roches. | |
| ? — iris, *C. et V*...... | — iris. | |
| Acantholabrus Palloni, *C. et V*.. | Acantholabre de Pall. | Tenco. |
| Julis pavo, *C. et V*............ | Girelle paon. | Girèlo-turco, lasami. |
| — vulgaris, *C. et V*....... | — commune. | Girèlo, dounzèlo. |
| — Giofredi, *Risso* ...... | — Giofredi. | Dovelo. |
| Xyrichthys novacula, *Bonap*.... | Rason ordinaire. | Rason, rasouar. |

(1) La statistique des Bouches-du-Rhône, le Catalogue des poissons du Var, etc., citent —parmi les Labres qui appartiennent à notre faune— un LABRUS BALLAN. Or celui-ci est sy-

Huit genres :

1. { Écailles cténoïdes ou rudes...... ........... CHROMIS.
{ Écailles cycloïdes ou lisses ......... . .. ...... 2

2. { Joue et opercule écailleux...................... 3
{ Non.................................. ............ 7

3. { Préopercule lisse........................ LABRUS.
{ Préopercule dentelé......................... 4

4. { Une seule rangée de dents aux mâchoires........ . 5
{ Plusieurs rangées de dents ..................... 6

5. { Bouche peu protractile. ............... CRENILABRUS.
{ Bouche très-protractile. ............. .... CORICUS.

6. { Trois épines à la nageoire anale........ CTENOLABRUS.
{ Quatre épines au moins... .......... ACANTHOLABRUS.

7. { Ligne latérale continue........ ............. JULIS.
{ Ligne latérale interrompue............. XYRICHTHYS.

### Genre *CHROMIS*, CUVIER.

Une espèce :

**171.** CHROMIS CASTANEA, *Cuv.* Chromis castagnau.

N. P. : *Castagnolo.* — Commun sur toutes les côtes provençales, ce poisson deviendrait rare en Languedoc, où à l'époque de Rondelet il était même inconnu.

### Genre *LABRUS*, ARTÉDI.

Huit espèces :

1. { Une tache bleue sur l'angle postérieur et supérieur
{     de l'opercule...................... S. SAXORUM.
{ Non .................................. .. ........ 2

nonyme du *Labre vieille*, espèce étrangère à notre mer. Il y a évidemment là une erreur d'habitat qu'il importe de signaler. Quant à la dénomination provençale de *Lucresso* que lui applique la statistique, elle paraît désigner, à Marseille du moins, le mâle du CRENILABRUS PAVO, C. et V., en parure de noce.

2. { Longueur de la tête égale à la hauteur du tronc..... 3
Longueur de la tête plus grande d'un quart environ
que la hauteur du tronc ..................... 5

3. { Neuf ou dix bandes longitudinales brunâtres placées
sous la ligne latérale........... ..... L. LINEOLATUS.
Non............... .................. **4**

4. { Une bande argentée part de l'œil et se termine à la
caudale............... ........... L. TURDUS.
Pas de bande argentée le long des flancs... L. MERULA.

5. { Plusieurs traits noirâtres autour de l'œil.......... 6
Non ............................... 7

6. { Des ocelles lilas ou verdâtres se montrent sur la
dorsale.......................... L. FESTIVUS.
Non...... ...................... L. LUSCUS.

7. { Interopercule ayant en arrière plusieurs rangées
d'écailles....................... L. MIXTUS.
Non ...................... .. L. VIRIDIS.

**172.**—1. LABRUS SAXORUM, *Cuv. et V.* Labre des roches.

Très-rare : Nice, Marseille.

**173.**—2. LABRUS LINEOLATUS, *Cuv. et V.* Labre linéolé.

N. P. : *Tourdou.*— Très-rare : Nice, Toulon.

**174.**—3. LABRUS TURDUS, *Lin.* Labre tourd.

N. P. : *Tourdourèu, rouquié, parouquet.* — Commun dans notre mer.

**175.**—4. LABRUS MERULA, *Lin.* Labre merle.

N. P. : *Roucàu, tourdou d'aigo, varlet de villo, serré-blanc.*

— Commun : Martigues, Marseille, Toulon, Nice, Corse et toute la Méditerranée.

**176.**—5. LABRUS FESTIVUS, *Risso.* Labre paré.

N. P. : *Sero.*— Assez commun sur notre littoral.

**177.**—6. Labrus luscus, *Lin.* Labre louche.

N. P. : *Sero.*— Assez commun : Martigues, Marseille, Toulon, Nice, Villefranche. Risso qui avait décrit cette espèce dans son *Ichthyologie* la supprime dans son *Histoire naturelle* et la donne comme synonyme de Labrus turdus. La manière de voir de l'auteur niçois n'est pas exacte ; il faut considérer le Labre louche comme constituant bel et bien une espèce distincte dont la création est pleinement justifiée par la différence des caractères qui séparent le Labre louche du Labre tourd.

**178.**—7. Labrus mixtus, *Fries et Ekstrom.* Labre varié.

N. P. : *Limbert, roussignàu, verdoun, tenco, cléioun, cleisoun, roucàu.*— Assez commun sur tout le littoral méditerranéen.

**179.**—8. Labrus viridis, *Lin.* Labre vert.

N. P. : *Rouquié, sero.* Assez commun sur nos côtes.

### Genre *CRENILABRUS*, Cuvier.

Treize espèces :

| | | |
|---|---|---|
| 1. | Une tache isolée sur l'opercule...................... | 2 |
| | Non....................................... | 4 |
| 2. | Deux à cinq grandes taches noires sur la dorsale... | 3 |
| | Non..................................... C. ocellatus. |
| 3. | Écailles de l'interopercule sur plusieurs rangées........................... C. Roissali. |
| | Écailles de l'interopercule sur une seule rangée............................. C. tigrinus. |
| 4. | Une tache noire arquée derrière l'œil....... C. melops. |
| | Non....................................... | 5 |
| 5. | Une tache noire ou un double trait sur le tronçon de la queue...................... | 6 |
| | Non....................................... | 11 |

6. { Une tache plus ou moins large sur la base de la pectorale.......... .................... 7<br>
{ Non..................... .............. 8

7. { Dents égales..... .............. ..... C. TINCA.<br>
{ Dents inégales. ........ .(*variété*). C. MÉDITERRANEUS.

8. { La tache du tronçon de la queue est au-dessus de la ligne latérale............. ............. 9<br>
{ La tache est au-dessous de la ligne latérale........ 10

9. { Ventre à profil très-arqué: ............ C. ARCUATUS.<br>
{ Ventre à profil ordinaire.......... C. CHLOROSOCHRUS.

10. { La tache du tronçon de la queue gagne le bord inférieur de cet appendice.............. .... C. MASSA.<br>
{ Non; elle est limitée..... ............. ... C. PAVO.

11. { Sourcil doré..................... C. CHRYSOPHRYS.<br>
{ Non.................... .................. 12

12. { Dents égales.............. ............. 13<br>
{ Dents inégales, incisives supérieures saillantes<br>
............... ........... (*type*). C. MEDITERRANEUS.

13. { Pectorale à bordure noire.......... C. MELANOCERCUS.<br>
{ Pectorale sans bordure. ............ C. CÆRULEUS.

**180.**—1. CRENILABRUS OCELLATUS, *Forskal.* Crénilabre ocellé.

N. P.: *Vaqueto.* — Très-commun sur nos côtes. Se montre surtout en décembre.

**181.**—2. CRENILABRUS ROISSALI, *Risso.* Crénilabre Roissal.

N. P.: *Langanèu.* — Très-commun sur notre littoral où il apparait depuis mars jusqu'en décembre.

**182.**—3. CRENILABRUS TIGRINUS, *Risso.* Crénilabre tigré.

N. P.: *Rouquié.* — Assez commun à Nice.

**183.**—4. CRENILABRUS MELOPS, *Risso.* Crénilabre mélope.

N. P.: *Fournacho, roucàu, rouquié.* — Commun sur tout le littoral. Fries et Ekstrom, pensent qu'il y a chez ces poissons un véritable accouplement, ainsi que l'a annoncé Krüger. « Hic auctor se observasse commemorat, unde conjicere liceat, coitum verum unius maris uniusque feminæ a labris celebrari. Ei enim aliquando unus e fucis marinis prosiliens, alterum persequi visus est, moxque ambo subsistentes, ventres componebant, quo in statu aliquandiu remanebant. Separati inter fucos sese occultabant, quod spectaculum pluries repetitum est. Papilla nigricans, paulo post anum, ad apicem perforata et in fœmina multo major quam in mare, sine dubio vice organi copulatorii in hoc ludo functa est ».

**184.**—5. Crenilabrus tinca, *Risso*. Crénilabre petite tanche.

N. P. : *Roucàu, rouquieroun.* — Assez commun : Marseille, Toulon, Nice.

**185.**—6. Crenilabrus arcuatus, *Risso*. Crénilabre arqué.

N. P. : *Rouquié.*— Rare : Nice. Apparaît en mars, avril, septembre.

**186.**—7. Crenilabrus chlorosochrus, *Risso*. Crénilabre vert-tendre.

N. P. : *Langanèu.*—Espéce douteuse dont il est difficile de se faire une idée en comparant les deux figures données par l'auteur niçois, car elles n'ont rien de commun.

**187.**—8. Crenilabrus massa, *Risso*. Crénilabre massa.

N. P. : *Canadèlo, fournié, langanèu. lagagnoué*— Commun : Marseille, Toulon, Nice. Se montre en mai.

**188.**—9. Crenilabrus pavo, *Cuv. et Val.* Crénilabre paon.

N. P. : *Blavié, lucresso, rouquié, roucàu, sené blanc.* Commun sur tout le littoral méditerranéen. Serait même très-commun à Nice pendant l'hiver. Ce poisson mérite une mention toute spéciale pour le soin qu'il prend de préparer avec des herbes marines, tassées et comprimées, un nid destiné à recevoir et à protéger ses œufs ; l'espèce précédente montrerait, assure-t-on, la même prévoyance, quoique à un degré moindre.

**189.**—10. Crenilabrus chrysophrys, *Risso*. Crénilabre sourcil doré.

N. P. : *Rouquié.* — Rare : Nice.

**190.**—11. Crenilabrus mediterraneus, *Risso*. Crénilabre méditerranéen.

N. P. : *Roucàu, rouquié, rouquié-negre, siblaire* ou *sublaire.* —Assez commun sur notre littoral. Ce Crénilabre offre plusieurs variétés dont une C. Brunnichii, Risso, — connue sous le nom provençal de *Pèis-de-roco* — manque de tache sur le tronçon de la queue.

**191.**—12. Crenilabrus melanocercus, *Ris.* Crénilabre queue noire.

N. P. : *Roucàu, rouquié.* — Assez rare : Nice, Toulon, Marseille. Apparaîtrait à Nice pendant les mois de juin et de juillet.

**192.**—13. Crenilabrus cæruleus, *Risso*. Crénilabre bleu.

N. P. : *Roucàu, rouquié.* — Assez rare sur nos côtes : Nice, Toulon, Marseille.


Genre *CORICUS*, Cuvier.

Une espèce :

**193.** Coricus rostratus, *Cuv. et Val.* Sublet groin.

N. P. : *Siblaïre, sublaïre.* — Commun sur toutes nos côtes. Offre trois variétés décrites par Risso comme espèces distinctes.

*Genre CTENOLABRUS*, Valenciennes.

Deux espèces :

Une tache noire sur le commencement de la dorsale; 7 ou
    8 rayons mous à l'anale.. ................ C. RUPESTRIS.

Pas de tache noire sur le commencement de la dorsale ;
    10 rayons mous à l'anale...................... C. IRIS.

**194.**—1. CTENOLABRUS RUPESTRIS, *Cuv. et Val.* Cténolabre des
roches.

Excessivement rare : Marseille.

?   — 2. CTENOLABRUS IRIS, *Cuv. et Val.* Cténolabre iris.

Excessivement rare. En 1878, M. Em. Moreau en a reçu deux
spécimens pêchés à Cette. Je ne l'indique ici que pour engager
les naturalistes à le rechercher sur notre littoral, étant persuadé
que bien d'espèces ne sont point indiquées comme visitant nos
côtes alors qu'un peu d'attention les ferait découvrir et comme
preuve je puis citer le ZEUS PUNGIO.

*Genre ACANTHOLABRUS*, Valenciennes.

Une espèce :

**195.** ACANTHOLABRUS PALLONI, *Cuv. et Val.* Acantholabre de
Palloni.

N. P. : *Tenco.*— Assez rare : Nice. On a décrit d'autres espèces d'Acantholabres notamment l'*Acantholabre de Couch*, mais
il ne faut voir là que des simples variétés ne différant de l'Acantholabre de Palloni que par le nombre des épines de l'anale qui
au lieu de cinq, chiffre normal, peut monter à six ou descendre
à quatre.

*Genre JULIS*, Cuvier.

Trois espèces :

1. { Plus de soixante écailles à la ligne latérale...... .. 2
   { Une trentaine seulement.................... J. PAVO.

2. { Dorsale à 1er espace intraradiaire tacheté.. J. VULGARIS.
   { Non............. .... ............. J. GIOFREDI.

**196.**—1. JULIS PAVO, *Cuv. et Val.* Girelle paon.

N. P. : *Girèlo-turco, lasami.*—Assez rare : Nice. Je l'ai reçue

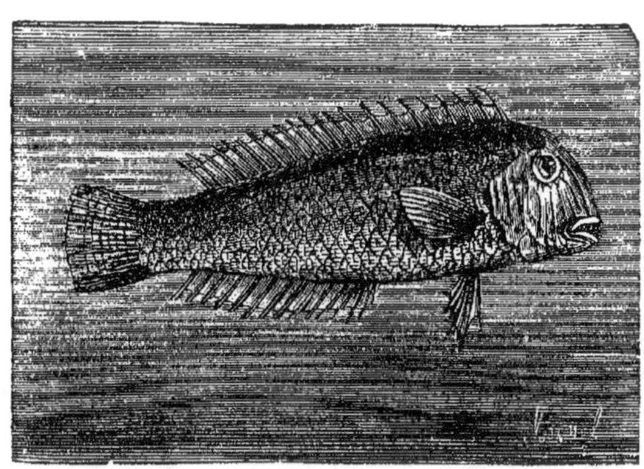

FIG. 32. Le Rason (*Xyrichthys novacula*, Bonap.)

d'Alger ; mais je ne l'ai pas encore vue sur les marchés de Marseille.

**197.**—2. JULIS VULGARIS, *Cuv. et Val.* Girelle commune.

N. P. : *Girèlo, dounzèlo.* — Assez répandue sur nos côtes. Cette espèce vit parmi les roches sous-marines où elle trouve en abondance les mollusques, les échinodermes et les autres animaux à test dur dont elle se nourrit. Sa chair est très-estimée.

**198.**—3. JULIS GIOFREDI, *Risso.* Girelle Giofredi.

N. P. : *Cacho-de-rèi, dovelo, girelo-reialo.*—Commune : Nice,

Toulon, Marseille. M. Em. Moreau donne cette espèce comme assez rare à Marseille, je crois pouvoir affirmer qu'elle y est commune.

### Genre *XYRICHTHYS*, Cuvier.

Une espèce :

**199**. Xyrichthys novacula, *Bonap*. Rason ordinaire.

N. P. : *Rason* ou *rasour*.—Très-rare : Nice, Martigues, Marseille. Je l'ai reçu d'Alger, mais il m'a été impossible d'en voir un seul spécimen à Marseille où pourtant le Rason aurait été capturé, puisque M. Em. Moreau l'indique comme tel.

### Famille des FISTULARIDÉS.

16ᵉ Famille, Fistularidés, Bouches en flutes, Tubulirostres, Aulostomidés ; à tête avancée en un museau tubuleux, constitué par le prolongement du vomer, de l'ethmoïde, des ptérygoïdiens, des préopercules et des interopercules, au bout duquel se trouve la bouche : c'est au moyen de cet organe que ces êtres vont chercher sous les pierres, au bord de la mer ou dans la vase, les animaux dont ils se nourrissent.

Ces poissons, d'assez grande taille, sont tantôt allongés *(Fistularia)*, tantôt de forme ovalaire, comprimée comme chez les Centrisques, seuls représentants pour notre faune de cette famille qui ne comprend d'ailleurs qu'une dizaine d'espèces réparties dans quatre genres principaux : *Centriscus; Fistularia* et *Aulostoma* (des mers des Indes) ; *Amphysile* (des Indes orientales).

*Genre CENTRISCUS* (1), Linné.

Une espèce :

**200**. Centriscus scolopax, *Linné*. Centrisque bécasse.

N. P. : *Becasso-de-mar, cardelino, cardilago, péis-troumpeto, troumpeto, troumbeto.*— Assez rare : Nice, Marseille, Toulon.

En terminant les Acanthoptérygiens il est bon de signa'er l'addition que le lecteur devra faire, à la fin de la famille des Triglidés, page 208, du genre *Hoplostethus* pour lequel quelques icthyologistes ont créé la famille des Bérycidés.

*Genre HOPLOSTETHUS*, Cuvier.

Une espèce :

Hoplostethus mediterraneus, *C. et V.* Hoplostèthe de la Méditerranée.

Excessivement rare : Nice. On en connait à peine deux ou trois individus.

---

(1) Centriscus, de *Kentron*, une épine , à cause du 2° aiguillon de la 1re dorsale qui est fort développé et dentelé.

# V. – DIPNOIQUES.

Il existe aussi des Vertébrés qui rentraient autrefois dans les Poissons de Cuvier et que l'on avait compris parmi les Poissons cartilagineux ; mais ils diffèrent essentiellement de ceux-ci par l'adaptation du sac natatoire à la respiration aérienne. Ce ne sont point des Sélaciens, car ils ont une vessie natatoire alors que ces derniers en manquent ; ils se rapprochent des Ganoïdes par la plupart de leurs caractères, et, en dernière analyse, il est possible de les considérer comme des Ganoïdes chez lesquels la vessie natatoire se serait conservée en s'adaptant à la respiration atmosphérique. Cet organe peut rester indivis ou se bilober de façon à former deux poches réunies en avant, près de l'ouverture œsophagienne ; alors l'analogie avec les Batraciens est complète. De cette particularité d'avoir la vessie natatoire simple ou divisée en deux, résulte la classification des Dipnoïques en deux groupes : les *Monopneumones*, ayant conservé la forme primitive du sac simple *(Ceratodus)* ; et les *Dipneumones*, chez lesquels la vessie s'est bilobée *(Lepidosiren, Protopterus)*.

Dans la nature actuelle, les Dipnoïques comprennent trois genres avec quatre ou cinq espèces seulement. Les Ceratodus sont, de tous les Dipnoïques, ceux qui présentent le plus d'analogies avec les Ganoïdes. En effet, leur tête est couverte de fortes plaques; leur corps porte des écailles émaillées rappelant celles des Lepidosteus; leur queue est hétérocerque; leurs dents ont une apparence particulière : vues de face, elles sont comme de véritables molaires, portant trois forts bourrelets transverses; vues de profil, elles montrent trois épaississements pointus, correspondant aux bourrelets surmontant le corps même de la dent.

Depuis quelque temps déjà, et avant même qu'on eut trouvé des formes vivantes de Ceratodus, Agassiz avait montré dans le permien et le trias, des dents analogues à celles-ci et que l'on peut supposer légitimement avoir appartenu à des Dipnoïques. Ainsi il est possible de conclure que, dans ces terrains, quelques Ganoïdes ont produit les Dipnoïques; or comme les Téléostéens ne sont apparus que beaucoup plus tard (jurassique), il est permis de croire qu'à partir de l'instant où les Dipnoïques anciens ont été formés, les autres Ganoïdes ont continué de consolider leur squelette ainsi qu'ils avaient déjà commencé à le faire, et la vessie natatoire est allée en perdant peu à peu ses fonctions glandulaire et respiratoire, pour manquer entièrement ou pour persister à l'état d'organe hydrostatique. Ce qui prouve encore l'analogie des Dipnoïques avec les Ganoïdes, c'est la classification première du Lepidosiren qui a été placé parmi les Ganoïdes lorsqu'il a été découvert; les dents de cet animal sont semblables à celles des Ganoïdes, elles sont coniques, disposées par séries et implantées dans des alvéoles.

Le *Lepidosiren paradoxus* et le *Protopterus annectens* sont très-rares; le premier habite les fleuves du Brésil et le second a été trouvé dans les cours d'eau qui prennent leur source vers le plateau central de l'Afrique. Tous deux peuvent sortir de l'eau et ramper à la façon des Anguilles, car une mucosité abondante sécrétée par les pores céphaliques et par ceux de la ligne latérale, lubréfie leur peau et leur permet de ne pas se dessécher trop rapidement; mais, comme les Amphibiens, ils ne peuvent pas s'éloigner beaucoup de l'eau, car leur mucus ne pourrait les préserver longtemps de la dessiccation.

Le *Ceratodus Forsteri*, découvert depuis quelques années seulement, habite les côtes occidentales de l'Australie; on le trouve dans les rivières qui traversent cette région. L'hiver, ces rivières ont un cours rapide, tandis que l'été elles sont presque à sec; à ce moment l'eau est viciée par les détritus végétaux; aussi l'animal ferme-t-il les opercules de ses branchies pour respirer directement l'air atmosphérique. On l'a vu quitter les eaux et aller vivre sur les bords humides. Les naturels mangent la chair du Ceratodus qu'ils estiment à l'égal de celle du Saumon.

La corde dorsale persiste : il y a donc encore ici le caractère primitif des Vertébrés, ce qui vient bien à l'appui de l'hypothèse qui consiste à considérer les Dipnoïques comme une modification des Ganoïdes anciens, chez lesquels les corps vertébraux n'avaient point encore paru, tandis que les Téléostéens seraient descendus beaucoup plus tard de Ganoïdes dont la vessie natatoire aurait perdu son ancienne importance alors que, par contre, le système squelettique se serait plus développé.

Dans le système digestif on voit un œsophage assez court, puis un estomac muni de cœcums lobés comme dans les Ganoïdes; enfin un intestin s'ouvrant dans un cloaque et pourvu d'une valvule spirale, ce qui les rapproche à la fois des Ganoïdes et

des Batraciens, car certains têtards exotiques montrent également une valvule spirale. Les Dipnoïques constituent donc une
transition entre les Poissons et les Amphibiens.

L'appareil respiratoire consiste en une poche simple ou double,
communiquant toujours avec le fond du pharynx. Cette poche
présente une couche musculaire, un tissu conjonctif avec des
ramifications vasculaires très-nombreuses, et dans son intérieur
il y a des cloisons circonscrivant des cavités comparables aux
alvéoles d'une ruche d'abeilles; ces cavités communiquent entre
elles ainsi que cela existe pour les poumons des Amphibiens. Ce
véritable sac pulmonaire n'est qu'une modification de la vessie
des Ganoïdes, modification peu importante si on la considère
au point de vue strictement anatomique. Ainsi qu'on a pu déjà le
remarquer, les Dipnoïques se rapprocheraient, par leurs caractères, autant des Ganoïdes que des Sélaciens si ce n'était que,
chez ces derniers, il n'y a pas de vessie natatoire véritable.

Le système circulatoire se compose d'un cœur avec une oreillette et un ventricule, puis d'un bulbe aortique pourvu de ses
valvules, nouvelle ressemblance avec les Ganoïdes et les Sélaciens. Le fait de la respiration pulmonaire nécessite évidemment
la séparation du sang veineux et du sang artériel; si donc il
n'existe qu'une oreillette et qu'un ventricule, le sang oxygéné se
mêlera avec le sang ayant servi à la respiration. Il y aura donc
tendance à la distinction du cœur en deux parties : une essentiellement veineuse et l'autre strictement artérielle; le cloisonne-
ment s'effectue d'abord dans l'oreillette (Batraciens et Reptiles),
puis dans le ventricule (Crocodiliens, Oiseaux, Mammifères).
Avec les Dipnoïques, commence la véritable respiration pulmo-

naire ; aussi, comme conséquence, l'oreillette émet des tractus qui se rendent aux parois du ventricule, de façon à former une cloison incomplète. Après le cœur, viennent le bulbe aortique et l'artère branchiale avec ses arcs branchiaux aortiques; des premiers arcs inférieurs se détache un rameau qui se rend au poumon, s'y ramifie et fournit des capillaires nombreux. De ces capillaires sortent des veines qui se rassemblent en un seul tronc pour aller se jeter dans l'oreillette ; c'est le commencement de la circulation pulmonaire. Les larves des Batraciens possèdent aussi cette conformation à un certain moment, mais ensuite le bulbe aortique disparait ainsi que les arcs branchiaux, et les vaisseaux pulmonaires restent seuls de façon qu'une artère pulmonaire simple sort du ventricule et se bifurque pour chaque lobe du poumon; un dernier tronc se forme, se met en rapport avec l'artère primitive et ce qui représentait les arcs aortiques pour constituer l'aorte véritable, de sorte qu'il y aura deux troncs artériels, celui de la grande circulation et celui se rendant aux poumons.

L'embryogénie est inconnue; on ignore même comment sont conformés les jeunes des Ceratodus et des Lepidosiren. Un fait cependant mérite d'être signalé, c'est celui de l'existence chez l'adulte du *Protopterus*, à la face interne de l'opercule et dépendant du tronc aortique, d'une petite branchie en houppe. Ceci semble indiquer qu'il y a eu un type antérieur aux Dipnoïques duquel probablement les Ganoïdes et les Sélaciens sont descendus, type caractérisé par la présence de branchies arborescentes externes ; ce caractère aurait persisté jusqu'aux Amphibiens dont les têtards sont pourvus de ces expansions branchiales, expan-

sions qui persistent même chez quelques-uns d'entre eux (Pe-
rennibranches).

—————

Avec les Dipnoïques finit la classe des Poissons. Pour terminer l'étude de ces Vertébrés , il me reste à dire quelques mots sur
leur valeur alimentaire , question importante et différemment
résolue par les hygiénistes. « Le carême, dit Henry Berthoud (1),
fait faire dans toute l'Europe une grande consommation de Poisson. L'hygiène et la chimie sont-elles d'accord avec la discipline
religieuse, qui prescrit cet aliment comme moins nourrissant et
moins excitant que la viande ? Assurément non.

« Les Poissons de toute espèce et sans exception, surtout au
moment du frai, qui commence précisément à l'époque du carême,
c'est-à-dire en avril, contiennent une grande quantité de phosphore. Il suffit, pour s'en convaincre , de regarder dans l'obscu-
rité l'eau qui sert à les faire bouillir. Cette eau brille d'une lueur
pâle, blafarde et ondoyante accompagnée d'une odeur alliacée ,
qui atteste la présence du phosphore, cet agent doué d'un pouvoir d'excitation qu'on ne peut révoquer en doute.

« Le Poisson, comme aliment, n'a pas que le seul inconvénient
d'irriter au lieu de calmer le système nerveux et les appétits

(1) Henry Berthoud , *Petites chroniques de la science* , 5ᵉ année, 1866.

physiques. La plupart du temps il agit d'une façon aussi désastreuse sur l'estomac que sur le cerveau. De là des digestions laborieuses, des embarras gastriques et des éruptions cutanées dont on peut d'autant moins contester la cause, que toutes les peuplades se nourrissant de poisson sont fatalement infectées de maladies de la peau.

« Dès qu'il perd sa fraicheur, dès qu'on le prépare par la fumée ou qu'on l'injecte de sel, la chair du poisson devient presque toujours insalubre, et elle se transforme trop souvent en un véritable poison. Beaucoup de fièvres de mauvais caractère n'ont pas d'autre origine. Il faut citer au premier rang, parmi les aliments dangereux, les harengs qui, mal préparés au moment de la pêche, contractent une odeur fétide et âcre, et surtout la morue que, pour rendre plus tendre et plus agréable à la vue, on fait, avant de la cuire, détremper dans de l'eau saturée de chaux.

« A peu d'exceptions près, les poissons d'eau douce, plus graisseux et d'une chair plus compacte que les poissons de mer, subissent difficilement l'action des sucs gastriques, sans compter que les œufs du brochet, de la plupart des cyprins, et surtout du barbeau de nos rivières, sont vénéneux et causent, chaque année, de graves accidents chez les imprudents qui les mangent. On attribue les propriétés toxiques de ces œufs à la grande quantité de phosphore qu'ils renferment.

« Les dangers que présentent dans certaines conditions quelques poissons européens ne sont rien néanmoins en comparaison de ceux que causent beaucoup d'espèces exotiques, particulièrement dans la mer des Antilles, dans le golfe du Mexique et sur les côtes du Brésil et la plupart des iles de l'Océanie. Le thon, la grosse sphyrène, longue de plus d'un mètre, qui ressemble à notre brochet et dont la chair est exquise au goût, le serran, reconnaissable à son museau pointu et à sa bouche oblique ; le mésoprion, large comme la carpe et armé de dents aiguës comme le brochet ; le hareng de la Martinique, la sardine des Antilles, déterminent chaque année de nombreux accidents parmi les navigateurs qui hésitent d'autant moins à manger à bord les produits de leurs pêches, que ces redoutables poissons comptent la plupart dans nos mers européennes des sosies inoffensifs.

« Il y a dix-sept ans, un bâtiment de commerce apparut en vue de la Martinique ; grâce à un temps calme, on l'aperçut errer au hasard pendant plusieurs jours et sans s'écarter du voisinage de la côte : comme il ne portait aucun pavillon et qu'on ne pouvait s'expliquer pour quels motifs il ne s'approchait ni ne s'éloignait du port, on envoya plusieurs embarcations afin de le reconnaître. Personne ne répondit aux interpellations des marins, qui finirent par monter à bord et restèrent frappés d'épouvante en arrivant. Tout l'équipage composé de vingt-huit personnes, gisait mort sur le pont ; il ne restait de vivant dans le bâtiment qu'un mousse atteint d'une fièvre violente, accompagnée de délire, qu'on transporta à terre, et qui put, seulement un mois après, donner des renseignements sur l'accident qui avait ravagé le navire.

« Il raconta que le bâtiment *la Louise*, après une navigation heureuse et une longue pérégrination commerciale, se disposait à gagner le port le plus prochain, quand il vint à passer un banc de harengs. On manquait à bord de nourriture fraîche, on jeta aussitôt des lignes à la mer et l'on ne tarda point à pêcher une grande quantité de poissons que le cuisinier s'empressa de préparer.

« Dix minutes après, le pauvre enfant qui, malade de la fièvre déjà depuis quelques jours, se trouvait couché dans sa cabine, entendit au-dessus de sa tête un bruit étrange et sinistre de cris de désespoir, de trépignements de pieds et de corps qui tombaient lourdement. Après quoi il se fit un grand et long silence. L'enfant se traîna péniblement sur le pont, et il y trouva morts le capitaine et tous les matelots. Dix minutes à peine avaient sufli pour qu'ils subissent tous l'action fatale des aliments vénéneux qu'ils venaient de manger. »

La manière de voir de M. Berthoud ne paraît pas exacte pour notre région du moins, et je crois qu'il est plus raisonnable d'accepter l'opinion de M. Fonssagrives, le savant professeur de la Faculté de médecine de Montpellier.

« Le poisson (1), dit M. Fonssagrives — dont l'autorité est si grande pour tout ce qui a trait à la bromatologie — constitue une partie très-importante du régime, et la rapidité actuelle des communications a permis à cet aliment, dont la consommation était jadis limitée aux seuls riverains, de s'étendre un peu partout. Les chiffres suivants donnent une idée de l'importance actuelle de cette branche de commerce. En France, le produit des pêches s'est élevé en 1871 à 69,892,200 francs, et cent dix mille quatre cent quatre-vingts marins, et dix-huit mille huit cent trente-sept bateaux, pontés ou non pontés, ont été employés à cette industrie. En Angleterre la seule pêche de la truite et du saumon est évaluée à 18,000,000 francs. Aux États-Unis, le produit de la pêche est de 68,000,000; en Normandie, de 50,000,000;

---

(1) Fonssagrives, *Dictionnaire de la santé et Hygiene alimentaire*.

en Russie de 102,000,000. En 1866 la pêche, chez nous, a produit plus de 78,000,000 dont 20,000,000 fournis par les eaux douces.

« A Londres, d'après M. Millet (*La production animale et végétale,* Étude faite à l'Exposition de 1867), la consommation du poisson peut être évaluée à 90,000,000 de kilogrammes, c'est-à-dire qu'elle égale celle de la viande, et s'élève à 30 kilogrammes par individu et par an. L'infériorité du prix du poisson qui ne vaut que 0 fr.,18 le kilogramme au lieu de 1 fr.,85 prix du bœuf, montre combien cet aliment est précieux pour les classes nécessiteuses.

« On a calculé qu'en France la consommation individuelle du poisson était de 10 kil., 220 par an et que le poisson d'eau douce formait seulement la quatorzième partie de ce chiffre.

« Le poisson étant un aliment sain et savoureux, il y a un véritable intérêt humanitaire à en accroître la production et la pêche. Il faut attendre ce résultat du perfectionnement des procédés de culture fluviatile, lacustre et maritime, aussi bien que de celui des engins de pêche et des moyens d'acclimatation.

« Dans certains cas l'usage alimentaire du poisson peut causer des accidents, qui varient depuis la simple indigestion jusqu'à l'empoisonnement. Ces accidents sont imputables tantôt à la nature même du poisson, tantôt au mode de préparation. Deux opinions ont été émises pour expliquer le danger du poisson frais. L'une veut localiser le principe vénéneux dans certaines parties du corps, notamment le tube digestif, le frai, le foie, plus rarement la tête; l'autre, rattache l'action vénéneuse des poissons toxicophores à leur nourriture. Quant au poisson séché, salé, fumé ou mariné, indépendamment de ses mauvaises qualités habituelles, il peut devenir dangereux par les conditions dans lesquelles il a été préparé. La fumée à laquelle il a été exposé peut avoir déposé à sa surface des poussières métalliques dangereuses ; le sel a pu servir, au préalable, à la conservation de matières organiques demi-putréfiées ; enfin, le poisson, en séchant, a pu être soumis à des émanations organiques. C'est ainsi que les journaux de Londres signalaient récemment ce fait, peu appétissant, qu'une bonne partie du poisson sec vendu dans les quartiers pauvres de Londres a été desséchée dans les latrines et qu'une autre partie a été fumée à l'aide de paille retirée des fumiers de la ville. On comprend assez le danger de ces pratiques dégoûtantes.

« Si le poisson joue un rôle important dans le régime des gens en santé, il est surtout précieux pour les convalescents, au profit desquels il constitue une transition heureuse entre la diète à laquelle ils ont été soumis pendant leur maladie, et le régime des viandes, plus nourrissant et plus stimulant ; de plus, sa grande variété et les manipulations culinaires nombreuses auxquelles il se prête diversifient heureusement le régime des convalescents et des valétudinaires. Mais s'il est nécessaire d'établir un choix judicieux entre les viandes des mammifères ou des oiseaux comestibles, au point de vue de leur aptitude à être digérés et à nourrir, ce triage est encore plus indispensable pour les poissons qui peuvent, suivant leur nature, ou fournir aux malades une nourriture saine et réparatrice, ou leur faire courir tous les risques d'une digestion difficile. Hippocrate a indiqué toutes ces distinctions, et l'hygiène actuelle les sanctionne encore. Il signale la *vive*, le *rouget*, la *perche* et tous les poissons de roches *(saxatiles pisces)* comme très-légers ; les poissons d'eau bourbeuse, au contraire, tels que le *muge*, le *céphale*, l'*anguille*, comme particulièrement pesants. Les poissons de rivières et d'étangs ne lui paraissaient pas avoir des propriétés moins fâcheuses (1).

« L'opinion que les médecins de l'antiquité eurent de cette classe d'aliments, assure Saucerotte, leur fut généralement favorable. Hippocrate et Galien les recommandent dans plusieurs traités comme une nourriture salubre, un *mezzo termine* entre le régime animal et le régime végétal, fort convenable aux convalescents et même dans plusieurs genres de maladies, quoique les poissons offrent autant de différences sous le rapport de leur digestibilité et de leurs propriétés restaurantes que sous celui de leur saveur.

« On établissait, au point de vue de leur origine, une différence fondée peut être autant sur la sensualité que sur les propriétés hygiéniques : on donnait la préférence aux espèces marines, comme plus nourrissantes et plus saines, et parmi celles-ci on faisait même une distinction entre celles qui fréquentent habituellement la haute mer (*pélagiens* ou *errones*) et celles qui habitent les rivages (*littoraux* ou *saxatiles*). Les premières passaient pour avoir une chair plus compacte : les secondes une chair plus tendre et plus légère, mais moins réparatrice.

« On tenait compte aussi de la mer d'où l'individu provenait, la même espèce ayant des qualités préférables dans une mer à celles qu'elle offrait dans une autre. Les espèces qui habitent

---

(1) Hippocrate, *OEuvres complètes*, trad. Littré, *des affections*, t. VI, p. 205.

les lieux marécageux passaient pour les moins salubres de toutes; Galien rejetait aussi celles qu'on pêche au-dessous des grandes villes.

« On avait également égard à l'époque de l'année, à l'âge des individus, les poissons perdant tous de leur qualité en vieillissant. Plusieurs espèces, de même que certains crustacés, l'oursin, etc., passaient pour acquérir une saveur plus délicate pendant ou après la digestion; enfin on faisait un cas fort différent des diverses parties du corps dans le même animal (1).

« Il ne faut pas croire que l'alimentation des convalescents ait un choix très-varié; elle a beaucoup à élaguer, et elle doit restreindre aux suivantes les espèces de poissons qui peuvent être utilisées par la diététique comme réunissant à la fois les conditions de saveur, de mollesse de fibre et de digestibilité qu'on est en droit d'exiger d'aliments de cette nature.

« La *truite* sous ses deux variétés dites *truite blanche* et *truite saumonée*, est un excellent poisson à la condition d'être servi dans un état de fraîcheur extrême.

« La *perche des eaux courantes* a la chair ferme et agréable.

« Le *brochet*, à l'exception de celui qui vit dans les eaux stagnantes, a une chair qui se digère bien, mais il faut éviter sa laitance qui détermine souvent des vomissements et une poussée d'urticaire; le brocheton est plus estimé que le brochet.

« La *carpe* dont la chair est un peu fade, mais dont la laitance, par opposition à celle du brochet, fournit aux estomacs délicats un manger très-savoureux et très-sain.

(1) Saucerotte, *Régime alimentaire des anciens. Union médicale*, 1859, t IV, p. 497, 513, 577.

« Le *goujon* et l'*éperlan* sont d'une digestion facile.

« La *sole* est un des meilleurs poissons de mer ; celles *à dos gris* sont plus savoureuses, que les *soles à dos noirs* ; leur chair demande à être un peu mortifiée ; les *filets de sole* constituent un excellent manger.

« La *limande* est un poisson plat très-analogue et qui se prête aux mêmes préparations culinaires.

« La *barbue* le dispute au turbot pour la finesse et la légèreté.

« Le *turbot* a une chair crémeuse qui justifie très-bien le surnom de roi des poissons de mer que lui ont donné les gourmets.

« Le *rouget* avec lequel on confond habituellement le *grondin*, qui n'approche en rien de sa succulence.

« Le *surmulet* ou *barbeau*, plus gros que celui-ci, est moins estimé.

« Le *carrelet* ressemble beaucoup à la sole, mais n'a un goût recherché que vers la fin du printemps.

« Le *merlan* est un bon poisson, mais il s'altère avec une telle rapidité qu'il faut le consommer peu d'heures après sa sortie de l'eau.

« Le *prêtre*, la *brême*, sans avoir une grande succulence, fournissent cependant aux malades une alimentation assez agréable.

« Ces poissons sont heureusement les plus répandus sur notre littoral et dans les ruisseaux ou les eaux stagnantes de nos climats ; ce sont ceux aussi auxquels l'alimentation fait ses emprunts les plus usuels.

« Les poissons dits *huileux*, dont la chair est imprégnée de graisse sont d'une digestion difficile ; aussi les malades devront-ils s'en abstenir soigneusement. Nous signalerons comme plus particulièrement indigestes : l'*anguille*, la *tanche*, le *saumon*, l'*esturgeon* parmi les poissons d'eau douce, et, parmi les poissons de mer, le *mulet*, le *maquereau*, la *raie*, le *thon*, etc... Il est probable que la Loi mosaïque, qui interdisait l'usage alimentaire des poissons qui n'avaient ni nageoires ni écailles *(cuncta quæ non habent pinnulas et squammas in aquis polluta erunt)*, avait surtout en vue l'indigestibilité des anguilles.

« Quoique la chair musculaire du poisson varie d'espèce à espèce sous le rapport de sa composition, le tableau comparatif suivant, dû à Fr. Schulze (1), donne une idée assez générale de la nutritivité de la viande de poisson comparée à celle du bœuf.

|  | Bœuf. | Carpe. |
|---|---|---|
| Fibrine, tissu cellulaire, nerfs et vaisseaux. | 15 | 12 |
| Albumine.......................... | 4, 3 | 5, 2 |
| Extrait alcoolique, sels................... | 1, 3 | 1 |
| Extrait aqueux et sels........... ........ | 1, 6 | 1, 7 |
| Phosphates........................ | traces | traces |
| Graisse et pertes................... ....... | 1, 0 | » |
| Eau........ ..... ..................... | 77, 5 | 80, 1 |

« Il ressort de ce tableau : 1° d'une part, que la chair du poisson contient moins de fibrine, plus d'albumine et plus d'eau que celle du bœuf; 2° que l'analyse chimique est impuissante à trouver les motifs de la différence du pouvoir analeptique de ces deux viandes, cette différence tenant bien plus probablement à l'agen-

(1) Franz Schulze, *Lehebuch der chimie*, t. II, *Organische chemie*. Leipsig 1859.— Voyez aussi Limpricht, *Annalen der chemie und Pharmacie*, août 1863.

cement de leurs principes constitutifs qu'aux proportions de ceux-ci (1).

« On voit, en résumé, que les poissons jouent un rôle important dans la bromatologie thérapeutique en établissant une transition ménagée entre les aliments légers des premiers jours de la convalescence et une nourriture forte et réparatrice ; que, de plus, ils diversifient très-favorablement le régime, grâce à la grande variété d'aspect et de goût qu'ils présentent, grâce aussi aux nombreuses manipulations culinaires auxquelles ils se prêtent (2). On a été plus loin, et on a pensé qu'une alimentation dans laquelle la chair de poisson entre pour la plus grande part, exerce sur les fonctions génésiques une excitation que l'on pourrait utiliser dans le traitement de la frigidité ; mais on ne saurait admettre cette influence quand on voit que les populations ichthyophages ne se signalent en rien, quoi qu'on en ait dit, par une fécondité exceptionnelle. »

(1) Voyez Payen, *Précis théorique et pratique des substances alimentaires*, 4ᵉ édit. 1865, p. 219.

(2) Les Anglais ont en quelque sorte consacré l'utilité alimentaire du poisson pour les convalescents, en donnant le nom de régime du poisson *(fish-diet)* à l'une des rations de leur régime hospitalier.

# TABLE SCIENTIFIQUE.

Les noms des ordres sont en GRANDE CAPITALE, les noms des familles en caractères **noirs**; les noms des genres sont écrits en PETITE CAPITALE et ceux qui ne sont pas suivis d'un renvoi à une page ne sont cités que comme synonymes.

Les noms des espèces admises dans cet *Essai sur les Vertébrés de la Provence* sont en romain : les chiffres qui les précèdent en indiquent l'ordre numérique et ceux qui les suivent la page de l'*Essai* où les espèces sont décrites. Les noms d'espèces citées comme synonymes sont en *italique* et suivis des nombres, entre parenthèse, qui renvoient aux espèces dont ces noms sont les synonymes; quand le nom synonyme est précédé du signe ? cela signifie que la synonymie n'est pas certaine ou n'est point acceptée par tous les ichthyologistes.

## A

# U

# TABLE DES NOMS PROVENÇAUX.

# TABLE DES NOMS FRANÇAIS.

# CLASSE DES BATRACIENS.

Les Dipnoïques nous conduisent aux Batraciens ; ceux-ci peuvent être justement considérés comme des types de Dipnoïques avec adaptation plus complète à la vie aérienne.

Examinons un Batracien supérieur, une Grenouille par exem-

Fig. 33. La Grenouille verte (*rana viridis*, Rœsel).

ple. Ici il n'y a plus ni branchies, ni fentes branchiales sur les côtés de la tête, et les arcs viscéraux qui supportaient les branchies se sont considérablement réduits; soudés avec l'arc hyoïde, ils concourent à soutenir la langue. La forme générale se met en rapport avec le nouveau mode d'existence : le corps est trapu, les pattes sont munies des mêmes os que chez les Vertébrés supérieurs, les postérieures servent au saut et présentent cinq doigts tandis que les pattes antérieures ne comptent d'ordinaire que trois ou quatre doigts.

La peau est uniquement constituée par une couche épithéliale ; il n'y a point d'écailles dermiques, sauf chez quelques Anoures exotiques pourvus sur la tête de plaques semblables à celles des Ganoïdes, mais ce n'est là qu'une régression. Cette peau est remarquable par sa vascularisation — ce qui est une marque des fonctions respiratoires qui y sont inhérentes — et par le nombre des terminaisons nerveuses qu'elle reçoit ; des glandes calycinales nombreuses sont éparses sur toute la surface de la peau, elles se rassemblent pourtant à certains points pour constituer des glandes composées, comme, par exemple, les glandes parotides placées sur les côtés de la tête. Ce ne sont point des glandes salivaires, car aucun Batracien n'en possède. Elles sécrètent un suc âcre, toxique, surtout pour les animaux de petite taille, qui sert de moyen de protection et remplace en partie les écailles dures qui manquent. Ce liquide irritant occasionnerait une vive douleur s'il était appliqué sur une muqueuse. C'est probablement dans ce fait qu'il faut chercher la source du préjugé existant dans notre région et qui consiste à croire que si les yeux d'une personne étaient contaminés par l'urine d'un crapaud, cette personne serait fatalement frappée de cécité.

En général, dans les Batraciens il existe tous les degrés compris entre la simple notocorde et une colonne vertébrale bien ossifiée. Les vertèbres présentent une partie centrale ou *centrum* qui provient de ce que les anneaux osseux, apparus autour de la couche squelettogène, resserrent de plus en plus l'espace occupé par la notocorde sur une coupe transversale et l'ossifient entièrement; en même temps deux cônes osseux se montrent de chaque côté en avant et en arrière, de façon à former un corps vertébral biconcave ou amphicœlique, cônes entre lesquels la corde dorsale persiste. D'autres fois dans une des concavités apparaît un cartilage qui produit ensuite une tête articulaire, de telle sorte que les vertèbres sont opisthocœphaliques, c'est-à-dire que la concavité persiste seulement à la partie postérieure du corps vertébral. La Grenouille possède de fortes apophyses transverses mais n'a pas de côtes; certains Batraciens en présentent cependant qui peuvent dépendre des arcs supérieurs ou des arcs inférieurs. Le crâne est réduit par suite du grand développement des os de la face; le maxillaire supérieur et le palatin sont soudés au crâne comme chez les Holocéphales; la mâchoire inférieure s'articule avec le maxillaire; il existe deux os nasaux ou vomers; en avant sont deux fossettes ou fosses nasales en communication directe avec la bouche et sur les côtés du crâne deux vésicules auditives, une de chaque côté, formant un rocher osseux; deux condyles occipitaux joignent le crâne aux vertèbres comme chez les Mammifères, tandis qu'il n'y en a qu'un seul chez les Oiseaux, les Reptiles et les Poissons. Les membres sont plus complexes que chez les Dipnoïques; en avant on trouve : un omoplate volumineux, une clavicule, un procoracoïde, un coracoïde, un sternum bien développé et un épisternum; en arrière l'os iliaque se soude avec l'ischio-pubien et il existe comme un urostyle postérieur.

L'appareil nerveux central est réduit ; cependant les hémisphères cérébraux commencent à acquérir une certaine prédomi-
nence, mais ils ne sont pas lobés. Les yeux sont parfois rétrac-
tiles dans l'intérieur de l'orbite, ce qui est le cas de la Grenouille ;
il y a une ou deux paupières. Les fosses nasales antérieures,
une de chaque côté, peuvent être fermées par une petite membrane. L'appareil auditif comprend une véritable oreille moyenne
avec trompe d'Eustache, et une membrane du tympan à fleur de
peau, parfois recouverte par un repli des téguments ; il arrive
aussi que l'oreille moyenne manque et alors ce qui reste reproduit la structure de l'oreille chez les Sélaciens et les Ganoïdes.

La bouche est vaste et présente des dents sur plusieurs points ;
parfois ces organes existent seulement sur le maxillaire supérieur et ce sont alors des saillies de cet os (par conséquent les
Urodèles et les Pérennibranches, chez lesquels le maxillaire supérieur est cartilagineux, sont privés de ces sortes de dents) ;
d'autres fois il y en a sur l'arc maxillo-palatin et les vomers ;
enfin le genre *Hemiphractus* parmi les Bufonins, en a non seulement sur ces deux points, mais aussi sur le maxillaire inférieur.
La langue manque seulement chez les Pipas et les Dactyléthres
qualifiés pour cela d'Aglosses ; lorsqu'elle existe, elle est tantôt
soudée par tous ses bords, tantôt libre seulement par sa région
postérieure, ainsi qu'on peut l'observer chez la Grenouille, et
alors l'animal jouit de la faculté de projeter cette portion au dehors et de s'en servir comme un appareil de préhension ; aussi
cette partie est-elle très-développée. Ensuite viennent l'œsophage,
l'estomac et l'intestin assez court dans lequel débouchent un foie
volumineux et des glandes pancréatiques ; l'anus s'ouvre dans

un cloaque ; les reins sont une partie des reins primitifs ; l'uretère se termine assez loin d'un repli cloacal considéré comme une
vessie urinaire et qui est le rudiment de la vésicule allantoïde.

Deux poches pulmonaires dépourvues de trachée-artère s'ouvrent dans un véritable larynx muni de cordes vocales, ce qui
indique bien une adaptation à la vie aérienne, le tout aboutissant
au fond du pharynx. Les poumons ont la même structure que
ceux des Dipnoïques, avec cette différence que les alvéoles sont
plus développées. Les Batraciens n'ayant que des côtes rudimentaires, il en résulte que le mécanisme de la respiration est profondément modifié ; les mouvements d'inspiration et d'expiration
ne sont point soumis au jeu du thorax, comme chez les Mammifères et les Oiseaux. La respiration est produite chez eux par un
mouvement de déglutition, et le Batracien avale l'air qui va
gonfler ses poumons comme sa larve — le têtard — avalait l'eau
qui devait baigner ses branchies. Quand on examine un animal
de cette classe, on le voit ingurgiter l'air comme nous avalons
nos aliments, en le mâchant pour ainsi dire ; il y a un certain
nombre de mouvements, une douzaine par exemple, correspondant à l'inspiration, puis a lieu un temps d'expiration et le phénomène recommence. Après cela on comprendra sans peine qu'un
Batracien périsse si on lui tient la bouche forcément ouverte,
car ne pouvant plus produire les mouvements nécessaires à la
déglutition de l'air, il finit par périr asphyxié. Il n'est pas inutile
d'ajouter que pour les Chéloniens — dont les vertèbres et le sternum sont soudés et immobiles pour former la carapace et le
plastron, et où il n'y a pas de diaphragme — la respiration se
produit d'une façon identique.

Chez le Batracien adulte, la circulation est plus complète que chez les Dipnoïques; il n'existe toujours qu'un seul ventricule, mais l'oreillette, qui est simple chez les Poissons et les têtards au premier âge, se dédouble et donne deux poches bien délimitées par une cloison. Du ventricule partent, à droite l'artère pulmonaire et à gauche l'aorte qui se subdivise en aorte droite et aorte gauche.

Les ouvertures des organes sexuels aboutissent dans le cloaque; les oviductes sont indépendants des ovaires, de telle sorte que les œufs tombent dans la cavité générale. Les sexes sont toujours séparés, le Crapaud mâle cependant possède un rudiment d'ovaire. Il n'y a pas d'organe d'accouplement, le mâle embrasse la femelle et féconde les œufs enveloppés d'une matière gélatineuse au fur et à mesure qu'ils sortent du cloaque; pourtant chez quelques Urodèles il y a une sorte d'accouplement par accolement des ouvertures cloacales, ou bien par l'intromission d'un petit pénis formé par une saillie du pourtour du cloaque; la constatation de cette fécondation interne est importante car elle dénote une tendance à la viviparité.

En général les œufs de Batraciens sont pondus dans l'eau et y éclosent; quelques Urodèles font exception à cette règle. La segmentation est totale; cependant une couche de vitellus évolutif englobe le vitellus nutritif, il se produit ensuite un sillon en gouttière qui marque le système nerveux, puis la corde dorsale et les arcs vertébraux apparaissent, et les processus embryogéniques continuent dans l'intérieur de l'œuf jusqu'à la formation de l'animal complet par l'addition successive des organes manquants; mais ils peuvent s'arrêter à n'importe quel stade; l'in-

testin se produit dans le vitellus nutritif central et il n'existe pas
de sac vitellin. Chez la Grenouille l'éclosion de l'embryon a lieu
huit jours après la ponte et ce dernier passe quelque temps à
l'état de larve ; mais l'apparition de cet état est toujours postérieure à celle du système nerveux, ce qui est une différence importante avec les Vertébrés primitifs.

A l'éclosion il reste cependant un peu de vitellus nutritif, car
l'embryon n'est pas capable de manger immédiatement ; il pos-

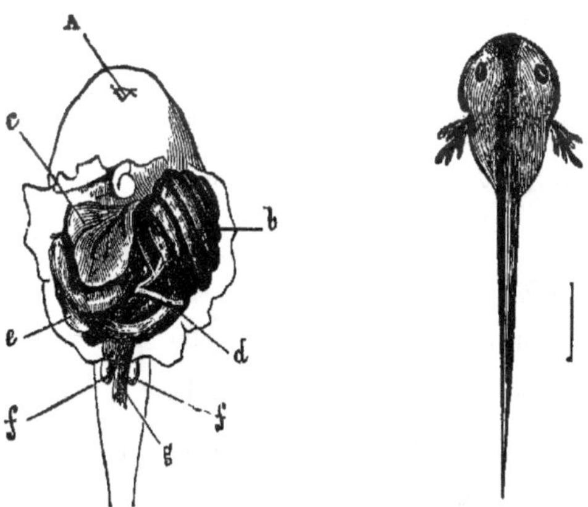


Fig. 34. Têtard (visc. abdominaux).     Fig. 35. Têtard (1er âge).

*A*, la bouche.— *bb*, le tube digestif enroulé sur lui-même. — *c*, le
foie.— *d*, les canaux hépatiques.— *e*, le pancréas.— *ff*, rudiment des
membres postérieurs.— *g*, rectum.

sède une grande masse céphalique pourvue en avant, d'une petite
bouche avec un bec corné ; en arrière est un intestin avec de
nombreuses circonvolutions, car il sera quelque temps herbivore ; puis vient une queue semblable à celle de l'Amphioxus,
mais transitoire avec un axe nerveux et une corde dorsale. Il n'a
pas d'appareil respiratoire sur les côtés de la tête et il possède

seulement quatre ou cinq arcs branchiaux cartilagineux dans le fond du pharynx, ne communiquant pas avec l'extérieur, ce qui correspond à l'appareil branchial de l'Amphioxus larvaire dépourvu de pore abdominal.

Ensuite un refoulement externe, semblable à celui qui se produit chez les Ascidiens, forme les deux premières fentes, une de chaque côté, et alors sortent au dehors, par ces fentes, des branchies externes arborescentes placées sous la dépendance des arcs branchiaux. Ce dernier fait — l'existence de branchies externes chez les larves de Batraciens, comparées avec les branchies analogues des embryons de Sélaciens et de Ganoïdes et avec les branchies operculaires du Protopterus adulte — est important, car il justifie l'idée de l'existence d'un type, postérieur aux Acrâniens, ancêtre des Sélaciens et des Ganoïdes, qui avait possédé des branchies arborescentes externes. Ce stade disparaît bientôt chez les têtards de Grenouille; les fentes branchiales se creusent de plus en plus et les branchies diminuent au point qu'elles finissent par être complètement internes, en même temps qu'un repli des téguments de la tête constitue un faux opercule; ceci correspond à la structure des Ganoïdes.

A cet instant, ou auparavant, la vessie natatoire prend naissance, se bifurque, pousse des alvéoles et on a un animal semblable aux Dipnoïques. Enfin les branchies disparaissent, les arcs viscéraux qui les soutenaient s'atrophient et se joignent à l'os hyoïde pour supporter le larynx et la langue, le sac pulmonaire s'agrandit et la Grenouille adulte est constituée. Il est facile de voir que la larve d'un Batracien supérieur passe par tous les états de Vertébrés étudiés jusqu'ici, depuis l'Amphioxus jusqu'aux Batraciens, et même elle passe en revue divers stades correspondant à des Batraciens inférieurs ; cette sériation ne s'observe pas seulement pour les organes respiratoires, elle existe aussi pour le système circulatoire.

Fig. 36. Têtard de Grenouille, au 2ᵉ âge.
(organes de la respiration et de la circulation).

Dans un embryon de Grenouille existe un axe ventral contractile, dépourvu de renflements rappelant celui de l'Amphioxus ; puis viennent des dilations veineuses au nombre de deux, une oreillette et un ventricule terminé en avant par un bulbe aortique, avec des arcs branchiaux aortiques dont les antérieurs se réunissent pour constituer l'aorte descendante (Sélaciens et Ganoïdes). Comme chez les Dipnoïques, les arcs branchiaux émettent des ramifications qui se rendent aux poumons ; mais après la disparition des branchies, les arcs aortiques se réunissent en un seul tronc qui se détache du ventricule, pour constituer une aorte indépendante : c'est alors la même disposition que chez les Reptiles inférieurs. Il y a toujours mélange du sang artériel et du sang veineux ; la seule différenciation qui se montrera chez les

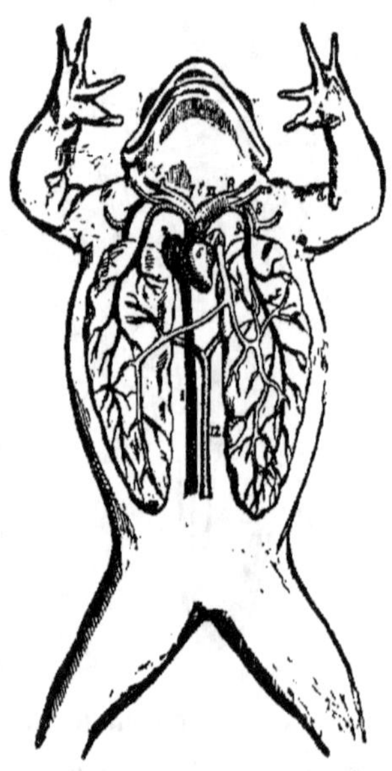

Fɪɢ. 37. Grenouille adulte.
(système vasculaire).

Vertébrés plus supérieurs sera la division du ventricule en deux, pour séparer le sang artériel de celui qui a servi à la nutrition des tissus.

D'abord la larve n'a ni queue ni pattes ; ensuite viennent la queue et les pattes, mais il est arrivé que certains types de Batraciens se sont arrêtés à ces divers stades, et l'on trouve une queue et deux pattes, une queue et quatre pattes, quatre pattes et point de queue. Ces détails servent dans la classification.

Il faut distinguer dans les Batraciens actuels une série normale et une série anormale.

La série anormale est constituée par les CÉCILIES OU APODES. Ces êtres n'ont pas de pattes, ou bien par arrêt de développement, ou bien parce qu'elles n'ont jamais apparues. Le corps cylindrique est allongé, la peau présente des séries d'anneaux durcis, recouverts d'écailles sous-cutanées rappelant par leur structure celles des Poissons, ce qui ne doit pas nous surprendre, car les *Amia* (Ganoïdes) présentent déjà des écailles presque identiques à celles des Téléostéens, et probablement les premiers Batraciens devaient posséder un revêtement tégumentaire semblable; ici ce revêtement a dû persister par suite du mode d'existence de ces animaux qui vivent dans la terre humide à la manière des Lombrics.

Ce double caractère, avoir le corps allongé et posséder des écailles, avait fait classer les Cécilies parmi les Ophidiens; mais un examen plus attentif a démontré que ces êtres étaient réellement des Batraciens. Ainsi la vessie urinaire est distincte de l'uretère, ce qui est un caractère de Batracien et les éloigne des Ophidiens; toutefois on trouve chez eux une sorte de trachéeartère et un poumon plus développé que l'autre, caractères d'Ophidien. On observe aussi, chez l'adulte, quatre arcs branchiaux bien conservés que ne possèdent pas les Serpents.

L'embryogénie de ce groupe est inconnue. Paul Gervais a pu voir sur les côtés de la tête de jeunes pris dans le ventre de la mère — car ces animaux sont vivipares — des fentes branchiales; Peters a également observé chez des jeunes, et à la même place, de petites houppes que ce savant considère comme des branchies; bientôt ces houppes disparaissent, les fentes se ferment et il ne reste plus que les arcs branchiaux. On le voit, les Cécilies sont donc des Batraciens. Ces animaux peu nombreux sont répartis dans quatre genres (*Cæcilia*, Linné; *Siphonops*, Wagler; *Epicrium*, Wagler; *Rhinatrema*, Duméril); ils habitent l'Inde, le Brésil, Ceylan, Cayenne.

La série normale comprend deux ordres : les ANOURES dépourvus de queue et les URODÈLES présentant cet appendice, ce qui est une persistance de caractères embryogéniques.

# I. — URODÈLES.

Les URODÈLES (*oura*, queue; *délos*, manifeste) sont surtout caractérisés par la persistance de leur queue pendant toute la vie. « Ces Amphibiens ont tous un corps anguiforme, étroit, allongé, le plus souvent arrondi, terminé par une grosse queue très-longue, confondue à son origine avec le tronc, et le plus ordinairement comprimée en travers, élargie dans le sens de sa hauteur pour agir sur l'eau à la manière d'une rame dirigée de droite à gauche ou réciproquement ; leur tête est aplatie, étroite, à bouche peu fendue et habituellement munie de dents grêles, courtes, pointues, implantées dans les deux mâchoires et sur le palais ; à langue charnue, courte, presque entière ; à tympan apparent ; leur tronc est arrondi en dessus, allongé, un peu déprimé en dessous ; ils sont munis au moins d'une, ou le plus ordinairement de deux paires de pattes courtes, grêles, faibles, très-distantes entre elles, à peu près de mêmes longueur et grosseur ; à pieds et mains trapus, courts ; à doigts obtus, déprimés, à peu près égaux, variables dans leur nombre, parfois à peine indiqués et toujours privés d'ongles aigus (1) ; leur ventre présente, sous l'origine de la queue, l'orifice d'un cloaque saillant, ayant la forme d'une fente longitudinale à bords épais ; ils n'ont pas de voix ni de coassement sensibles ; la ponte se fait sans l'assistance du mâle : les œufs, séparés les uns des autres et non en chapelets, sortent du corps avant ou après la fécondation, à moins qu'ils n'éclosent dans le ventre de la femelle ; les métamorphoses sont peu évidentes : les embryons ou jeunes larves ayant toujours des branchies apparentes au dehors sur les côtés du cou, formant des sortes de panaches divisés en lames frangées ou en laciniures arrondies, arborisées, fixées sur trois ou quatre

_______________

(1) Toutefois il existe au Japon une espèce d'Urodèle gigantesque — eu égard aux formes actuelles — car elle mesure près d'un mètre de long, et dont les doigts sont protégés par des étuis cornés, c'est l'*Onychodactyle de Schegel*, Tschudi.

paires de fentes, entre la tête et les épaules, dont les cicatrices s'oblitèrent ou persistent toute la durée de la vie chez quelques uns d'entre eux. D'après cela, on voit que les Urodèles se distinguent des Péromèles ou Cécilies en ce que ceux-ci, quoique allongés, n'ont ni membres, ni queue, et que l'ouverture du cloaque est placée tout à fait à l'extrémité du tronc, et qu'ils se différencient des Anoures en ce que ces derniers n'ont pas de queue à leur état parfait.

« Les membres des Urodèles sont mal organisés pour communiquer au corps des mouvements généraux et rapides de locomotion sur la terre; aussi leurs mouvements sont habituellement

Fig. 38. Têtard de Salamandre.

très-lents et leur ventre, traînant sur le sol, vient encore augmenter cette lenteur; mais, dans l'eau, ils peuvent se mouvoir, au contraire, avec beaucoup de facilité à l'aide des inflexions rapides qu'ils impriment à leur tronc, dont la longue échine est composée de vertèbres nombreuses, surtout dans la région caudale : aussi est-ce dans l'eau qu'ils habitent de préférence. Le cerveau, modelé sur la cavité du crâne, est aplati, allongé, peu volumineux; la moelle épinière, ainsi que les nerfs qui en proviennent, sont très-développés. La peau offre souvent les teintes les plus brillantes, et quelquefois aussi les plus ternes, suivant l'âge, le sexe et certaines époques qui varient comme les saisons, et cela chez les individus d'une même espèce; l'épiderme se détache souvent en une seule pièce. La peau est percée de pores nombreux, dont les orifices communiquent dans la cavité des glandes muscipares; cette peau exhale et absorbe facilement l'eau, soit liquide, soit en vapeur; quelquefois des replis longitudinaux régnent sur le dos, où ils se développent comme des crêtes, et il peut y en avoir le long des flancs et dans la région des membres. Les organes des sens sont à peu près constitués comme ceux des autres Amphibiens; les yeux, relativement petits, sont placés sous la peau transparente et, sauf chez les *Salamandrines*, manquent de paupières distinctes; ils sont rudimentaires dans les Protées (PROTEUS ANGUINUS, Laurenti) qui habitent les eaux souterraines de la Carniole et de la Dalmatie. Les intestins sont assez peu développés et calibrés, en quelque sorte, à la grosseur des animaux dont ils doivent faire leur nourriture; l'estomac est un sac dilatable faisant pour ainsi dire partie de l'œsophage. Un fait remarquable est la faculté dont sont doués ces animaux de résister, jusqu'à un certain point, à une forte chaleur et même à un froid intense; de sorte que, saisis par la glace, leur corps étant solidifié, congelé et devenu sonore comme le serait un morceau de bois sec, la vie persiste lorsqu'on fluidifie de nouveau leurs humeurs à l'aide d'une température modérée (1). »

« Les Urodèles sont en général ovipares, rarement vivipares *(Salamandres)*. Mais, même dans le premier cas, il y a dans la règle un véritable accouplement et une fécondation intérieure;

(1) Chenu, *Encyclopédie d'histoire naturelle*, *Reptiles*, page 170.

les lèvres renflées des fentes cloacales s'appliquent l'une contre l'autre; le sperme du mâle est déversé dans le cloaque de la femelle et s'y conserve pendant très-longtemps dans des glandes qui remplissent la fonction de réceptacles spermatiques. Le développement s'opère par voie de métamorphose plus ou moins complète, suivant que l'animal occupe un degré plus ou moins élevé; il présente, quant à la respiration et à la formation du squelette et des membres, des phases diverses qui persistent à l'état d'adulte chez les formes inférieures. A leur sortie de l'œuf, les *Salamandrines* sont de petites larves, grêles, pisciformes, présentant une peau ciliée, des faisceaux externes de branchies et une queue comprimée latéralement et bien développée, mais point de membres antérieurs ni postérieurs. Lorsque la croissance est plus avancée, les deux membres antérieurs sortent de la peau à l'état de petits moignons pourvus de doigts à peine distincts; plus tard apparaissent les membres postérieurs, dont les parties se différencient et se séparent peu à peu. Alors les branchies externes tombent et leurs orifices se ferment. Chez les Salamandres terrestres qui subissent cette métamorphose dans l'utérus soit en partie (Salamandre tachetée), soit complètement (Salamandre noire), la queue encore comprimée prend définitivement la forme d'une queue cylindrique qui répond mieux aux besoins de l'animal adulte se trainant sur le sol humide (1). »

Pour plus amples détails sur l'accouplement des Urodèles voir l'article de M. F. Lataste dans la *Revue internationale des sciences*, 1ʳᵉ année (1878), n° 42, page 496-499, et les traités *ex-professo* d'Herpétologie.

(1) Claus, *Zoologie descriptive*, page 873.

L'ordre des Urodèles a été divisé en trois sous-ordres :

1º Pérennibranches;

2º Dérotrèmes;

3º Salamandrines.

Les Pérennibranches (*perennis*, qui dure; *branchia*, branchies) ont des poumons et des branchies persistantes au premier stade, c'est-à-dire des branchies en houppes externes. Ils viennent respirer à la surface de l'eau : c'est donc le correspondant zoologique du processus larvaire à branchies externes et à poumons. Ils sont tous étrangers à notre faune.

Les Dérotrèmes (*déré*, cou; *tréma*, trou) ressemblent aux Salamandres; ils vivent toujours dans l'eau. Ils n'ont point de branchies externes, mais de chaque côté de la tête est une ouverture : c'est donc la persistance du stade à poumons et à branchies internes. Parmi les Dérotrèmes on peut cite. le Sieboldia Japonicus, V. de Hœv., Batracien gigantesque pouvant avaler de petits canards. A l'époque tertiaire des types analogues vivaient dans nos régions (Andrias Scheuchzeri).

Les Salamandrines constituent la persistance du stade à poumons, queue, fentes branchiales fermées, et arcs viscéraux soudés à l'os hyoïde. Chez certaines Salamandrines il est des individus qui arrivent à l'état sexué sans avoir atteint toute leur différenciation organique et ils peuvent se reproduire à cet état. Ainsi dans la même ponte et parmi des jeunes arrivés à un degré identique de développement, certains ont des organes sexuels bien développés, tandis qu'ils sont rudimentaires chez les autres; les premiers persisteront à l'état de Pérennibranches et les

deuxièmes arriveront au stade parfait; c'est le cas de l'Amblys-
tome du Mexique qui persiste à l'état d'Axolotl. Quelques Salamandres, notamment la Salamandre noire (SALAMANDRA ATRA,
Laurenti), sont adaptées à une vie terrestre, ce qui amène une fécondation interne, la viviparité et l'embryogénie condensée, de
telle sorte que le jeune sort de l'œuf conformé comme l'adulte.
Mlle Marie de Chauvin (1) a placé dans l'eau des embryons de
cette espèce qu'elle avait pris dans le ventre de la mère au stade
pourvu de branchies externes; les jeunes ont d'abord quitté leurs
branchies, puis en ont poussé d'autres un peu anormales, sont
parvenus au stade de Dérotrème et se sont montrés différenciés
en Salamandres adultes. On a donc forcé l'animal à reprendre la
vie larvaire que des ancêtres possédaient et, sauf quelques cas,
l'expérience a réussi.

Sur plus de 75 espèces d'Urodèles actuellement connues, l'Europe peut à peine en revendiquer 14 ou 15 dont 5 appartiennent
à la faune provençale et sont comprises dans la famille des Salamandridés.

### Famille des SALAMANDRIDÉS (2).

« Les SALAMANDRIDÉS se distinguent des autres Urodèles en
ce qu'ils ne présentent pas de trous sur les côtés du cou, entre

(1) Pour les travaux de Mlle Chauvin voir *Zeitschr. fur Wiss. Zoologie*, IX (1858), p.
463; XXVII, p. 534; XXIX, p. 394. Une bonne analyse de ces travaux est donnée par la
*Revue internationale des Sciences*, T. I, n° 5, 1878.

(2) SALAMANDRIDÉS, du genre *Salamandra*, Salamandre

la tête et les épaules. Les animaux qui forment cette famille ont le corps allongé et terminé par une longue queue ; ils ont quatre pattes latérales de même longueur, non palmées en général, et présentant le plus souvent cinq doigts, rarement quatre, toujours dépourvus d'ongles, leur tête est aplatie ; l'oreille est entièrement cachée sous les chairs et dépourvue de tympan ; les mâchoires sont armées de dents nombreuses et petites, de même que le palais qui en supporte deux rangées longitudinales ; la langue est constituée à peu près comme celle des Grenouilles ; il n'y a pas de troisième paupière ; à l'état adulte, la respiration est pulmonaire ; mais à l'état de têtard, elle se fait par des branchies en forme de houppes, au nombre de trois, qui s'oblitèrent lorsque l'organisation est complète ; les jeunes têtards, dès leur naissance, sont très-agiles, et ne diffèrent des adultes que par leur queue plus comprimée, la présence des branchies et la disposition de leurs couleurs (Chenu). »

Les Salamandridés — on pourrait dire tous les Urodèles — possèdent à un haut degré le pouvoir de réintégration, c'est-à-dire que les membres, la queue et presque toutes les parties du corps peuvent se reproduire quand ils sont retranchés par une cause quelconque.

Ces mutilations peuvent se présenter dans la nature ou être produites expérimentalement dans le laboratoire. Fatio, le premier, a appelé l'attention des naturalistes sur l'amputation des extrémités chez les Tritons et le Sonneur igné, mutilation imputable à de petits mollusques bivalves du genre *Cyclas*.

« Les Tritons, dit l'auteur de la *Faune des Vertébrés de la Suisse*, sont, très-souvent, pincés aux pattes antérieures ou postérieures par de petites Cyclades, plus particulièrement la *Cyclas cornea*, qui s'attachent à leurs extrémités, lorsqu'en marchant lentement sur la vase, au fond des eaux, ils viennent à mettre imprudemment la main ou le pied dans ce piége naturel ouvert sous leurs pas. Ils cherchent pendant quelques instants à secouer cet embarrassant parasite; mais, voyant bientôt l'inutilité de leurs efforts, ils s'habituent très-vite à cette augmentation de poids, qui ne parait pas, du reste, les faire le moins du monde souffrir. Il m'est ainsi plusieurs fois arrivé de conserver dans mes bocaux des Tritons qui, avec une Cyclade à chaque patte, jouaient des castagnettes contre les parois du vase. Le Bivalve ne lâchant prise que lorsque la partie, fortement pincée, est coupée et détruite par l'arrêt de la circulation, l'on rencontre souvent, dans l'eau, des Tritons privés d'un ou de plusieurs doigts, ou même d'une main ou d'un pied. Ces membres ainsi mutilés repousseront d'autant plus vite que l'animal se trouvera dans de meilleures conditions. Le froid, aussi bien que le défaut d'une nourriture suffisante, ralentissent, en effet, considérablement la régénération des parties enlevées; tandis que la chaleur et la richesse de l'alimentation activent au contraire ce développement (1). »

Le Sonneur igné a également à se plaindre des Cyclades. « Est-ce peut-être à la nonchalance de ses allures, ou à son amour pour la vase que le Sonneur igné doit de subir ainsi les vexations de ces petits êtres qui habitent avec lui dans les mêmes conditions? Le fait est que de semblables amputations sont

---

(1) Fatio, V., *Faune des Vertébrés de la Suisse, Reptiles et Batraciens*, 1872.

rares chez nos autres Anoures. Les Tritons souffrent, nous venons de le voir, les mêmes persécutions de la part des mêmes Cyclades, mais ils ont au moins la consolation de voir repousser leurs membres mutilés. Les plaies du Sonneur se cicatrisent promptement, mais je n'ai jamais rien vu recroître chez lui; il est fâcheux, dans ce cas, qu'il soit d'un degré supérieur dans l'échelle animale; noblesse oblige, il devra conserver ses moignons (Fatio). »

Les faits de réintégration survenus à la suite de mutilations opérées dans les laboratoires sont nombreux; ils sont surtout particulièrement intéressants. Spallanzani (1) est le premier qui ait étudié ce phénomène. Bonnet (2) vient ensuite. Il confirme les observations du naturaliste italien, en même temps qu'il les multiplie et qu'il varie le champ de l'expérience. Aussi nous montre-t-il que chez la Salamandre aquatique *(Triton crété)* non seulement des tronçons de queue et des doigts, mais encore des membres entiers et même un œil peuvent se reproduire; les membres désarticulés rentrent très-vite dans leur position et reprennent rapidement leur fonctionnement normal.

Depuis Bonnet, ces expériences ont été souvent refaites. Duméril raconte qu'ayant enlevé avec des ciseaux les trois quarts de la tête d'un Triton marbré, il se fit un travail de cicatrisation et de reproduction sur place. Malheureusement, l'animal—affaibli par la perte de sang consécutive à la mutilation, et ne pouvant

(1) Spallanzani, *Prodromo di un' opera da imprimersi sopra le riproduzioni animali*, 1768.

(2) Bonnet, Ch., *Sur la reproduction des membres de la Salamandre aquatique* (Triton cristatus) in Œuvres d'Hist. Nat. et de Philosophie, 1781.

plus prendre de nourriture ni respirer normalement — périt au bout de trois mois.

Les Anoures restent estropiés toute leur vie quand on les mutile — le Sonneur igné nous en a présenté un exemple probant —; mais il n'en est pas de même de leurs têtards. Ceux-ci montrent, en effet, le même pouvoir de reproduction que les Urodèles; cette faculté est d'autant plus énergique que ces têtards sont plus jeunes et partant moins évolués. Vulpian a même vu une queue, séparée d'une très-jeune larve, vivre pendant dix-huit jours, conservant le mouvement et bourgeonnant sur la tranche de section. Il y a plus : si l'on applique l'une contre l'autre les surfaces de section de deux tronçons de queues de très-jeunes têtards, on voit souvent ces parties se souder ensemble lors du bourgeonnement, et continuer à vivre ainsi assez longtemps d'une existence commune, en se mouvant et se déplaçant dans le liquide. Enfin, certaines observations du docteur Simpson semblent établir que le fœtus humain peut aussi, à un certain point de son développement pour ainsi dire larvaire, reproduire un de ses membres qui aurait été spontanément retranché.

Ainsi cette faculté de reproduction, que nous possédons un peu nous-mêmes puisque nos plaies se cicatrisent, est — comme le fait judicieusement observer M. F. Lataste — d'autant plus active chez un animal qu'il est moins élevé dans l'échelle zoologique; ou, ce qui à bien des égards revient au même, qu'il est plus jeune et moins développé.

Voilà rapidement esquissée l'histoire naturelle des Salamandridés; mais il reste maintenant à dire un mot des préjugés auxquels ces Urodèles ont donné naissance et certes cette partie n'est pas la moins curieuse. Hélas ! il en est pour les animaux comme pour les hommes : il est bien de réputations usurpées en bien comme en mal. Pauvres Salamandres ! que de méfaits ne croit-on pas devoir leur reprocher ! Elles partagent avec le Crapaud, la Tarente, la Chauve-souris et bien d'autres le tort énorme de jouir d'un mauvais renom. Il semble pourtant que l'heure de la réhabilitation de tous ces parias ne doive pas tarder à sonner, car de nombreux plaidoyers s'écrivent en leur faveur. Bientôt, espérons-le, la Salamandre ne sera plus considérée comme un être malfaisant et dangereux ; mieux connue, on comprendra le rôle qui lui est départi dans l'harmonie naturelle et on n'aura plus pour elle ni crainte superstitieuse, ni dégoût ; on laissera enfin à l'imagination ardente et poétique des Grecs, le soin de nous raconter mille propriétés surprenantes sur « *cette fille du plus pur des éléments, dont le corps est de glace, qui peut non-seulement traverser le feu le plus ardent, mais qui jouit encore de la faculté d'éteindre les flammes les plus vives.* »

De pareilles exagérations ne sont plus de notre temps et d'ailleurs nos ruraux n'ont pas tant de poésie à dépenser. Aussi en Provence les préjugés qui ont cours sur les Salamandres sont d'un autre genre. On craint de les rencontrer sur sa route ; elles ont le mauvais œil et gare à leur venin. Je demandais à un berger de la Crau, qui va conduire chaque année son troupeau transhumant dans les Basses-Alpes, de me rapporter quelques Tritons. J'avoue que je n'avais jamais vu un homme aussi ahuri. Il me refusa catégoriquement et se mit à m'en raconter long sur les méfaits de ces Urodèles. De tous les griefs reprochés, le plus criminel était surtout celui qui accusait ces Batraciens de téter les animaux d'une façon magique, de les faire maigrir considérablement et finalement d'entraîner leur mort. Comme je me moquais de pareilles erreurs, il se fâcha et après m'avoir rappelé le vieux proverbe provençal :

> *Se l'orguèi ié resié,*
> *Se l'alabréno i' entendié,*
> *Ren ici-bàs abitarié ;*

qui pour moi est loin d'être concluant, il ajouta d'un ton aigre-doux : que d'ailleurs des personnes aussi *savantes* que moi étaient là pour attester combien ses paroles étaient vraies. Je ne sus pas résister au plaisir de connaître au moins une d'elles. Il me cita Avril. Mû par la curiosité, j'ouvris le Dictionnaire de cet auteur (1) et effectivement je lus :

« ARABRENO. s. f. *Salamandre. Reptile qui est une espèce de lézard à longue queue, dont la peau tirant sur le noir est tachetée de mouches jaunes rapprochées. Bien que certains auteurs croient que la Salamandre n'a point de venin, néanmoins des gens de la campagne dignes de foi assurent que, soit par un souffle ou autrement, la présence de ce reptile dans une bergerie y répand une contagion mortelle qui se manifeste d'abord sur l'animal qui en est le plus près, par un gonflement du centre suivi immédiatement de la mort, à laquelle n'échappe aucune bête du troupeau renfermé. La Salamandre est areugle et amphibie. »*

Il y a beaucoup d'articles *étranges* dans ce livre, et mon tour était venu d'être ahuri ; car certainement le travail de M. Avril aurait été pour moi une véritable tête de méduse, si je n'avais

(1) Avril, J. T , *Dictionnaire Provençal-Français* , Apt, 1839

été habitué depuis longtemps à pareilles erreurs scientifiques de la part des auteurs des Glossaires provençaux. J'ai du reste examiné ailleurs (1) cette question avec les développements qu'elle comporte.

Est-ce à dire que la Salamandre et les autres Urodèles de la région, soient entièrement inoffensifs ? La question telle qu'elle est posée comporte une double solution. Il est incontestable que l'humeur cutanée de nos Salamandridrés est un poison pour les animaux de petite taille ; c'est un moyen de protection que la nature a donné à ces Batraciens, en même temps qu'il leur sert probablement à se procurer plus facilement leur proie. Pour les êtres d'une taille assez grande, cette humeur n'est plus à craindre ; car pour causer des troubles dans l'économie et à plus forte raison pour amener la mort, il faudrait que les Urodèles possédassent une arme leur permettant d'inoculer cette sorte de liquide. Ils en sont dépourvus, donc on ne peut à bon droit les considérer comme étant des animaux venimeux. D'ailleurs on ne peut rien conclure légitimement des expériences faites dans les laboratoires ; en effet, bien que les travaux de Laurenti, de Gratiolet et Cloez, de Vulpian, de Zalesky, montrent qu'on peut tuer un oiseau ou même un petit mammifère en inoculant l'humeur lactescente des Urodèles, rien ne prouve qu'à l'état de nature un pareil résultat soit à craindre.

Quant à l'homme, il est de la dernière évidence qu'il n'a rien de sérieux à redouter des Salamandridés. C'est ainsi que Valmont

---

(1) Dans le *Forum*, journal de l'arrondissement d'Arles (1876) lors de l'apparition du *Dictionnaire analogique et étymologique des idiomes méridionaux* de M, L. Boucoiran.

de Bomare — le premier qui, en France, ait publié un dictionnaire d'histoire naturelle — raconte « qu'une femme *embarrassée* de son mari, et voulant l'empoisonner, lui fit manger une salamandre qu'elle mêla à un ragoût, mais qu'il n'en souffrit en aucune manière ». Laurenti (*Specimen medicum*, etc. 1768, p. 156) cite un fait analogue. De même mon excellent ami Zallony, qui a habité le Brésil pendant plus de trente ans, m'a souvent dit que dans la région de Rio-Grande, il n'est pas rare de voir dans les maisons, pour peu qu'elles soient humides, des espèces de Salamandres qui vivent en commensales avec les personnes du logis et jamais on n'a eu le moindre accident à déplorer. Le temps n'est plus ou l'on pouvait écrire : « inter omnia venenata, Salamandræ scelus maximum est. Salamandra populos pariter necare improvidos potest. Nam si arbori irrepserit, omnia poma inficit veneno, eosque qui ederint, necant frigida vi, nihil aconito distans, etc. (1) ».

En dernière analyse, nos Urodèles sont donc des serviteurs qui nous débarrassent sans bourse délier d'une foule de parasites : Vers, Insectes, Mollusques, etc. Comme tels ils ont droit à toute notre protection.

TABLEAU DES SALAMANDRIDÉS DE LA RÉGION.

| | | |
|---|---|---|
| Spelerpes fuscus , *Bonap*........ | Spelerpe noir. | |
| Salamandra maculosa , *Laur*..... | Salamandre tachetée. | Alabreno , blando-de-terro , can sauvestre , etc. |
| —    atra , *Laur*... ....... | —    noire. | |
| Triton alpestris , *Laur* ......... | Triton alpestre. | Blando d'aigo , gafoui , etc |
| —  marmoratus , *Latr*....... | —  marbré. | Lagramué d'aigo , etc. |
| ?  —  cristatus , *Laur*.......... | —  crêté. | |
| —  palmatus , *Schn*....... .. | —  palmé. | Alabreno d'aigo. |
| ?  —  lobatus , *Otth*........... | —  lobé. | |

(1) Plinii secundi historiæ natur. lib. XXIX.

Trois genres :

1.
- Langue (1) en forme de champignon, libre sur tout son pourtour, et fixée seulement par un pédoncule médian; dents au palais en quatre séries, deux antérieures transversales et deux postérieures longitudinales ................................ SPELERPES.
- Langue étroitement fixée au plancher buccal, et libre seulement sur ses bords postérieurs et latéraux; séries de dents palatines commençant en arrière des orifices des narines............................ 2

2.
- Queue arrondie; des parotides très-développées ........................... SALAMANDRA.
- Queue aplatie en rame; pas de parotides....... TRITON.

### Genre *SPELERPES*, GRAY.

Une espèce :

**1.** SPELERPES FUSCUS, *Bonap.* Spelerpe noir.

Urodèle considéré comme exclusivement propre à la faune italienne jusqu'à l'année dernière, époque où sa présence fut signalée dans les Alpes-Maritimes. « Deux individus de cette espèce font aujourd'hui partie de ma collection; ils ont été capturés en mai 1880 sous les mousses, à une altitude de 1800 mètres environ, dans une forêt de pins et de mélèzes, à Saint-Martin de Lantosque. C'est à M. E. Simon, notre éminent arachnologiste, que la faune française et ma petite collection doivent cette acquisition importante (F. Lataste : *Le naturaliste*, n° 37, 2ᵉ année, page 289). »

-----

(1) Les tables dichotomiques des Batraciens sont empruntées aux différents ouvrages de M. F. Lataste dont l'autorité est si grande pour tout ce qui a trait à l'Herpétologie.

*Genre SALAMANDRA*, Wurfbain.

Une espèce dont l'existence est bien constatée et une autre espèce dont l'habitat, non seulement en Provence mais même en France, ne paraît pas suffisamment démontré :

Robes à grandes taches jaunes sur fond noir.. S. maculosa.

Robe totalement noire... ..................... S. atra.

**2.**—1. Salamandra maculosa, *Laurenti.* Salamandre tachetée.

Fig. 39. Salamandre tachetée.

N. P. : *Alabreno, arabreno, blando-de-terro, can silvestre* ou *sàuvestre, salamandro (1), talabreno.*—Habite les lieux humides de nos régions montagneuses.—Elle ne va à l'eau qu'au moment de la reproduction, et les jeunes n'y restent que pendant le temps nécessaire à leur métamorphose. Cette espèce ne paraît pas rare en Provence, mais si on tient compte de l'habitude qu'elle a de se cantonner en certains endroits et de ne sortir de sa retraite le plus souvent que la nuit, on comprendra qu'elle puisse passer inaperçue pour qui ne la cherche pas.

(I) Dans plusieurs communes de Vaucluse on donne le nom vulgaire de *Salamandro* au Lézard ocellé, *Lacerta ocellata*, Daudin (Note de M. Faudrin, professeur d'arboriculture départament des Bouches-du-Rhône).

M. Barla, directeur du Musée d'histoire naturelle de Nice, m'écrit qu'elle est commune aux environs de Saint-Martin-de-Lantosque et paraît rare dans la région littorale des Alpes-Maritimes. Elle se montre en été-automne.

? —2. SALAMANDRA ATRA, *Laurenti*. Salamandre noire.

Risso cite cette espèce comme se rencontrant dans notre région : « *Sédentaire. Sur nos montagnes, été, automne.* » J. B. Vérany admet également sa présence dans les Alpes-Maritimes. Il y a certainement un erreur de détermination de ces deux zoologistes, car la Salamandre noire paraît être confinée dans les contrées montagneuses de l'Europe moyenne (Savoie, Suisse, Tyrol, Styrie, Carinthie, Carniole, Autriche septentrionale). Sa présence en France n'a jamais été scientifiquement constatée. Il m'a été impossible de rechercher quelle était l'espèce que Risso et Vérany prenaient pour la *S. atra*, aucun des spécimens de ces deux auteurs ne figurant au Musée d'histoire naturelle de Nice.

Une troisième espèce de Salamandre (SALAMANDRA CORSICA, Savi) existe en Europe. Pour M. Fatio elle ne serait qu'une variété locale du SALAMANDRA MACULOSA. Elle habite la Corse, la Sardaigne et l'Algérie.

### Genre *TRITON*, LAURENTI (1).

Trois espèces bien constatées et deux dont l'existence en Provence est fort douteuse.

|   |   |   |
|---|---|---|
| 1. | Peau rugueuse ou chagrinée ; un pli gulaire très-apparent ; orteils non palmés...................... | 2 |
|   | Peau lisse ; pas de pli gulaire ; orteils palmés ou lobés chez le mâle en noces. .. ..................... | 4 |

(1) *Triton*, Dieu marin, par allusion à la vie aquatique de ces animaux.

2. {
Ventre unicolore, orangé; crête basse et rectiligne chez le mâle en noces............ ... T. ALPESTRIS.
Ventre à grandes taches ou piqueté; crête haute chez le mâle en noces........ ..................... 3

3. {
Ventre piqueté de noir et de blanc sur fond brun-roux; crête à bord libre continu ou ondulé. T. MARMORATUS.
Ventre à grandes taches brunes sur fond orangé; dos noirâtre, ou brun-fauve à taches noires; crête dentée en scie ....... .... ........ T. CRISTATUS.

4. {
Crête très-basse et rectiligne; un pli saillant, aussi élevé que la crête, sur chaque flanc chez le mâle en noces; ce pli remplacé chez la femelle par une ligne brune ondulée; queue tronquée à son extrémité et terminée par un petit filet..... T. PALMATUS.
Crête assez élevée et dentelée; orteils lobés chez le mâle en noces, queue acuminée. ....... T. LOBATUS.

**3.**—1. TRITON ALPESTRIS, *Laurenti*. Triton alpestre.

N. P. : *Blando d'aigo, gafoui, luzer-d'aigo.* — « Les habitudes de ce petit Batracien semblent ne pas différer de celles des autres petites espèces du même genre. Comme elles, nous le trouvons dans nos fossés, dans nos eaux dormantes et dans nos ruisseaux. Je l'ai rencontré dans de petites sources de nos garrigues et dans le voisinage du Gardon, où je l'ai pêché plusieurs fois. Le Triton alpestre habite aussi dans toutes les eaux douces et stagnantes de l'Europe tempérée (Crespon). » M. Honnorat l'a signalé sur les montagnes des Basses-Alpes.

**4.**—2. TRITON MARMORATUS, *Latreille*. Triton marbré.

N. P. : *Blando d'aigo, gafoui, lagramué d'aigo, luzer d'aigo.* — « Ce Triton est plus particulier aux contrées du midi de la France qu'aux contrées du nord, quoiqu'on le trouve dans les environs de Paris. Il n'est pas rare, en été, de voir le Triton marbré hors de l'eau, qu'il quitte fréquemment pour se promener auprès de cet élément. Il se cache entre les herbages qui bordent les murailles, sous les racines et sous les grosses pierres, ou sous les vieux ponts. Il marche lentement en traînant le ventre à terre, et se laisse saisir sans trop faire de mouvements; l'espèce ne me paraît pas être très-abondante ici, ou plutôt elle se cache pendant le jour, ce qui fait qu'on ne la trouve que difficilement (Crespon). » Alors que j'étais élève du collège d'Arles, il m'arrivait assez souvent de prendre cette espèce dans les fossés qui sont voisins des roubines du pont de Crau. La promenade terminée, j'emportais mes captures au collège, où elles trouvaient dans mon bureau un abri hospitalier qui, hélas, ne les garantissait pas toujours des mains profanes du maître d'étude, cet excellent M. Desanti, que je détestais cordialement dans ces occasions.

? —3. Triton cristatus, *Laurenti*. Triton crêté.

La plupart des auteurs qui ont écrit sur les Batraciens de la Provence mentionnent cette espèce comme se rencontrant fréquemment dans notre région. Pourtant l'exactitude de cette affirmation n'est nullement démontrée et l'existence en Provence du Triton crêté est encore à prouver. J'ai tout lieu de croire qu'il y a là une erreur de détermination, peut-être l'a-t-on confondu avec l'espèce précédente.

**5.**—4. Triton palmatus, *Schneider*. Triton palmé.

N. P. : *Alabreno d'aigo*.—Cette espèce habite toute la France, et est généralement très-répandue. En Provence cependant le Triton palmé est peu indiqué, et je crois que, sauf Crespon, nul auteur n'en parle. « Il lui faut des eaux claires, ainsi que le remarque Fatio; mais j'ai observé qu'il devenait beaucoup plus beau dans les eaux peu renouvelées, quoique transparentes, de certains fossés, que dans les fontaines et les ruisseaux. J'attribue cette différence dans la taille à l'influence de la chaleur solaire, alors qu'il est encore à l'état larvaire, ou même quand il a atteint déjà l'état parfait. C'est du reste le plus petit des Tritons (F. Lataste). »

? —5. TRITON LOBATUS, *Otth.* Triton lobé.

Espèce septentrionale, dont l'existence n'est nullement établie dans notre région, bien que Crespon dise : « il habite la France et le midi; il est commun dans les fossés et les mares d'eau de toutes nos campagnes. Il nage bien, mais lentement; souvent on le voit se poser au fond de l'eau, où il reste immobile en tenant ses pattes écartées comme tous ses congénères; ce Triton ne cherche jamais à mordre, quoiqu'on le tienne entre les mains. »

# II. — ANOURES.

Les ANOURES (*a* privatif, sans, *oura*, queue) « se distinguent d'une manière générale des autres Batraciens, en ce que la queue semble avoir été retranchée du tronc par suite de leurs métamorphoses, que leur corps est excessivement court, qu'il n'y a pas d'écailles sur ou dans la peau, et qu'il y a constamment deux paires de membres inégaux en largeur et en grosseur.

« Les Anoures ont le corps comme tronqué, large, court, déprimé et toujours, dans les individus parvenus à l'état parfait, privé de queue; leur peau est lisse ou verruqueuse, non adhérente aux fibres charnues; les pattes de derrière ont souvent une longueur double de celle des membres de devant, qui sont généralement plus grêles que les postérieurs dans leurs diverses régions; la tête est large, aplatie; les yeux garnis de deux paupières, dont l'inférieure est en grande partie transparente et beaucoup plus développée que la supérieure; la bouche est ordinairement très-fendue, toujours dépourvue de dents à la mâchoire inférieure, mais non pas constamment à la mâchoire supérieure ou au palais; la langue est charnue, entièrement adhérente ou plus ou moins libre seulement en arrière, parfois exsertile; la membrane du tympan est souvent visible à l'extérieur; l'orifice du cloaque est terminal et de forme arrondie. La ponte des œufs se fait d'ordinaire avec l'aide des mâles, qui ne fécondent les germes qu'au moment où ils sortent du cloaque; ces œufs, le plus habituellement réunis en masse glaireuse ou en cordons mucilagineux, donnent naissance à des *Têtards* (vulgairement désignés dans nos campagnes sous les noms de *tèsto d'ase, co-de-sartan*) c'est-à-dire à des embryons dont la tête très-grosse est confondue avec le ventre, et dont le tronc se prolonge en une longue queue comprimée et verticale; ces têtards subissent une métamorphose complète, en perdant la queue et en produisant des membres dont les postérieurs paraissent ordinairement avant les antérieurs. La nourriture consiste, dans l'état parfait, en petits animaux vivants; mais, sous forme de têtards, en matières végétales (Chenu). »

En exposant l'histoire des familles , nous entrerons dans des détails sur les mœurs des différents Anoures qui les forment ; il nous suffira ici de dire quelques mots de la reproduction de ces êtres. Quand le moment de la reproduction — moment qui varie suivant les espèces que l'on étudie — est venu, le mâle chante sa chanson d'amour. A sa voix la femelle s'empresse d'accourir ; ensemble ils gagnent un endroit inondé, car c'est généralement à l'eau que les noces se célèbrent (il n'y a parmi nos Anoures qu'une exception à cette règle et elle nous est fournie par l'Alyte accoucheur). Là , le mâle se rapproche de la femelle et il féconde les œufs au fur et à mesure qu'ils sortent de l'abdomen de celle-ci. Ces œufs sont entourés d'un mucus épais et se présentent sous forme de pelotte unique ou multiple ou bien sous celle d'un ou de deux longs cordons. Aussitôt leur tâche terminée, le couple se sépare.

On a signalé certaines unions irrégulières : Grenouille rousse et Crapaud commun, Calamite et Pélobate cultripède, Pélodyte et Rainette, Crapaud et Grenouille verte , mâle de Grenouille rousse et femelle de Triton marbré, Crapaud mâle et Barbeau, etc.

L'œuf pondu est sphérique ; il absorbe de l'eau par endosmose et augmente considérablement de volume ; bientôt l'embryon se montre et les phénomènes subséquents ont été divisés en quatre périodes par le professeur Dugès.

« *1ᵉ période*. Le têtard présente en naissant une tête, un ventre et une queue. Il n'a pas encore la forme globulaire qu'il prendra bientôt. La tête , arrondie , montre en dessous une dépression linéaire, bornée, à droite et à gauche, par deux éminences sphé-

roïdales d'où suinte une humeur gluante, et qui servent à fixer
le têtard aux corps étrangers. Vers la partie antérieure de la dépression, on voit une petite ouverture qui sera la bouche et, en
dehors des éminences dont nous venons de parler, deux points

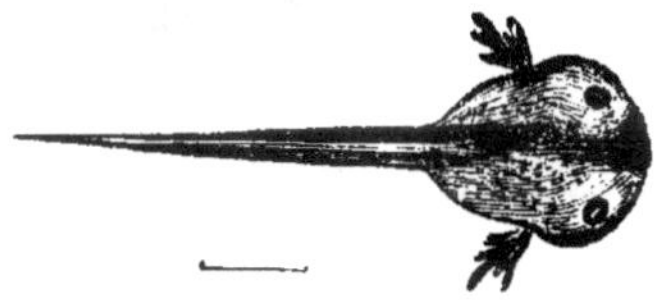

FIG. 40. Têtard au 1ᵉʳ âge.

noirs qui seront les narines. Sur la partie latérale et postérieure
de la tête, un tubercule arrondi devient trifide en se développant,
et forme les branchies extérieures. L'œil n'apparait qu'au troisième jour, sous la forme d'un cercle noir.

« 2ᵉ période. Vers le sixième jour les branchies extérieures
s'atrophient. La tête, confondue avec le ventre, forme une masse
globuleuse que termine une queue comprimée et entourée d'une
mince membrane. La bouche, placée à l'extrémité antérieure et
inférieure du corps, est armée de deux mandibules cornées et

FIG. 41. Têtard au 2ᵉ âge.

tranchantes. Les lèvres saillantes sont munies de petites soies,
dentées en scie, qui aident l'animal à se fixer aux corps étrangers. Les yeux sont semblables à ceux des poissons, sans paupières. La queue, comme celle des poissons, est garnie de nombreux muscles intervertébraux, rayonnant de l'axe central aux
bords et en arrière.

« *3ᵉ période*. Les membres postérieurs apparaissent sous la forme d'un bourgeon, qui se divise en cinq rameaux à son extrémité et s'allonge peu à peu. Ils se montrent bientôt munis de toutes leurs parties. Pendant ce temps, les membres antérieurs

Fig. 42. Têtard au 3ᵉ âge.

se développent aussi, mais intérieurement, sous la peau, et rien ne trahit leur état plus ou moins avancé à l'extérieur. C'est vers la fin de cette période que les têtards ont acquis leur maximum de taille.

« *4ᵉ période*. Les membres antérieurs, tout à fait formés, percent leurs enveloppes; le gauche d'abord, sortant par l'ouverture branchiale, y rentrant pour en sortir de nouveau; puis le

Fig. 43. Têtard au 4ᵉ âge.

droit. Bientôt la queue se résorbe, le bec corné tombe, la bouche se fend davantage, les yeux se munissent de paupières; enfin le jeune batracien, semblable à ses parents, quitte l'eau où il vient de se développer. »

L'étude du Têtard considéré en lui-même est très-intéressante; elle a été abordée par nombre d'auteurs dont les plus autorisés sont : Rœsel, Lambotte, Pontallié, Gœtte, Leydig, Héron-Royer, F. Lataste. Ce dernier savant a montré que chez les Anoures européens le *spiraculum* — c'est-à-dire l'orifice par où l'eau s'échappe de la chambre branchiale, après avoir baigné les branchies et servi à la respiration — peut affecter deux dispositions différentes et être *latéral* ou *médian*.

1° Il est latéral gauche (la plupart de nos Anoures);

2° Il est médian (Sonneur igné et Alyte accoucheur).

J'avais l'intention de donner une table dichotomique des caractères différentiels des espèces de têtards qui vivent en Provence, malheureusement la saison peu avancée (avril 1882) ne m'a pas permis de combler certains desiderata. Force m'est donc de remettre à plus tard l'exposé de mes recherches, me contentant pour le moment de renvoyer mon lecteur au travail de M. F. Lataste, où la question est traitée d'un façon magistrale (1).

## TABLEAU DES ANOURES DE LA RÉGION.

| | | |
|---|---|---|
| Hyla arborea , *Lin* | Rainette. | Reinèto, granouio verdo , etc. |
| Rana viridis, *Rœsel* | Grenouille verte. | Granouio, granouio bigarado |
| — agilis , *Thomas* | — des bois. | Granouio. |
| — fusca , *Rœsel* | — rousse. | Granouio. |
| Pelobates cultripes , *Cuv.* | Pélobate cultripède. | Grapaud. |
| Pelodytes punctatus , *Dugès* | Pélodyte ponctué. | Grapaud. |
| Bombinator igneus , *Laur* | Sonneur igné. | Grapaud-di-pichò. |
| Alytes obstetricans , *Wagler* | Alyte accoucheur. | Grapaud-di-pichò. |
| Bufo vulgaris , *Laur* | Crapaud commun. | Bàbi , grapaud. |
| — calamita , *Laur* | — calamite. | Bàbi , grapaud. |

Les Anoures forment trois familles :

1. { Extrémité des doigts dilatée en disque...... HYLÆIDÉS.
{ Non .......................................... 2

2. { Des dents à la mâchoire supérieure et au palais. RANIDÉS.
{ Non ........................................ BUFONIDÉS.

(1) *Association française pour l'avancement des sciences*, congrès de Paris, 1878

### Famille des HYLÆIDÉS (1).

« Les Hylæidés, comparés aux Ranidés, n'offrent d'autre caractère distinctif bien marqué que celui qui consiste dans l'élargissement en disque de l'extrémité libre de leurs doigts; en outre, à une ou deux exceptions près, au lieu d'avoir la peau de la région abdominale unie, lisse, ils l'ont, au contraire, garnie d'une sorte de pavé de glandules granuliformes, percées d'une infinité de petits pores qui ont très-probablement la faculté d'absorber les éléments humides répandus à la surface des feuilles, leur séjour habituel. Les Hylæidés, d'un autre côté, s'éloignent des Bufonidés par leurs formes plus sveltes, leur corps moins trapu, et surtout parce que leur tympan est visible, que leur langue adhère dans toute sa longueur, et qu'ils présentent des dents palatines.

« Le caractère principal des Hylæidés, celui de l'élargissement en disque de l'extrémité des doigts, est la cause déterminante de leur genre de vie tout spécial. En effet, ils sont tout à fait dendrophiles, et tous, à l'exception de l'époque du rapprochement des sexes et de la ponte des œufs, se tiennent sur les arbres, jouissant, au moyen de ces sortes de ventouses dont leurs mains et leurs pieds sont pourvus, de la singulière faculté de les appliquer sur les feuilles les plus lisses, et même de s'accrocher et de s'y suspendre contre leur propre poids, pouvant même y marcher le corps en bas de la même manière et avec autant de facilité que l'on voit nos mouches courir, ayant le dos renversé,

(1) Hylæidés, du genre *Hyla*, Rainette.

le long des plafonds des appartements. C'est peut-être aussi à ce
même genre de vie, comme le font observer MM. Duméril et
Bibron, qui les place au milieu d'ennemis nombreux (oiseaux de
proie, Oiseaux aquatiques, quelques Mammifères, quelques
Ophidiens) contre lesquels ils n'ont aucun moyen de défense,
qu'ils doivent de posséder, au plus haut degré entre tous les
Anoures, cette autre faculté de prendre à leur volonté et avec
une rapidité surprenante les teintes les plus diverses, dans le
but sans doute de masquer leur présence, si surtout, comme on
l'assure, ces changements de coloration se trouvent être en rapport avec la teinte des objets sur lesquels ou auprès desquels
ces animaux sont placés (Chenu). »

Telle qu'elle est comprise aujourd'hui, la famille des Hylæidés
embrasse une vingtaine de genres avec plus de 125 espèces. Un
seul genre *(Hyla)* est représenté dans notre faune. Encore faut-
il reconnaitre que ce genre nombreux en espèces n'en possède
qu'une seule qui vive en Europe (Hyla arborea, Linné) et même
elle ne lui appartient pas exclusivement, puisqu'on la trouve également au Japon et dans le nord de l'Afrique.

Un genre :

Genre HYLA, Laurenti.

Une espèce :

**6.** Hyla arborea, *Linné.* La Rainette.

N. P. : *Reinèto, reino, granouio-verdo, granouio-de-Sant-
Jouan, lagramuso* (1). Ce charmant petit être que j'appellerais

(1) Cette dénomination provençale qui sert à désigner dans presque toute la région le
lézard gris (*Lacerta murolis*, Laurenti) est aussi donnée à la Rainette dans certaines com-

volontiers le singe des Batraciens, n'est pas rare en Provence ; on l'observe pendant toute l'année, à l'exception toutefois de la saison hivernale où il va chercher dans la vase, par petites compagnies, un abri contre le froid. Il en sort vers la fin de mars ; bientôt il songe à perpétuer l'espèce et c'est alors que le mâle fait entendre son *Kracc* le plus puissant. La femelle, deux ou trois jours après l'accouplement, émet ses œufs en une masse peu adhérente, souvent divisée en petits paquets. Le développement est précoce, de manière que, douze à quatorze semaines après la ponte, les têtards sont transformés en jeunes Rainettes.

Alors ces animaux quittent la mare qui les a vu naître et vont mener une vie essentiellement arboricole. « Tapie contre une feuille avec laquelle on la confond, notre Rainette demeure d'ordinaire immobile durant toutes les heures de la plus grande clarté ; mais, sitôt que le déclin du jour se fait sentir, la gymnastique commence et chacun se met en chasse. Confiante dans son

munes du département de Vaucluse. C'est du moins ce qu'affirme M. Zeno (Lisez Victor Lieutaud dans une série d'articles critiques sur ma *Nomenclature Franco-Provençale des plantes*, etc., publiés dans *lou Brus* 1879. Je profite de l'occasion pour remercier M. Victor Lieutaud d'avoir bien voulu me servir d'Aristarque. Les conseils d'un félibre me seront toujours d'un grand prix quand il s'agira de synonymie provençale ; mais je regrette vivement que ce critique ait cru devoir se retrancher derrière le voile de l'anonyme. Enfin j'avais toujours pensé que lorsqu'on daignait s'occuper de quelqu'un — surtout dans une feuille semi-mensuelle peu ou point connue — on commençait par en adresser un numéro à la personne incriminée. Il paraît qu'il n'en est rien, car c'est plusieurs mois après la publication de ces articles que, par le plus grand des hasards, le journal aixois inspiré par M. Victor Lieutaud me tomba sous les yeux. Cette seule circonstance m'a privé du plaisir de lui répondre, mais je compte dans une 2ᵉ édition de mon travail, discuter une à une les assertions émises par l'honorable ex-bibliothécaire de la ville de Marseille.

immobilité et sa couleur, la Rainette ne cherche pas le plus souvent à s'échapper quand on veut la saisir; on la distingue à grand peine sur son perchoir et son cri même trahit difficilement sa retraite. Il n'est pas aisé, en effet, de déterminer exactement d'où vient la voix que le mâle, excellent ventriloque, émet, la tête appuyée sur l'énorme vessie réticulée qu'il semble porter devant ses pattes antérieures.

« La vue et l'ouïe servent admirablement notre petit Anoure ; aussi découvre-t-il bien vite l'insecte qui grimpe sur une branche, ou entend-il de loin la mouche ou le papillon qui viennent, en volant, passer ou se poser à sa portée. On le voit alors, tantôt rampant, ou se glissant comme une fouine, tantôt sautant comme un écureuil de feuille en feuille, ou bondissant comme un chat sur la proie qu'il convoite. La Rainette est même si forte dans l'art de l'équilibre, qu'à l'aide de son ventre et de ses disques digitaux , qui s'appliquent parfaitement contre les surfaces les plus lisses et font le vide comme une ventouse , elle peut non seulement grimper et se maintenir contre les parois de verre verticales, mais encore se tenir souvent renversée comme une mouche au plafond. Il n'est pas rare, entre autres, de la voir, lors d'une averse, passer rapidement à la surface inférieure de la feuille sur laquelle elle se tenait un instant auparavant.

« A l'approche de l'automne, les Rainettes, presque muettes durant les grandes chaleurs, recommencent à faire entendre leurs chants et leurs cris qui s'entre-répondent dans le feuillage. Roësel et Duméril affirment que la faculté du chant ne se développe , chez les mâles, que depuis l'âge de quatre ans, et pensent qu'elle soit liée, chez eux, à celle de la reproduction de l'espèce. (Fatio) ».

On a observé que notre Rainette maniée pendant un certain temps peut, si l'on se touche les yeux ensuite, procurer une conjonctivite légère. Bien qu'exerçant depuis une dizaine d'années la médecine parmi des populations rurales, je n'ai jamais eu à traiter des affections oculaires dues à cette cause; pourtant s'il est un Anoure que nos gamins tracassent outre mesure, c'est certainement celui-là. J'ajouterai que mes deux fillettes élèvent avec passion des Batraciens et des Reptiles : Triton alpestre, Rainette, Seps Chalcide, Orvet, Couleuvre à collier, Lézard des murailles, etc., en un mot une vraie ménagerie et je n'ai jamais eu d'accident à déplorer. Une seule fois ma petite Jeanne, une bambine de deux ans, ayant agacé un Seps Chalcide plus qu'il ne fallait, celui-ci, probablement pour mettre fin à un jeu qui n'était pas de son goût, la mordit au pouce et se tint suspendu à ce doigt pendant quelques minutes. Inutile d'ajouter que cette morsure n'amena aucune complication, elle ne corrigea même pas l'enfant du désir de tourmenter ce petit animal, le plus charmant Reptile que la Provence possède.

### Famille des RANIDÉS (1).

« Cette famille comprend les Amphibiens Anoures dont l'extrémité libre des doigts et des orteils n'est pas dilatée en disque plus ou moins élargi, comme cela a lieu chez les Hylæidés, et dont la mâchoire supérieure est armée de dents, caractère qui la distingue des Bufonidés. En outre, la plupart des Ranidés ont,

---

(2) **Ranidés, du genre *Rana*, Grenouille.**

comme les Grenouilles proprement dites , des formes sveltes, élancées ; presque tous ont des dents implantées sous le vomer entre les arrière-narines , et ces dents assez courtes fournissent des caractères de genres et d'espèces dans leur arrangement ; il en est de même de la langue échancrée en arrière ou entière, du tympan visible ou caché sous la peau, de la disposition du conduit auditif, etc.; toutes les espèces ont quatre doigts dépourvus de membranes natatoires , et chez presque toutes il existe, à la base du premier doigt , une saillie plus ou moins apparente et qui est un rudiment de pouce caché sous la peau ; les orteils , toujours au nombre de cinq , sont réunis ou non par une palmure ; au bord externe de la région métatarsienne, il y a un tubercule faible, mou , obtus , semblant être le développement au dehors d'un os analogue au premier cunéiforme de l'homme ; les apophyses transverses de la vertèbre sacrée offrent, dans leur forme et leur développement, quelques différences notables; enfin le corps, généralement lisse en dessous, présente, au contraire, en dessus , une peau rarement dépourvue de renflements glanduleux qui s'y rencontrent sous la forme de mamelons, de cordons ou de lignes saillantes s'étendant sur les côtés du dos.

« Les Ranidés ne peuvent se tenir qu'à terre ou dans l'eau ; leurs doigts presque cylindriques et, en général, pointus ne leur permettent pas de monter sur les arbres comme le font les Hylæidés à l'aide des petites ventouses qui terminent les extrémités libres de leurs membres. Les espèces qui ont des pattes très-allongées ne changent guère de place sur le sol autrement qu'en sautant, et souvent à des distances considérables relativement au volume de leur corps : celles chez lesquelles les mem-

bres postérieurs sont d'une médiocre étendue jouissent également
de la faculté de sauter, mais à un bien moindre degré, et pour
elles la marche n'est pas impossible ; aussi ces dernières espèces
se rapprochent-elles beaucoup des Crapauds dans leur allure.
La plupart de ces animaux, qui comme la Grenouille commune
ont des membranes natatoires entre les orteils, passent la plus
grande partie dans l'eau ; toutefois quelques uns, comme la Grenouille rousse, ne vont dans l'eau que pour y accomplir l'acte de
la reproduction. Les autres espèces, qui ne sont pas palmées,
habitent des réduits souterrains qu'elles se creusent dans les
environs des étangs ou des mares, où elles vont déposer leurs
œufs. Leur nourriture est presque exclusivement animale, mais
quelquefois mêlée d'aliments végétaux (Chenu). »

La famille des RANIDÉS renferme six genres européens qui tous
sont représentés dans la faune provençale en exceptant toutefois
le genre *Discoglossus* dont l'unique espèce (DISCOGLOSSUS PICTUS,
Otth) « habite le pourtour et les îles de la Méditerranée, à l'ex-
clusion probablement de sa partie la plus orientale (Egypte et
Asie-Mineure) et très-certainement des côtes septentrionales de
la France (1) ».

Cinq genres :

1. { Pupille horizontale.................................. RANA.
{ Non................................................... 2

2. { Pupille verticale.................................... 3
{ Pupille triangulaire................................. 4

(1) Lataste, F.: *Etude sur le Discoglosse*, dans les Actes de la Société Linnéenne de
Bordeaux, tome XXXIII, page 275.

3. { Un éperon corné au talon................ Pelobates.
{ Non.................................... Bombinator.

4. { Corps élancé; langue un peu échancrée; tympan à
  {   peine apparent; dents vomériennes un peu en
  {   avant des orifices nasaux; pas de parotides. Pelodytes.
  { Corps trapu; langue entière; tympan bien apparent;
  {   dents vomériennes en arrière des orifices nasaux;
  {   de petites parotides.................... Alytes.

### Genre *RANA*, Linné.

Abondamment représenté en Asie, en Afrique et en Amérique,
ce genre compte en Europe quatre espèces dont trois se rencontrent dans notre région; quant à la Rana oxyrrhina, Steenstrup
(Rana arvalis, Nilson), elle habite le nord de notre continent et
une partie de l'Europe moyenne; elle n'a pas été jusqu'à ce jour
observée en France. Rappelons enfin que nombre de beaux spécimens de Rana Dumerilii ont été recueillis dans les formations
gypseuses d'Aix.

Trois espèces :

1. { Orteils entièrement palmés; dents vomériennes entre
  {   les orifices nasaux............·............ R. viridis.
  { Orteils incomplètement palmés; dents vomériennes
  {   en arrière des orifices nasaux................ 2

2. { Quand on ramène en avant, le long du corps, le
  {   membre postérieur, le talon dépasse amplement
  {   l'extrémité du museau................ R. agilis.
  { Dans les mêmes conditions, le talon tombe entre l'œil
  {   et la narine............................ R. fusca.

**7.**—1. Rana viridis, *Rœsel*. Grenouille verte.

N. P.: *Granouio, granouio bigarado, granouio de Piémount.*

— Cette espèce est extrêmement abondante dans notre pays; elle vit dans les eaux courantes, dans les fossés herbus dont le fond est couvert de vase, ainsi que dans les eaux dormantes; mais elle ne peut être plus commune nulle part qu'au bord des marécages; là, en été, il est impossible de faire un pas sans les voir sauter par centaines.

« A l'inverse de la rousse et de l'agile, la Grenouille verte ou G. commune ne quitte l'eau que pour se chauffer au soleil sur la rive, toujours prête à plonger à la moindre alerte. Au plus léger

Fig. 44. La Grenouille verte (*rana viridis*, Rœsel).

bruit, elle décrit sous l'eau une ligne courbe, s'enfonce dans les herbes aquatiques et au bout de quelques instants revient à la surface, regardant de ses deux gros yeux dorés l'objet de sa frayeur; si elle prend peur à nouveau, elle replonge et va, cette fois, se cacher dans la vase et s'y enfonce la tête la première.

« Après avoir passé toute la mauvaise saison en léthargie, la Grenouille verte secoue bien plus tard que les Grenouilles terrestres l'engourdissement de l'hiver. Dans les mois d'avril et de

mai elle ne fait que préluder à son chant par quelques coasse-
ments timides, et laisse le Calamite et la Rainette troubler de
leurs clameurs sonores les premières heures de la nuit. Ce n'est
guère qu'au commencement de juin qu'elle le fait éclater au loin
par longues salves. C'est aussi à la même époque que la majeure
partie de l'espèce se réunit par bandes nombreuses, au milieu
des eaux stagnantes des vastes étangs et des marais où elles
pullulent, pour y frayer en liberté. Cependant la ponte de cette
espèce n'est point brève et simultanée comme celle de la rousse,
de l'agile et du crapaud commun. Un certain nombre, habitant
des eaux plus tièdes et plus circonscrites, telles que de petits
étangs ou des mares pluviales, pondent un mois, deux mois plus
tôt, en mai et en avril, et produisent des têtards qui se métamor-
phosent dès le commencement d'août. Les œufs, très-nombreux,
et réunis en un gros paquet, sont généralement déposés au fond
de l'eau ; le têtard, souvent d'une grande taille, a le dessous du
corps lavé de brun, de roux et de jaune, tandis que les flancs
présentent parfois des reflets d'un rouge cuivreux ; la queue est
piquetée, sur un fond roussâtre, de points bruns irrégulière-
ment semés ; le ventre est bleuâtre ou blanchâtre.

« Le mâle de cette espèce possède deux poches vocales, formées d'une membrane noire et transparente, qui, chez les individus adultes, peuvent acquérir la grosseur d'une noisette. C'est
au moyen de l'air vibrant dans ces poches que l'animal fait entendre son coassement, aussi bien le jour que la nuit, pourvu
que le temps soit au beau ; la femelle, qui est dépourvue de sacs
vocaux, produit un léger groguement par le gonflement de sa

gorge (1) ». La chronique nous apprend que pendant la durée du régime féodal, et lorsque les châteaux des Seigneurs étaient entourés de fossés à demi pleins d'eau, il était ordonné aux paysans de battre, matin et soir, l'eau de ces fossés, afin d'empêcher les Grenouilles de troubler le sommeil du maître.

La Grenouille verte a une aire géographique considérable : elle habite l'Europe depuis ses limites méridionales jusqu'au Danemark au nord; elle se rencontre aussi dans quelques contrées de l'Afrique et s'étend en Asie jusqu'en Chine et au Japon.

**8.—2.** RANA AGILIS, *Thomas*. Grenouille agile ou G. des bois.

N. P. : *Granouio*. — L'existence de cette espèce n'avait pas encore été signalée pour notre région lorsque M. F. Lataste m'écrivit le 27 avril 1881 : « *Rana agilis*, doit aussi exister en Provence ». Je me mis à rechercher ce Batracien et le 23 juin je fus assez heureux pour en capturer un spécimen dans une prairie du quartier du Plan de Cuques. Deux autres exemplaires venaient bientôt enrichir ma petite collection. Je ne puis pourtant dire si l'agile est commune chez nous, car je manque d'observations assez nombreuses pour servir de base à une statistique, mais j'ai tout lieu de croire qu'ici on la confond avec la Grenouille rousse, dont elle diffère surtout par la longueur relativement considérable des membres postérieurs. Cette espèce a été capturée depuis dans le vallon de Saint-Pons et à la Sainte-Baume par M. Marius Blanc.

« Aux premiers jours de mars, le mâle de la Grenouille agile s'éveille; il monte du fond des étangs, dans la vase desquels il hiverne et de son gloussement sonore appelle sa femelle encore

_______

(1) **Sauvage** : Journal *la Nature*.

cachée sous la feuillée ou dans les creux des rochers. La ponte
a lieu bientôt, dans des eaux profondes; les œufs, plus petits
que ceux de la Grenouille rousse, sont attachés aux bois morts
ou aux rameaux flottants. De ces œufs sortent des têtards à robe
marbrée de gris roussâtre, au corps court et ovale, à la queue
élargie. Plus tard le têtard se transforme en une Grenouille qui,
bien que ressemblant à la rousse par la tache qui couvre la tempe,
se distingue facilement de celle-ci par sa face allongée et fuyante,
par les membres postérieurs fort longs, par l'absence de sacs
vocaux, par les zébrures des pattes et par sa coloration d'un
cendré rosé ou rougeâtre (Sauvage) ».

« Comme la Grenouille des bois de l'Amérique du Nord, à
laquelle elle ressemble beaucoup, l'agile est une espèce exclusivement terrestre. Hors l'hivernage et le temps des amours, on
ne la trouve jamais à l'eau. Elle recherche les frais vallons, au
bord des ruisseaux. C'est là, dans les prés, dans l'herbe des
taillis ou de quelque vague sous les grands arbres, qu'on la
trouve le plus souvent, isolée ou par petites bandes. Elles partent sous les pas par bonds de près de deux mètres, vont tomber
dans le ruisseau ou se dérobent dans l'herbe de la prairie. Une
grande partie hivernent à terre sous la feuillée, les autres dans
la vase ou dans les masses submergées des plantes aquatiques.
Les mâles s'écartent beaucoup moins des mares et des ruisseaux
que les femelles (A. de l'Isle) ».

Cette espèce décrite par Thomas, en 1855, d'après de nombreux individus trouvés dans la Loire-Inférieure, près de Nantes,
a été aussi capturée dans la Maine-et-Loire (Millet), à Toulouse
et dans les Pyrénées (A. de l'Isle), dans la Gironde (F. Lataste),

dans le Jura (Frère Ogérien), en Suisse (Fatio), en Italie (A. Beaumont), en Morée (A. de l'Isle).

**9.—3.** RANA FUSCA, *Rœsel.* Grenouille rousse.

N. P. : *Granouio.* — Cette Grenouille est commune dans le pays. « Dès le mois de février, alors que la température est rude et que la glace couvre chaque nuit la surface des étangs et des mares, la Grenouille rousse ou temporale, à la face courte et bombée, aux membres postérieurs raccourcis, aux allures assez lourdes, à la tempe ornée d'une large tache noire s'étendant de l'œil à l'épaule, se rend à l'eau pour y déposer son frai. La ponte a lieu en gros amas que l'eau gonfle rapidement et qui contiennent jusqu'à cent cinquante pelotes. Le soin de la ponte effectué, le mâle redevient silencieux (Sauvage) ». Aussitôt après, cette espèce a l'habitude de s'éloigner des eaux. C'est pour cela qu'on la rencontre souvent dans des lieux frais et ombragés, et même dans les vignes, où plusieurs individus passent la saison d'hiver, retirés dans des trous ou cachés dans le détritus des feuilles tombées. La rousse a été quelquefois nommée Muette, parce que son coassement est bien moins fort que celui de sa congénère, la Grenouille verte.

La Grenouille rousse est répandue dans toute l'Europe depuis les points les plus méridionaux jusqu'au cap Nord; elle se retrouve aussi en Chine et au Japon. Mon excellent ami M. Ed. F. Honnorat signalait naguère dans les Basses-Alpes une variété de la Grenouille rousse que M. Héron-Royer a décrite (1) sous le

(1) Héron-Royer : *Note sur une nouvelle forme de Grenouille rousse du Sud-Est de la France* (Rana fusca Honnorati) dans le *Bulletin de l'Académie royale de Belgique*, 3ᵉ série, t. I, nᵒ 2, 1881.

nom de Rana fusca Honnorati. « Les particularités qui différencient Rana fusca Honnorati de Rana fuscasont : un tronc
plus court, la tête et les membres postérieurs plus longs, le
museau n'est guère plus acuminé, il paraît rond chez les vieux
sujets ; il est généralement moins busqué ; les jambes sont
toujours barrées de brun ; les côtés et le bas des flancs sont gris
mat sans teintes verdâtres près des cuisses ; ventre blanc avec
semis de taches brunes, lavé de jaune clair ; œil grand, iris
doré très-brillant en haut et assombri dans la moitié inférieure.
Je trouve la coloration très-semblable chez les deux sexes, ce
qui est fort rare chez Rana fusca, dont le mâle est toujours
plus foncé et quelquefois verdâtre ».

La Rana fusca Honnorati varie comme habitat depuis 590
mètres (Digne) où elle est rare, jusqu'à 2700 mètres (lac de Pe-
lousette) en passant par des degrés intermédiaires ; 1200 mètres
(Dourbes), 1300 à 1400 (Faillefeu), 2220 mètre (lac Paroir), 2400
mètres (lac de Lauzanier).

Genre PELOBATES, Wagler (1).

Ce genre, exclusivement européen, comprend deux espèces :
le Cultripède (Pelobates cultripes, Cuvier), du midi de la
France, de la Bretagne et de l'Espagne ; le brun (Pelobates
fuscus, Laurenti) qui habite l'Allemagne, le nord de la France
et les régions voisines.

Une espèce :

**10.**— Pelobates cultripes, *Cuvier*. Pelobate cultripède.

N. P. : *Grapaud.* — Les Pélobates sont des animaux essentiellement nocturnes et comme tels ils passent inaperçus sauf

_______

(1) Pelobates de *pélos*, marais ; *baïno*, je marche.

pour l'observateur qui les étudie. Aussi voit-on le Cultripède, bien que n'étant pas rare dans notre région, mentionné seulement par Crespon qui déclare n'en avoir capturé qu'une dizaine d'individus à Saint Gilles-les-Boucheries. La statistique des B. du R. cite dans sa liste de batraciens un Bufo fuscus sans nom d'auteur; il est probable que c'est du Bufo fuscus, (Laurenti) dont il est ici question. Or cette espèce— purement nominale — est synonyme du Pelobates fuscus, Laurenti; mais nous savons que le Pélobate brun n'a été, d'une manière générale, trouvé qu'au nord de la Loire. Tout porte donc à croire qu'il y a eu là une erreur de détermination et que c'est le Pélobate cultripède et non le P. brun dont l'auteur de la statistique voulait parler. En 1868, alors que j'étais élève chez M. A. Autheman, pharmacien et botaniste distingué des Martigues, il m'a été quelquefois donné de rencontrer pendant la nuit des Cultripèdes sautant sur les plages maritimes des environs.

Ces animaux sont terrestres et ne vont à l'eau qu'au moment des amours; à cette époque, la femelle pond ses œufs en un seul cordon, très-gros et très-irrégulier, d'un mètre environ de longueur; le frai s'attache aux roseaux et aux autres plantes aquatiques; le développement du têtard est précoce. « Le Cultripède se nourrit de coléoptères, surtout des très-nombreux représentants de la famille des Mélasomes. Il ne sort que la nuit, et, comme il procède par sauts assez étendus, il se trahit lui-même, par le bruit qu'il fait en heurtant les *Ephedra*, les *Eryngium maritimum*, et autres plantes coriaces et résistantes. Repu et quand la fraîcheur se fait sentir, il enfle ses énormes poumons à larges vésicules, ferme, en faisant basculer ses os incisifs, les opercules à levier de ses narines, et de ses couteaux tranchants se creuse dans le sable fin et meuble de la dune une retraite assurée; car à mesure qu'il s'y enfonce à reculons, le sable retombe sur lui et le dérobe. A l'aube, on aperçoit encore sur le sol une faible dépression, indice accusateur seulement pour un œil exercé; puis la brise de mer souffle, les troupeaux de petite race passent et repassent sur sa tête, et l'animal demeure enseveli tout le jour dans sa prison (A. de l'Isle) ».

« Le mâle du Cultripède fait entendre un coassement qui a quelque rapport avec celui de la Grenouille agile, ou mieux, avec celui du gloussement de la poule. M. F. Lataste décrit ce chant comme composé d'une seule note et d'une seule articulation, plusieurs notes, assez lentement émises, assez élevées, étant bien détachées l'une de l'autre; ce chant peut se rendre par les syllabes cô, cô, cô, cô..... (Sauvage) ».

Les collections zoologiques de la Faculté des Sciences de Marseille possèdent une monstruosité de Pélobate cultripède, trouvée en août 1865 dans le bassin des Jésuites au Tholonet, près d'Aix. L'animal a six pattes : les deux antérieures sont normales, les postérieures sont doubles, une paire supplémentaire étant placée tout à côté de l'autre.

Genre PELODYTES, BONAPARTE (1).

Une espèce :

**11.**— PELODYTES PUNCTATUS, *Dugès*. Pélodyte ponctué.

N. P. : *Grapaud, reineto*. — Ce Batracien, dont les formes élancées rappellent la Rainette, n'a encore été signalé qu'en

_____________

(1) Pelodytes : de *pélos*, marais ; *dutés* qui plonge.

France ; il est commun à peu près partout à l'exception des départements septentrionaux de notre contrée où il est rare et manque même. Je l'ai reçu des différents points de la Provence : des Basses-Alpes (environs de Digne), du Gard (Nimes), des Alpes-Maritimes (Nice), du Var (Draguignan), de Vaucluse (Apt). Mon ami, Marius Blanc, qui étudie aussi ces animaux, a rencontré le Pélodyte au château impérial de Marseille où il a pu capturer des nombreux têtards de cette espèce dans un bassin de cette propriété. Enfin moi-même j'ai pris assez souvent le Pélodyte dans la région d'Arles et il y a peu d'années plusieurs types faisaient partie des collections du musée de cette ville (1), c'est là que j'ai vu cet Anoure pour la première fois.

Le Pélodyte est terrestre et ne va à l'eau que poussé par le besoin de la reproduction ; ses habitudes sont nocturnes et on le trouve, en été et pendant le jour, dans les lieux pierreux de nos garrigues, dans les vignes et sous les pierres des chemins vicinaux. Ainsi que la Rainette et le Calamite, il peut grimper

---

(1) Je saisis une fois de plus l'occasion de protester contre l'abandon inexplicable dans lequel nos édiles arlésiens laissent le Musée d'histoire naturelle de cette ville. Il y a là des richesses locales qu'il importerait de protéger contre les moisissures, les insectes et les rats. Voilà plus de dix ans que je plaide cette cause, les municipalités se sont succédées depuis, la République a remplacé l'Empire : la situation des collections scientifiques de la ville d'Arles est toujours la même. Hélas ! je ne suis que *vox clamantis in deserto*. je parle pour des sourds et j'écris pour des aveugles. Pourtant la dépense serait minime et le profit considérable. Il suffirait de tirer ces collections de la cave où une main insensée les a portées et de les adjoindre à la bibliothèque communale, et là, ces richesses locales seraient accessibles à tous les jeunes travailleurs. Au moment où dans tous les points de la France on cherche à créer des Musées cantonnaux ou scolaires, ne serait-il pas digne de conserver ceux que nos pères nous ont légués ?

le long des parois verticales en faisant le vide avec les tubercules qui revêtent la face inférieure du corps.

« Le cri du Pélodyte, que l'on entend surtout au mois d'avril et de mai, le soir, dans les petites mares, les eaux pluviales, les fossés qui bordent les chemins, n'a pas la puissance de celui de la Rainette, auquel il ressemble beaucoup. Du reste, cette espèce est beaucoup moins bavarde, et, comme elle habite de préférence les petites flaques d'eau, elle ne se réunit jamais en aussi grand nombre. La note est assez pleine, lente, chevrotante et très-grave ; on s'étonne de la voir produite par un si petit animal. Le Pélodyte la répète sept à huit fois, sans se presser; puis il s'arrête quelque temps pour recommencer ensuite. Quoique assez faible, elle est plus sonore que celle de la Grenouille agile, dont elle diffère entièrement du reste, et s'entend de plus loin. Le Pélodyte est muet hors le temps des amours (Lataste) ».

« L'espèce se reproduit surtout en avril et en mai, bien que, suivant M. Thomas, de Nantes, une seconde ponte puisse avoir lieu depuis les derniers jours de septembre jusqu'au milieu d'octobre. Le têtard est gros et a une forme ovalaire allongée; le dessus du corps est brunâtre et présente des taches et des points d'un brun effacé sur fond roux ; la partie charnue de la queue est rousse et porte de très-petits points bruns disposés en deux séries (Sauvage) ».

Genre *BOMBINATOR*, Merren (1).

Une espèce :

(1) Bombinator, de *bombus*, trompe.

**12.**— Bombinator igneus, *Laurenti*. Sonneur igné.

N. P. : *Grapaud-di-pichò*. — Cet Anoure habite l'Europe moyenne, depuis l'Italie jusque dans le sud de la Russie, en Danemark et en Suède; il est commun en Provence. « Le Sonneur igné fréquente surtout les eaux stagnantes et croupissantes de peu d'étendue, se tenant généralement sur leurs bords, et s'y réfugiant au moment du danger, à moins qu'il ne se tapisse contre la vase, comptant sur sa livrée supérieurement obscure pour le dérober. Il nage fort bien, émergeant très-peu, les yeux et les narines seuls élevés au-dessus de l'eau. Il doit profiter de la nuit pour voyager d'une mare à l'autre. Il est très-impressionnable ; souvent j'en ai vu qui perdaient la tête, et tournoyaient sur place comme des fous, quand j'étendais la main pour les saisir, dans une flaque où l'eau n'avait que quelques centimètres de hauteur et ne pouvait les cacher. Nous connaissons la bizarre posture qu'il prend à terre, quand on le tourmente, se renversant sur le dos, creusant son échine, relevant les cuisses et se fourrant les poings dans les yeux. Rœsel ajoute que si on continue à le tourmenter il s'échappe de la partie la plus épaisse de ses cuisses un liquide mousseux comme de l'écume de savon et inodore (Lataste) ». Lacépéde dit, au contraire, que cette humeur est fétide ; il est certain que le Sonneur exhale, lorsqu'on l'irrite, une odeur toute particulière et des moins agréables.

Le Sonneur se nourrit d'insectes et surtout de petits mollusques fluviatiles; il disparait en octobre ou novembre et hiverne, soit dans la vase, soit dans des trous, sur terrain sec. D'après Lacépède, le coassement de cette espèce consiste en une sorte de grognement sourd et entrecoupé; suivant M. Lataste, le chant,

assez faible et très-doux, se compose de deux notes plus basses
que celles de l'Alyte, une première un peu plus élevée que la
deuxième. Ces deux notes sont émises l'une après l'autre, et
répétées sans interruption, lentement d'abord, puis de plus en
vite. L'onomatopée *houhou*, *houhou*, *houhou*… rend assez bien
l'effet produit par sa voix.

La reproduction de cette espèce a lieu en juin. Les œufs sont
pondus en petites pelotes isolées, l'éclosion en est précoce et la
métamorphose achevée vers la fin de septembre, mais le développement peut être plus rapide et M. Lataste a trouvé des jeunes
Sonneurs à l'état parfait dès fin juillet. Ces jeunes quittent la mare
qui les a vu naître et courent quelquefois tous les alentours, ce
qui ne contribue pas peu à faire croire aux pluies de Crapauds.
Or, M. Toulouzan a fait des observations à cet égard, et il s'est
assuré que ces Crapauds qu'on voit sauter en assez grand nombre, après les pluies d'orage qui ont lieu durant l'été, sont des
têtards qui viennent de prendre leur dernière forme. Ces têtards
sont excessivement communs dans les fossés qui bordent les
chemins, et ils appartiennent à l'espèce du Crapaud à ventre
jaune (BOMBINATOR IGNEUS, Laur.) qui s'accouple au mois de juin
et qui est le plus petit de ces Batraciens. J'observe chaque année
pareil phénomène aux environs des *gours* d'Allauch et il faut à
ce moment chercher la place pour mettre le pied si l'on ne veut à
chaque pas écraser des jeunes Sonneurs.

Genre ALYTES, WAGLER (1).

Une espèce :

_______

(1) **Alytes**, de *alutes*, qui lie.

**13.**— ALYTES OBSTETRICANS, *Wagler*. Alyte accoucheur.

N. P. : *Grapaud-di-pichò.* — L'Alyte est très-commun en France, en Suisse et en Allemage. Pour la Provence M. Honnorat l'a trouvé dans les Basses-Alpes et je l'ai rencontré maintes fois dans les environs de Fontvieille, mon village natal.« Il vit en colonies dans les vieilles carrières, dans les talus ou le long des murailles qui bordent les chemins, dans les vieilles constructions peu fréquentées, et les terrains en démolition. On le voit rarement, à cause de ses habitudes exclusivement nocturnes, mais son têtard se rencontre toute l'année, à différents degrés de développement, et sa note s'entend tous les soirs, d'avril en octobre, quand le temps est doux. Il creuse, parait-il, profondément le sol, à l'aide de ses membres antérieurs; on le voit surtout habiter les trous qui se trouvent à la base des vieilles constructions. Ils y vivent sans doute plusieurs ensemble, à en juger par le grand nombre d'individus que l'on rencontre autour d'un petit nombre de trous ; et les nombreuses générations qui s'y succèdent ont tout le temps d'agrandir et d'approprier leur demeure. Même en plein jour, on peut aisément distinguer les trous fréquentés de ceux qui ne le sont pas, le seuil des premiers étant sans cesse balayé et poli par le passage de nombreux individus. L'Alyte est le plus terrestre de nos Batraciens. Il s'accouple à terre, et ne va à l'eau qu'un instant pour y apporter ses œufs près d'éclore; il passe l'hiver à terre, dans les trous, où il reste caché tout le jour, durant la belle saison (Lataste) ».

« Le chant de cette espèce se compose d'une seule note isolée, faible, brève, douce et flutée. M. Millet dit que depuis le commencement d'avril jusqu'aux premiers jours de septembre, ces animaux font entendre, surtout lorsque le temps est doux, le son *clock*, qu'ils répètent le soir, ainsi que pendant la nuit, à des intervalles plus ou moins rapprochés. Ils se cantonnent dans les villages, de manière cependant que la distance qui les sépare soit assez peu éloignée pour qu'ils puissent s'appeler et se répondre. Mais tous les individus différant entre eux par l'âge, ainsi que par la grosseur, il en résulte qu'ils ne produisent pas tous la même note ; et on en distingue ordinairement trois : mi, ré, ut, qui, par leur succession diatonique, ainsi que par leur simultanéité, forment une espèce d'harmonie qui ne déplait point à l'oreille.

« Contrairement à l'opinion anciennement émise, il n'y a pas deux saisons de frai pour l'Alyte, mais une seule, qui peut se prolonger pendant six mois. La même femelle pond de trois à quatre lots d'œufs, qu'elle émet l'un après l'autre à quelques jours d'intervalle, la ponte s'échelonnant et se succédant ainsi pendant près de la moitié d'une année; les œufs, entourés d'une membrane assez résistante, sont gros et reliés les uns aux autres en formant deux cordons d'une longueur variant de 80 centimètres à 1 mètre 70. Ces œufs, au moment de la ponte, sont pris par le mâle et entortillés autour des jambes de celui-ci; l'éclosion des petits le regarde seul, la mère abandonnant sa progéniture. C'est ce qui avait donné lieu à la fable populaire, qui avait cours au moyen âge, que les Crapauds couvent les œufs des alouettes.

« Suivant M. de l'Isle, les mâles, chargés d'œufs, vaguent librement le soir; ils se hasardent fréquemment hors de leur trou, en quête de nourriture, la ligature des chevilles diminue la liberté des mouvements sans les empêcher toutefois de sauter, de courir, de grimper ou de nager. Le mâle vient fréquemment humecter les œufs; les progrès de l'éclosion varient avec la température; dans la belle saison, la larve quitte l'œuf entre le 18e et le 22e jour; dans les pays froids le développement est retardé et peut se prolonger jusqu'à sept semaines. Quand les œufs sont murs, le moindre contact avec l'eau, suffit pour les faire éclore; les têtards sortent, d'un mouvement vif et brusque, par une petite déchirure qui se produit en général à l'une des extrémités de l'œuf; il est merveilleux de voir avec quelle vivacité nagent ces frêles animaux au moment de leur naissance, fouillant de leur bec corné les débris de matière animalisée qui forment le fond de leur nourriture. Ce têtard atteint une forte taille; vu d'en haut, le corps est ovalaire, raccourci, il imite assez la forme d'un œuf d'oiseau, court, à gros bout postérieur, la plus grande largeur se trouvant reportée en arrière; la tête, à peine distincte du tronc, est énorme; les yeux sont gros et dorés; la bouche est grande, la queue courte; la coloration est foncée, d'un brun presque noir, avec des taches brunes; la queue est roussâtre et couverte de points bruns, nombreux et disposés sans ordre; le dessous du corps est d'un gris blanchâtre granuleux (Sauvage) ».

## Famille des BUFONIDÉS (1).

Le caractère particulier des Batraciens de cette famille, qui le différencie des Ranidés et des Hylæidés, est de n'avoir de dents ni aux mâchoires, ni au palais. D'une façon générale leur dia-

---

(1) Bufonidés, du genre *Bufo*, crapaud.

gnose peut s'écrire : « langue allongée, elliptique, ordinairement un peu plus large en arrière qu'en avant , entière , libre postérieurement dans une certaine portion de son étendue; palais dépourvu de dents ; tympan plus ou moins distinct; trompe d'Eustache de moyenne grandeur. Des parotides. Quatre doigts distincts subarrondis ou déprimés, complètement libres; le troisième toujours plus long que les autres. Cinq orteils de même forme que les doigts, plus ou moins palmés ; les quatre premiers étagés, le dernier plus court que l'avant-dernier. Un tubercule mousse, plus ou moins développé , à la base du premier orteil. Apophyses transverses de la vertèbre sacrée plus ou moins élargies en palettes triangulaires. Presque toujours une vessie vocale sous-gulaire interne chez les mâles (Duméril et Bibron) ».

« D'une manière générale les Crapauds sont des animaux peu nageurs, et à terre, où ils se tiennent de préférence, ils marchent ou ils courent, mais ils ne sautent guère. On les rencontre assez loin des eaux, dans des endroits souvent arides ou dans les bois, se réfugiant dans des trous, sous des pierres ou dans des creux d'arbres ; ils sortent de préférence le soir et font entendre, surtout à l'époque des amours, un chant plaintif et flûté qui, dans certaines espèces , rappelle un peu celui des oiseaux de proie nocturnes. Ces animaux se nourrissent de vers, d'insectes et de petits mollusques. Ils se rendent dans les eaux des lacs, des étangs , au besoin dans de simples flaques d'eau , pour s'accoupler et déposer leurs œufs ; leurs petits, après l'éclosion, suivent les mêmes phases que les autres têtards d'Anoures. On en connaît des espèces d'assez forte taille , et en général ils inspirent un véritable dégoût. A la manière des Grenouilles , ils vident quel-

quefois, dans la main qui veut les saisir, toute leur vessie urinaire; et, si on les irrite davantage, une humeur laiteuse suinte
de quelques uns de leurs cryptes du dos ; ils ont encore un moyen
de défense dans l'extensibilité de leur peau, qui adhère peu aux
muscles, et qui peut, au gré de l'animal, contenir entre elles et
ces dernières une quantité assez notable d'air qui ballonne le
corps et le place au milieu d'une couche élastique de gaz qui le
rend insensible aux chocs du dehors. On a beaucoup parlé de la
morsure dangereuse des Crapauds et surtout du venin de leurs
verrues; puis les naturalistes ont nié pendant longtemps l'action
délétère du contenu de ces verrues ; cependant MM. Gratiolet et
Cloez ont démontré que la liqueur sécrétée par ces glandes était
venimeuse, et qu'elle agissait comme un poison assez actif sur
des animaux même de taille assez considérable.

« La vie est peu active chez les Crapauds, mais elle est très-
tenace. Son action peut être considérablement ralentie, sans
cependant se détruire; et, comme ces Batraciens respirent peu
et qu'ils sont susceptibles d'hibernation, on explique comment
ils peuvent rester pendant assez longtemps renfermés dans un
espace très-resserré. Il ne faudrait pas cependant prendre à la
lettre tout ce qu'on a écrit sur leur longévité, et sur la découverte de Crapauds vivants au milieu des pierres les plus anciennes, soit dans des bancs de calcaires, soit dans des géodes, etc.,
ce sont autant d'erreurs auxquelles une observation superficielle
et la facilité qu'ont les Crapauds de se blottir dans les moindres
failles a donné lieu. On assure qu'on mange parfois des cuisses
de Crapauds en place de cuisses de Grenouilles; et certaines
peuplades sauvages n'ont pas notre antipathie pour ces animaux:

Adanson rapporte qu'au Sénégal, où l'on a remarqué la fraîcheur de ces Batraciens, surtout pendant les plus fortes chaleurs, les nègres les prennent et se les appliquent sur le front pour se procurer une sensation agréable (Chenu) ».

Ces considérations générales sur les BUFONIDÉS une fois données, il me faut, pour rester fidèle au programme qui m'est tracé, parler des préjugés qui, dans notre région, ont cours sur ces Anoures. Ces préjugés sont de plusieurs sortes mais en dernière analyse on pourrait les classer sous trois chefs : *pluies de Crapauds ; venin des Crapauds ; emploi de ces animaux dans la médecine domestique.*

1° *Pluie de Crapauds.* Une croyance fort accréditée dans nos campagnes est celle qui veut que pendant les pluies d'orage dans la saison chaude il pleuve aussi des Crapauds. Nombre de personnes vous affirmeront avoir vu alors la terre couverte de ces Batraciens ; d'aucunes vont même plus loin et prétendent en avoir reçu sur le chapeau ou sur les épaules. Si on leur demande à expliquer d'une façon plausible ce phénomène, elles assurent que c'est l'eau d'une mare ou d'un étang qui a été enlevée avec les hôtes qui l'habitaient, par une trombe, laquelle a crevé ensuite.

Inutile de faire observer que pareille interprétation ne soutient pas l'examen, car dans ce cas la trombe, puisque trombe il y a, enlèverait également les poissons, les plantes aquatiques, etc., il ne pleuvrait pas seulement de petits Crapauds mais aussi des plantes et des poissons. D'autre part ces Batraciens, tombant des nuages sur le sol, seraient meurtris et tués par leur chute, ils resteraient donc sur place au lieu de sautiller gaiement en tous sens.

Nos paysans allèguent que les pluies d'Anoures sont tellement vraies qu'on voit à leur suite des espèces qui n'avaient jamais été observées dans le pays. Ici ils sont évidemment trompés par les différences considérables qui existent entre les jeunes qui viennent de se métamorphoser et les adultes.

Dans l'état actuel de la science tout prouve que les prétendues pluies de Crapauds reposent sur une observation fausse et surtout sur l'amour du merveilleux qui est le propre des classes ignorantes. D'ailleurs si le moindre doute sur cette question était permis, ce doute serait dissipé par les paroles du naturaliste Rœsel qui, déjà en 1758, a traité ce sujet avec un esprit beaucoup plus scientifique que nombre d'auteurs plus récents.

« Mais disons encore quelques mots, ajoute Rœsel, des prétendues pluies de Grenouilles. Les auteurs anciens ont écrit qu'il en avait plu; ou que la poussière du sol, fécondée par les grosses gouttes de pluie, en avait instantanément produit; beaucoup de modernes croient encore à ce vieux préjugé. Moi-même, je me promenais un jour dans les champs, quand un orage, venant à s'élever subitement, m'obligea à chercher un refuge sous une cabane dans un bois voisin. Je sentis tout à coup quelque chose me tomber sur la tête, et voyant au même instant le sol se couvrir de petites grenouilles, j'allais me croire témoin d'une de ces pluies; mais quand je voulus voir si c'étaient en effet des grenouilles qui étaient tombées sur·moi, je trouvai une branche morte sur mon chapeau. Quand le soleil reparut, je retournai dans le bois pour me soustraire à l'ardeur de ses rayons, et j'aperçus alors un nombre encore plus grand de petites grenouilles; mais la radiation solaire, ne discontinuant pas, les fit si bien dis-

paraître, que, quand je revins une troisième fois, je n'en vis plus
une seule. Témoin de la disparition subite de ce grand nombre
de grenouilles, que je contemplais tout à l'heure avec tant d'éton-
nement, je n'en pouvais croire mes yeux ; ma curiosité fut piquée ;
je les recherchai, et les trouvai blotties sous les feuilles, les
branchages et les pierres. J'eus plus tard une autre occasion
semblable d'examiner l'invasion subite de ces petits Batraciens ;
et depuis que, en étudiant la grenouille rousse, j'ai appris qu'à
peine transformée elle quittait l'eau pour habiter la terre ferme,
et qu'elle se répandait hors de ses cachettes dès que tombait la
pluie ; je suis tellement éloigné de croire aux pluies de grenouilles qu'aujourd'hui j'ai, comme l'illustre Ray, la conviction que,
s'il pleut des grenouilles, il peut pleuvoir des veaux ; car si dans
l'air une grenouille peut naître et acquérir le parfait assemblage
de ses organes internes et externes, tandis que dans l'ordre naturel il lui faut quatorze semaines, ainsi que le montrent mes
observations, pour arriver à l'état parfait, je ne vois pas pourquoi
il ne pourrait s'y former aussi bien d'autres animaux.

« Je provoquais le sourire de ceux à qui je confiais mon opinion ; en se grattant le front, ils affirmaient avoir plus d'une fois
été témoins des pluies de grenouilles ; mais quand je leur demandais si, durant ces pluies, ils en avaient reçu sur leur corps, ou
bien ils répondaient qu'ils ne s'en souvenaient plus, ou ils finis-
saient par avouer que non. Ceux qui prétendaient avoir vu tomber des grenouilles au moment même où il pleuvait dans la ville
restaient cois si je leur demandais comment il se faisait qu'aucune
ne fût tombée en ville. Quant à ceux qui pensent que ces petits
animaux naissent du contact de la poussière du sol et des grosses
gouttes de pluie, je n'ai pas à les réfuter, après avoir fait con-

naitre la perfection de leurs organes et la lenteur de leur développement. Enfin, si l'on m'objecte qu'il ne peut en sortir de l'eau autant que nous en voyons fourmiller sur le sol après l'orage, je répondrai à mes interlocuteurs qu'ils font preuve d'ignorance pour un fait que j'ai indiqué plus haut, la production par une seule grenouille de six cents, et même de onze cents œufs ; et quand même une femelle pondrait moins de six cents œufs, il y a tant de grenouilles dans un même lieu, et parmi elles tant de femelles, que d'un seul étang, d'une seule mare, peuvent s'élancer d'innombrables petits ».

2° *Venin des Crapauds.* Je ne puis que répéter à propos des Crapauds ce que j'ai déjà dit relativement aux Salamandres (1). Oui, il est hors de doute que ces animaux élaborent dans des pustules disséminées sur certaines parties de leur corps une humeur laiteuse qui suinte au moment du péril ; elle est destinée par sa saveur nauséabonde et brûlante et son amertume insupportable à rebuter les assaillants. Mais ce liquide, redoutable s'il était introduit dans la circulation, ne peut guère nuire, les Batraciens manquant d'appareil spécial leur permettant de l'inoculer. Je ne connais qu'un cas authentique d'accidents produits sur l'espèce humaine par le venin des Crapauds : « Une vachère des environs de Nantes, voulant cueillir avec une faucille une poignée d'herbe, trancha du même coup un gros crapaud commun, et se blessa à la main gauche. La plaie s'envenima, il survint de la fièvre, et au lieu même de la blessure apparut un ecthyma dont les pustules se renouvelèrent pendant plus d'une année (2) ».

(1) Voyez plus haut, page 365.

(2) Viaud-Grand-Marais : *Etudes médicales sur les Serpents de la Vendée*, page 144.

A peine âgé de dix ans je faisais déjà de l'histoire naturelle,
mais d'une façon tout à fait instinctive et sans grand profit, car je
n'avais ni livres ni maître pour me guider; aussi tout se bornait
pour moi à faire des excursions et à ramasser des animaux ou
des plantes. Dans ces courses hebdomadaires ou même semi-
hebdomadaires j'étais accompagné par un chien de la maison qui
n'avait pas son pareil pour capturer des Reptiles : Lézards ou
Serpents rien ne lui échappait, il les fatiguait, puis les apportait
vivants et intacts. C'était donc une véritable bonne fortune que
ce chien, mais hélas mon bonheur avait un côté noir : Briant
chassait aussi les Crapauds et j'avais une peur indescriptible de
ces Batraciens, car on m'en avait conté long sur leurs méfaits.
Or j'ai pu observer à cette époque, et cela non pas une fois mais
plusieurs centaines de fois, qu'après avoir gardé un Crapaud
pendant un temps plus ou moins considérable dans la gueule,
Briant bavait étonnamment. Mais je n'ai jamais trouvé chez lui
ni gonflement des gencives, ni tristesse, ni autres symptômes
indiquant qu'il souffrit en rien de ce contact : tout se bornait donc
à une hypersécrétion des glandes buccales.

Voilà pour le venin. Que dire maintenant de leurs morsures
réputées très-dangereuses? Bien peu de choses : pour mordre
il faut des dents et le Crapaud en manque, (c'est d'ailleurs le
principal caractère scientifique qui le distingue de la Rainette
et des Grenouilles). Soit, mais, ajoute-t-on, et son haleine fétide,
sa bave empestée qui rend les légumes et les fruits si meurtriers
quand ils sont contaminés par elle ? Puis le Crapaud entre dans
les écuries pour téter les bêtes, leur tirer l'haleine et ainsi amener leur mort, il fait tourner le vin des caves, il pille les nids des

oiseaux, il a le mauvais œil, il possède des diamants dans la tête, etc.....

Tels sont en Provence les prétendus méfaits que l'homme dans son ignorance croit devoir reprocher au Crapaud ; aussi pour le punir ne laisse-t-il échapper aucune occasion de le torturer. Certes en se remémorant tous les supplices que l'on inflige à cette malheureuse créature on songe malgré soi à la phrase du célèbre docteur Johnson : « un tas de sauvages ressemble à un autre tas de sauvages ».

Il est pourtant un genre de mort que nos ruraux ne connaissent pas, je crois devoir le signaler ici à titre seulement de curiosité : « Si l'on met, dit M. l'abbé Rousseau (1), un crapaud dans un vase assez profond pour qu'il n'en puisse sortir, et qu'on le regarde fixement pendant qu'il vous regarde aussi, en peu de temps l'animal tombe mort. Van Helmont attribue cet effet à une idée de peur que cet animal conçoit à la vue de l'homme. M. l'abbé Rousseau dit avoir répété quatre fois en Egypte cette expérience, et avoir reconnu que Van Helmont avait dit la vérité. Il assure avoir passé pour un saint devant un Turc, puisqu'il avait tué de sa vue un animal aussi horrible ; mais qu'ayant voulu faire cette même expérience en son passage à Lyon, en revenant des pays orientaux, le Crapaud ne mourut point, et il assure avoir manqué d'en mourir lui-même. L'animal ne pouvant sortir de son vase, s'agita, s'enfla extraordinairement, s'éleva sur ses quatre pattes, souffla sans remuer de place, regarda

_______________

(1) L'abbé Rousseau, ci-devant capucin et soi-disant médecin de Louis XIV, auteur de « *Secrets et remèdes* » ouvrage cité par Valmont de Bomare, article Crapaud.

fixement M. l'abbé Rousseau ; les yeux de l'animal parurent rouges, enflammés, et à l'instant il prit à notre observateur une faiblesse universelle qui alla jusqu'à l'évanouissement, accompagnée de sueurs froides et d'un relachement par les selles et les urines ». Valmont de Bomare ajoute : « Ne pourrait-on pas dire qu'un tel effet était produit par une idée de peur et de préjugé que notre observateur avait conçue à la vue du Crapaud ».

Je ne crains pas de dire que, tout ami que je puisse être de ces animaux, je consens à ce qu'on leur donne la mort si l'on me promet de se servir du procédé de M. l'abbé Rousseau, étant bien persuadé qu'alors tous les Crapauds mourraient de vieillesse.

3° *Emploi de ces animaux dans la médecine domestique.* Autrefois les Grenouilles et les Crapauds faisaient partie de la matière médicale au même titre que les têtes de Vipère, la poudre du crâne humain et mille et une panacées tout aussi ridicules. Les temps sont bien changés et ces remèdes dégoûtants ne font plus de cures merveilleuses, ne les regrettons pas. Le Crapaud cependant a gardé, dans le peuple, une certaine réputation : si on ne l'administre plus à l'intérieur pour guérir la gravelle, on s'en sert encore pour *tirer le venin.* La sottise humaine s'accorde à reconnaître que ce Batracien peut empêcher les maladies contagieuses de se développer et il n'est pas rare, quand on soigne des enfants atteints d'une fièvre typhoïde par exemple, de trouver un Crapaud attaché sous le lit ou même placé sous l'oreiller du malade. Cela ne se rencontre pas seulement à la campagne, car j'ai été amené à l'observer dans les villes, notamment à Marseille. Les personnes qui agissent ainsi ne se doutent guère qu'elles mettent en pratique un procédé renouvelé de l'École de Salernes. Mais, dira-t-on, comment expliquer l'action d'un pareil traitement ? C'est pourtant bien simple :

> « Le plus vaillant l'emporte et triomphe à la guerre.
>
> « Pour les poisons de même : un venin de Crapaud
>
> « D'autre venin triomphe et l'expulse bientôt. »

La même idée supertitieuse fait suspendre par une patte le malheureux Crapaud dans l'écurie afin de détourner le venin des animaux qui y sont renfermés. D'autres fois on place un de ces Anoures dans une marmite, on ajoute de l'huile et on fait bouillir pendant vingt-quatre heures ; on obtient ainsi un baume souverain contre toutes les douleurs. Ajoutons enfin que le Crapaud jouit aussi de la réputation d'écarter les rats. Inutile de faire remarquer que cette hypothèse est tout aussi gratuite que les autres.

Certes, si les animaux pouvaient apprécier les actions des hommes, le Crapaud aurait le droit de juger bien mal celui qui s'intitule si orgueilleusement le roi de la création. Comment ! Voilà un être qui nous rend des services incontestables en débarrassant nos plantes de la vermine qui les ronge, et en récompense d'une telle conduite, nous ne savons plus qu'inventer pour le torturer ! Nous sommes à la fois cruels et inconséquents. Seule l'étude de la nature peut modifier notre conduite à l'égard des animaux, car seule elle peut nous montrer quel est le rôle qui leur est dévolu dans l'harmonie naturelle et nous enseigner à respecter et à protéger nos serviteurs et nos auxiliaires. Pourtant, un grief pourrait être justement reproché au Crapaud, mais c'est un méfait tout involontaire : il lui arrive parfois de se retirer, après sa ronde nocturne, dans les tuyaux d'arrosage, d'en obturer entièrement ou en partie la lumière et de gêner ainsi la distribution des eaux. Est-ce bien le cas pour si peu de se mettre fort en colère contre lui, lorsqu'il suffirait de placer une simple grille devant l'ouverture du tuyau pour empêcher pareil fait de se reproduire?

### Genre *BUFO*, Laurenti

Ce genre renferme trois espèces européennes; deux se trouvent en Provence et la troisième (Crapaud vert, BUFO VIRIDIS, Laurenti) n'a jamais été signalée dans notre région ni en France.

Le 4ᵉ doigt, ou l'externe, est plus long que le 2ᵉ; pas de pli
cutané bien distinct sur le bord interne du tarse;
parotide bordée de noir... ............. B. VULGARIS.
Le 4ᵉ doigt plus court que le 2ᵉ; un pli cutané bien distinct
sur le bord interne du tarse; parotide sans bordure
.... ...... .................. ... .... B. CALAMITA.

**14.**—1. BUFO VULGARIS, *Laurenti.* Crapaud commun.

N. P. : *Bàbi, bàbi-di-gros, crapaud, grapaud.* — Très-fréquent dans tous les lieux humides, le Crapaud commun en dehors du temps du rut vit seul; en véritable égoïste il semble fuir la société de ses semblables et se complaire à passer ses journées dans une sorte de recueillement méditatif. « Quand la faim le presse ou que le temps lui parait favorable, il sort de sa retraite pour aller à la chasse, marchant plutôt qu'il ne saute. La femelle, d'après Fatio, s'écarterait de son domicile plus souvent et plus loin que le mâle; on rencontre, en effet, beaucoup plus de ces dernières dans les champs, quoiqu'elles paraissent moins nombreuses que les mâles, au printemps. Le Crapaud s'établit dans les jardins , dans les champs , dans les bois, partout où il trouve de l'ombre et de l'humidité. Il vit d'insectes, de limaces , de lombrics. On lui reproche de faire la guerre aux abeilles et de se porter à l'entrée des ruches pour happer ces travailleuses au passage.

« Presque aussitôt éveillé que la Grenouille agile au printemps, il s'accouple chaque année à époque à peu près fixe, dans le mois de mars ou aux environs; et sa ponte s'effectue tout entière er

Fig. 45. Crapaud commun , (*Bufo vulgaris*, Laurenti).

une quinzaine de jours. Il couvre alors toutes les eaux, les étangs et les marais comme les fontaines et les mares. J'ai plus fréquemment rencontré les gros individus dans les fontaines , sans doute à cause de leur démarche pesante qui leur rendait difficile un voyage à la recherche d'une plus grande nappe d'eau (F. Lataste) ».

Le 27 mars de l'année dernière je capturai en compagnie de mon excellent ami M. Michel , piqueur du canal de Marseille , deux Crapauds accouplés. Je les portai chez moi et, dans une seule nuit, la femelle pondit deux cordons d'œufs, mesurant chacun plus de deux mètres cinquante centimètres de longueur. Les œufs ressemblent à de petits pois noirs et sont entourés par du mucus qui les agglutine, le mâle les féconde au fur et à mesure qu'ils sortent du corps de sa compagne. Je ne gardai qu'une cinquantaine d'œufs et j'eus le plaisir de les voir éclore et donner des têtards dont quelques uns arrivèrent à bien et se transformèrent au commencement de juin. Cette année (2 mai 1882), j'ai trouvé au quartier de la Pointe deux Crapauds communs accouplés et en m'amusant à caresser le mâle (je lui frottais la nuque avec le doigt) je ne fus pas médiocrement étonné de l'entendre glousser. Je répétai l'expérience maintes fois et toujours l'animal fit entendre son *glou, glou, glou.*

Le Crapaud commun peut devenir plus ou moins familier. Pennant en cite un qui, s'étant réfugié sous un escalier, s'était accoutumé à venir tous les soirs, dès qu'il apercevait de la lumière, dans une salle à manger située tout près de là ; il se laissait prendre et placer sur une table, où on lui donnait à manger des vers, des cloportes et des insectes ; il semblait même par son attitude demander à être mis à sa place lorsqu'on négligeait de l'y installer ; ce Batracien vécut ainsi trente-six ans, et, comme il mourut par suite d'un accident, on peut supposer, à moins que cela ne soit un fait exceptionnel, que la longévité est encore plus grande dans son espèce.

**15.**—2. Bufo calamita, *Laurenti.* Crapaud calamite.

N. P. : *Bàbi, grapaud.* — Cette jolie espèce avec sa ligne médio-dorsale jaunâtre avait appelé mon attention alors que j'étais tout enfant. Depuis, dans mes pérégrinations à travers la Provence, j'ai pu m'assurer que le Calamite n'était rare nulle part, quoiqu'il soit moins connu que le Crapaud commun, avec lequel nos ruraux le confondent le plus ordinairement. Ce Batracien est presque exclusivement nocturne; pendant le jour il se cache dans la terre qu'il creuse avec ses membres antérieurs, ou se retire même dans un trou de murailles, ainsi que le démontre l'observation suivante de Rœsel.

« Le Calamite habite quelquefois à plus de trois pieds de hauteur dans un trou ou une fissure d'un mur à pic, et je me suis souvent étonné qu'il pût parvenir aussi haut, lui qui ne sait pas même sauter comme les autres anoures. Mais j'ai pu voir comment il s'y prenait, un jour que j'étais sorti, au lever de l'aurore, pour me livrer à d'autres recherches. Je vis alors plusieurs de ces Crapauds monter tranquillement, mais lentement et en rampant, le long d'un vieux mur, et atteindre le seuil de leur habitation, une fissure, d'où la nuit suivante ils devaient redescendre de la même manière pour aller à la chasse. La structure de leurs pieds est adaptée à ces allures: les extrémités noires ou brunes de leurs doigts ont la dureté de la corne, et doivent leur être d'un grand secours dans cette façon de ramper; de plus, il y a à la paume de leurs mains deux tubercules osseux, d'une pâle couleur carnée; ce sont de vrais os reliés par des ligaments propres aux autres os du carpe, et qu'on aperçoit clairement sur le squelette. Enfin, le Calamite peut adhérer, par sa face inférieure que de petites pustules lubréfient constamment, à la paroi du mur, contre laquelle il s'applique exactement ne laissant pas une bulle d'air entre elle et son corps. La pression de l'air ambiant le maintient ainsi suspendu contre le mur (1) ».

Ce Crapaud aime la société de ses semblables, aussi le rencontre-t-on presque toujours en petites troupes. Le printemps venu, il sort de sa cachette hivernale et se rend le soir « dans une mare par bandes de trente, quarante, cent cinquante mâles et plus qui chantent à l'unisson, se taisent et reprennent tous à la fois, et forment ces chœurs bruyants qui, comme ceux de la Rainette, s'entendent fort loin, à plus d'une demi-lieue de rayon. Son coassement, *crau, crau, crrreu, crrreau, crrreau*, ressemble par sa monotonie à la stridulation de la Courtilière. Les Rainettes chantent par saccades, par fanfares bruyantes; elles impriment à leur vessie vocales des impressions brusques, courtes, multipliées, le Calamite, qui l'a plus grosse, des vibrations lentes prolongées, plus rares (A. de l'Isle) ». Aux premières lueurs de l'aurore tous ces animaux regagnent leur retraite et la mare devient silencieuse.

L'époque de la reproduction varie depuis mars jusqu'en septembre. C'est ainsi que cette année j'ai déjà trouvé, le 27 mars, vers 11 heures du matin, dans un puisard situé au quartier du plan de Cuques des Calamites accouplés. J'emportai chez moi deux mâles et deux femelles que je plaçai dans un aquarium disposé ad hoc avec d'autres individus mâles et femelles de Crapaud commun afin d'étudier les têtards ou même d'observer si aucun cas d'hybridation ne se produirait. Mon observation ne fut pas fructueuse en résultats, car le lendemain matin tous les Calami-

(1) Rœsel: *Historia Ranarum nostrarum*, **Nuremberg**, 1758.

tes étaient morts. Rœsel a étudié le développement du têtard de cette espèce. Il a vu que les œufs, pondus le 4 juin, étaient éclos cinq ou six jours après; vers la fin d'août apparurent les membres pelviens et dans les premiers jours d'octobre la transformation du têtard en jeune crapaud était complète.

BROMATOLOGIE.

Les Batraciens ne contribuent que pour une faible part à notre alimentation. Pourtant à certaines époques de l'année on fait la chasse aux Grenouilles, dans le but de se régaler de leur chair. C'est au printemps et surtout en automne, quand elles viennent se plonger dans les eaux pour passer l'hiver, qu'elles sont estimées car elles sont plus grasses. Cette pêche est des plus amusantes, il suffit d'une ligne amorcée avec un coquelicot ou même un morceau de drap rouge, pour faire ample récolte. D'autres fois, quand il y a peu d'eau on les prend à la trouble ou on les transperce avec la *flechouiro,* sorte de longue lance construite spécialement pour ce genre de pêche. On mange de préférence la Grenouille verte, bien que la rousse ou l'agile ne soient pas épargnées.

« La chair de Grenouille, dit M. Fonssagrives, est blanche, agréable au goût et d'un tissu assez tendre. On n'en utilise guère que le train de derrière qui est au préalable dépouillé, et que l'on prépare comme le poulet, en fricassée ou à la sauce. Le *bouillon de Grenouille* était un des moyens usuels de la médecine ancienne et on lui attribuait des propriétés analeptiques qui ne sont rien moins que démontrées. En Angleterre, on s'imagine dans le peuple que les Français font un usage à peu près exclusif de cet aliment insolite, et la désignation ironique de Jean Grenouille *(Jack Frog)* opposée à celle de Jean Taureau *(John Bull)* consacre cette croyance populaire. Il y aurait certainement lieu, malgré son coassement incommode, de favoriser la multiplication de ce Batracien et peut-être même de chercher à acclimater chez nous la Grenouille taureau (Rana pipiens) des États-Unis qui est deux fois plus volumineuse que notre Grenouille commune.

« Le *bouillon de Grenouilles* ne guérit pas les rhumes, mais (ce qui est une compensation) il nous a donné la pile. Qui ne sait en effet que la préparation d'un bouillon de Grenouilles par madame Galvani a été le point de départ de cette magnifique découverte qui a eu pour berceau une table de cuisine et qui devait fournir à toutes les sciences l'instrument du progrès le plus admirable ! La Grenouille a inventé le télégraphe, l'électro-chimie, l'électro-magnétisme, la lumière électrique; elle a fait assez pour sa gloire, elle peut renoncer à guérir la phthisie ».


### PALÉONTOLOGIE.


On trouve encore des Batraciens fossiles dans le miocène; tel est l'Andrias Schenchczeri, sorte de Dérotrème très-analogue aux *Sieboldia* du Japon et du Thibet, et paraissant appartenir au même genre. Ce fossile, trouvé en 1726 à Œningen, fut appelé *Homo diluvii testis* (l'homme témoin du déluge) par Schenchzer qui l'avait découvert. Plus tard G. Cuvier montra que ces restes étaient loin d'avoir appartenu à l'espèce humaine; il crut pouvoir les rapporter à une Salamandre que, vu sa taille considérable — elle mesurait plus de $1^m$ 50 — il nomma Salamandre gigantesque. Enfin ce fossile fut étudié de nouveau par De Blainville et par Tschudi; ce dernier lui donna le nom qu'il porte encore aujourd'hui.

Dans l'éocène on a rencontré des Anoures, et ce fait est naturel, car les Anoures sont la culmination du type Batracien. Par contre, la période secondaire en entier n'a pas conservé d'animaux de ce groupe; mais cela n'étonnera pas si l'on considère les habitudes aquatiques des Amphibiens fréquentant exclusivement les eaux douces et la nature des dépôts secondaires qui sont tous marins, sauf quelques-uns (argile de Purbeck, un peu de l'oolite) et encore ces derniers sont-ils des eaux saumâtres; les Batraciens, qui à coup sûr existaient alors puisqu'on les retrouve avant et après, n'ont pas été conservés.

Pendant la période primaire les Batraciens prédominent, et si l'on regarde les terrains secondaires comme le règne des Reptiles, les terrains tertiaires comme celui des Oiseaux et des Mammifères, pour la même raison on peut considérer les terrains primaires comme le règne des Batraciens et des Ganoïdes. Puis les Batraciens, comme tous les êtres qui ont eu une période de grand développement, se sont perpétués seulement par leurs types infimes, et ce sont ces types qui vivent de nos jours; ceci est une conséquence naturelle de cette loi que le développement sexuel arrête le développement anatomique.

Dans cette période primaire les Batraciens pullulaient; ils étaient fort diversifiés au point de vue morphologique : ainsi il y en avait de pourvus d'une simple corde dorsale et d'autres avec des corps vertébraux mais non encore bien formés. Certains types sont même intermédiaires entre les Batraciens et les Reptiles, le *Labyrinthodonte* par exemple « animal de dimensions énormes, dont le crâne atteint parfois 1 mètre, 30 de longueur. La matière osseuse de ses dents, quand on en fait une coupe transversale, présente une série d'enchevêtrements très-compliqués, qui rappellent les circuits d'un labyrinthe; ce caractère a présidé au baptême du curieux être triasique (1) ».

A côté d'eux sont de véritables Batraciens *(Protriton)* longs au moins de 0$^m$, 60, avec queue et probablement les arcs branchiaux non ossifiés, une épaule semblable à celle d'un Reptile et une tête ronde comme celle des Amphibiens. Dans le silurien et le dévonien de l'Amérique du Nord, des environs d'Autun, de l'Allemagne, etc., on trouve aussi des empreintes d'Urodèles, mais elles sont mal conservées et le système squelettique non entièrement ossifié. Quoiqu'il en soit, ces types avaient toujours la peau nue et étaient déjà bien différenciés en tant que Batraciens.

Il existait aussi à la même époque, des animaux synthétiques avec des caractères de Reptile, de Batracien et peut-être même de Ganoïde *(Archegosaurus)*. Ce dernier appartenait au groupe des Labyrinthodontes. Il avait une tête allongée semblable à

---

(1) Gaston Tissandier, *Les Fossiles*, Paris, 1876.

celle des Crocodiles, mais possédant un caractère indiscutable d'Amphibien : des dents sur le vomer et les palatins. Cette tête était revêtue de plaques analogues à celles des Ganoïdes et des Crocodiliens. Son axe squelettique n'était pas complètement ossifié, car les vertèbres retrouvées sont plus complexes de contour que celles des Batraciens actuels, ce qui tient à la disparition des parties encore cartilagineuses, les os conservés sont principalement ceux de l'axe central entier du squelette et surtout de la région antérieure : le crâne et ses dépendances. La peau n'est pas entièrement nue, elle présente des pièces écailleuses à la face ventrale, pièces écailleuses qui ont persisté sur tout le corps chez les Cécilies. Il y avait donc alors des Batraciens écailleux à la manière des Dipnoïques.

Les Archegosaurus paraissent avoir eu le corps allongé comme celui des Crocodiles, avec des pattes courtes. Les Labyrinthodontes ressemblaient probablement à des Anoures assez hauts sur jambes, et c'est à eux qu'on attribue les empreintes du grès rouge, avec quatre doigts en avant, quatre ou cinq en arrière. On a trouvé dernièrement des types qui se sont dégagés de ces Labyrinthodontes et que l'on considère comme les ancêtres de tous les Reptiles. Donc, à l'époque primaire, les Batraciens étaient plus développés tant sous le rapport de la multiplicité des types, comme sous celui de la supériorité organique relativement aux Batraciens actuels, et ceux-ci ne sont que les représentants dégradés des différentes familles de Batraciens dimorphes qui existaient autrefois.

Pour terminer ce qui a trait aux anallantoïdiens, il me reste à signaler la présence dans les environs d'Arles, du Triton palmé et à enregistrer la capture d'un Lampris lune effectuée à l'Estaque (12 mai). Ce magnifique poisson ne mesurait pas moins de 1$^m$, 30 et pesait 50 kilog.; il a été acquis par le Muséum de de notre ville. C'est la première fois qu'un Lampris est péché dans les eaux de Marseille; le Muséum en possédait déjà un spécimen capturé à Toulon.

# TABLE SCIENTIFIQUE,

# TABLE DES NOMS PROVENÇAUX,

# TABLE DES NOMS FRANÇAIS.

23 aout 7

# TABLE DES MATIÉRES